自癒是大腦的本能

見證神經可塑性的治療奇蹟

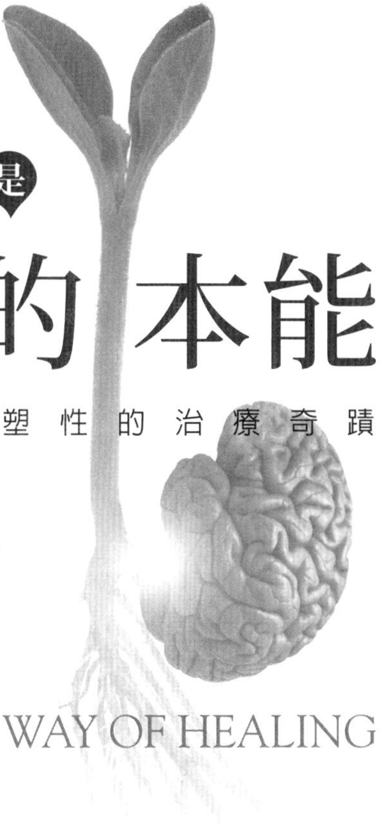

Norman Doidge——著
洪蘭——譯

THE BRAIN'S WAY OF HEALING

〈策劃緣起〉

迎接二十一世紀的生物科技挑戰

洪蘭

民國八年，五四運動的知識份子將「賽先生」（科學）與「德先生」（民主）並列，期能提升中國的科學水準。這近一百年來我們每天都在努力「迎頭趕上」，但是趕了快一百年，我們仍在追趕。在這個世紀末的今天，我們應該靜下來全盤檢討我們在科學（技）領域的優缺點，究竟該如何去迎接二十一世紀的科技挑戰，只有這樣的反省才能使我們跳離追趕的模式，創造出自己的前途。

二十一世紀是個生物科技的世紀，腦與心智的關係將是二十一世紀研究的主流，而基因工程的進步已經改變了我們對生命的定義及對生存的看法。翻開報紙，我們每天都看到有關生物科技的消息，但是我們對這方面的知識卻知道的不多，比如一九九九年十二月，全世界的報紙都以頭版的位置來發布科學家已經解讀出人體第二十二號染色體的新聞。這則新聞是什麼意思？人類基因圖譜有什麼重要性？為什麼要上頭版新聞？美國為什麼要花三十三億美金來破解基因圖譜？為什麼科學家認為完成這個基因圖譜是人類最重要的科學成就之一？它與你我的日常生活有什麼關係？市場上賣著「改良」的肉雞、水果，「改良」了什麼？與我們的健康有關嗎？

生物科技與基因工程已經靜悄悄地進入我們的生活中了，這些高科技知識已經逐漸從實驗室中的專業知識地位慢慢變成尋常百姓家的普通常識了。二十二號染色體上的基因與免疫功能、精神分裂症、心臟缺陷、智能不足（所謂的 Cat-eye 徵候群）及好幾種癌症（血癌、腦癌、骨癌、神經纖維癌）有關。我們都知道基因異常會引發疾病，部分與基因有關的疾病會惡化，包括癌症、關節炎、糖尿病、高血壓、老年癡呆症和多發性硬化症，我們在生活周遭隨便一看都會發現有得這些病的親友，這個知識對我們而言怎能說不重要呢？如果重要，為何我們回答不出上面的問題來？

台灣是個海島，幅地不大，但是二十一世紀國家的競爭力不在天然的物質資源而在人腦的知識資源上，人腦所開發出來的知識會是二十一世紀經濟的主要動力。我們看到在人類的進化史上，獸力代替人力，機械又替代了獸力，科技的創新造成了二十世紀的經濟繁榮，我們把台灣稱為科技島，但是政府對知識並未真正的重視，每次刪減預算都先從教育經費開刀，其實知識的研發才是科技創新的源頭，人腦創造出電腦，電腦現在掌控了我們生活的大部分，我們只要看全世界對二千年千禧蟲的來臨如臨大敵一般就知道了。

我們想要利用電腦去解開人腦之謎，去對所謂的「智慧」重新下定義，所以資訊和生命科學的結合將會是二十一世紀的主要科技與經濟力量，這個「生物資訊學」（bioinfomatic）是一個最新的領域，它正結合資訊學家與生命科學家在重新創造這個世界，再過幾年，我們對生命的定義與生存的意義可能就會改變，因為科學家已開始從基因的層次來重組生命，但是我們的國民對世界潮流的走向，對最新科技的知識還不能掌握得很好，既然國民的素質就是國家的財富，國力的指標，如何提升全民的知識水準就顯得刻不容緩了。

我是個教育者，我看到了我們國民的基本知識不足以應付二十一世紀的要求，但是一個老師的力量有限，再怎麼上課，影響的學生人數對整體來說，還是杯水車薪，有限得很，我要的是一個可以快速將最新知識傳送到所有人手上的管道。就這方面來說，引介質優的科普書籍似乎是唯一的路，因為書籍是唯一不受時空限制的知識傳遞工具。因此，我決定與遠流出版公司合作開闢一個生命科學的路線，專門介紹國內外相關的優秀科普著作，與一般讀者共享。我挑書的方法很簡單，任何可以使我在書店站著看十五分鐘以上不換腳的書就值得買回家細看。我不考慮市場，因為我認為真金不怕火煉，一本好書常常不是暢銷書（因為既不煽情，又沒有暴力），但是它會是長銷書，因為它帶給人們知識。

背景知識就像一個篩網，網越細密，新知識越不會流失。比如說，同樣去聽一場演講，有人獲益良多，有人一無所獲，最主要的原因是語音像一陣風，只有綿密的網才可以兜住它。背景知識又像一個架構，有了架子，新進來的知識才知道往哪兒放，當每個格子都放滿了，一個完整的圖形就會顯現出來，一個新的概念於是誕生。心理學上曾有一個著名的實驗告訴我們背景知識的重要性。這個實驗是把一盤殘棋給西洋棋的生手看兩分鐘，然後要他把這盤棋重新排出來，他無法做到；但是給西洋棋的大師看同樣長的時間，他就能正確無誤地將棋子重新排出來。是大師的記憶力比較好嗎？當然不是，因為當我們把一盤隨機安放的棋子給大師看，請他重排時，他的表現就和生手一樣了。大師和生手唯一的差別就在大師有背景知識，使得殘棋變得有意義，意義度就減輕了記憶的負擔。這個背景知識所建構出來的基模（schema）會主動去搜尋有用的資訊將它放在適當的位置上，組合成有意義的東西，一個沒有意義的東西會很快就淡出我們的知覺系統。所以在生物科技即將引領風潮的關鍵時刻，引介這方面的知識來滿足廣大讀者的需求，使它變成我們的背景知識而有能力去解讀和累積更多的新知識，是我們開闢《生命科學館》的最大動力之一。

台灣能從過去替人加工的社會走入了科技發展的社會，人力資源是我國最寶貴，也是唯一的資源利器。人力資源的開發一向是先進科技國家最重大的投資，知識又是人力資源的基本，因此我衷心期望《生命科學館》的書能夠豐富我們的生技知識，可以讓我們滿懷信心地去面對二十一世紀的生物科技挑戰。

【策劃者簡介】

洪蘭，福建省同安縣人，一九六九年台灣大學畢業後，即赴美留學，取得加州大學實驗心理學博士學位，並獲NSF博士後研究獎金。曾在加州大學醫學院神經科從事研究，後進入聖地牙哥沙克生物研究所任研究員，並於加州大學擔任研究教授。一九九二年回台先後任教於中正大學、中央大學、陽明大學，現任中央大學認知神經科學研究所教授。

【目錄】

〈專文推薦〉

神經可塑性的醫療新趨勢

蘇東平

四百年來，主流的觀點，認為大腦不可以改變。一九〇九年德國解剖學家布羅德曼（Korbinian Brodmann）根據腦皮層細胞類型，發表了人類之皮層地區之地圖一共47區，使得後人對腦結構有了定型的概念。一九六〇年代，加拿大之神經外科醫師潘菲爾（Wilder Penfield）在進行癲癇病患腦手術時，以電刺激活體腦區，將各腦區的心智功能標示出，更加強了「定型腦區」而且是固定無法改變的觀念。九〇年代功能性核磁共振造影（fMRI）及靜息（resting）fMRI發現這些腦區之間有相當緊密的關聯，不僅靠著腦內白質部分之傳遞訊息，且腦區間的交流有其綿密之網路及發號施令之總司令部（Hub）。使人們一改腦部的「固定腦區」概念而變成腦部是一種動態的操作（dynamic operation）。

神經可塑性（neuroplasticity）近年來逐漸受到重視，發現大腦是可塑性的，可塑性使得大腦可以因應活動及心智經驗而改變其結構和功能。二〇〇〇年諾貝爾生醫獎得主肯戴爾（Eric Kandel）即發現「學習的發生就是神經細胞的連接變緊密了」，且發現「學習可以啟動改變大腦結構的基因」，心智活動不僅是大腦之產物，反過來還會改變及塑造大腦。經神經科學之實驗發現大腦內訊息的傳遞是複雜又細緻多樣之神經細胞活動，特別是腦內電流訊號會隨時被調整，此改變受到興奮性（如 Glutamate〔麩胺酸〕）及抑制性（如 GABA）之神經傳導物質輸入。神經系統之可塑性分為：⑴突觸間之可塑性，即神經細胞和突觸因應經驗與外在環境而改變，特別對認知的學習和記憶。⑵內源性的可塑性，即對非突觸間因素加以塑造來控制神經興奮性。⑶恆定可塑性，即神經系統根據環境需要調節其功能以達到穩定狀態。此三種可塑性乃大腦細胞不停的在透過電流溝通，形成或加強新的神經迴路、分秒不停，這個新迴路的形成和強化，正是大腦獨一無二的癒合方式。

書中舉出多個案例如慢性疼痛、帕金森症，要面對此類慢性病，不僅要病人主動參與且有恆心、耐心以喚起沉默的神經細胞重組新的神經迴路，另外，還介紹以光療、雷射及舌尖下小電板的神經性刺激調節功能協助大腦重配神經迴路，作者描述多種不同神經醫學之病患如多發性硬化症、中風、創傷後腦傷症候群等，翔實精彩。台灣20年來引進光療法治療失眠及憂鬱症，亦在15年前引進跨顱磁波刺激術（Transcranial Magnetic Stimulation, TMS），對難治型憂鬱症有不錯之療效，而近3年來筆者以低劑量K他命（Ketamine）治療難治型憂鬱症亦獲得相當療效，因為其基本原理就是K他命能使神經細胞之樹狀突的神經棘突（dendrite neural spine）數目增加，而增強突觸間的可塑性。

本書中文譯文簡明流暢易懂，念完之後不忍卒讀，對於從事此行業之相關神經精神科醫師、神經科學專家、神經心理學家及其他人員，本人鄭重推薦。

【推薦者簡介】蘇東平醫師，目前為國立陽明大學精神學科教授兼主任，國防醫學院畢業後在台北榮民總醫院接受住院醫師訓練，並升任主治醫師。曾赴美進修，喬治亞醫學院住院醫師訓練後，再赴美國國家精神衛生研究院擔任研究員，回台後先後擔任振興醫院精神科主任、台北榮總精神部主任及學術副院長。

〈譯者序〉

這些病人教我們的事

德文有一個字 Zeitgeist，英文中沒有適當的詞來翻譯它，大致來說，這個字指的是當時的時機、社會的風氣、人民的接受度。我在研究所上心理學史的課時，因為實驗心理學源自德國的萊比錫學派，老師就直接用德文的這個字來描述當時心理學為什麼會和哲學分家，想晉升到「硬科學」（hard science）的領域去。（老師說本身是科學的領域，如物理和化學，就直接說 Physics、Chemistry，但越不是科學，卻越想要成為科學的，就會在名字後面硬加上 science，如社會科學〔Social Science〕、政治學〔Political Science〕、圖書館學〔Library Science〕等等，想想真是非常有趣）。我當時的領會是：若是時機未成熟，再好的實驗、再強的證據也會被埋沒。二〇〇五年諾貝爾生醫獎的得主馬歇爾（Barry Marshall）的遭遇，便說明了 Zeitgeist 的重要性。

馬歇爾在一九八二年就發現細菌是造成胃潰瘍的原因，但是沒有人相信他，在國際會議上發表他的發現時，大家不但不相信，還嘲笑他，逼著他用自己的生命去證明他是對的。一九八四年，他喝了一碟培養皿中的細菌下去，三天後症狀出現，在照胃鏡時，看到胃在發炎而罪魁正是幽門螺旋桿菌（H. Pylori），他還必須連照三次胃鏡給其他科學家看，大家才開始接受胃潰瘍是細菌引起的，可以用抗生素治療，而不是拚命喝牛奶。但一直到二〇〇五年，他才拿到諾貝爾獎（他若活得不夠長，這獎也拿不到），可見 Zeitgeist 的重要性。

我提到這段歷史是因為《自癒是大腦的本能》這本書中所提到的大腦自我修復的新觀念，很像當年馬歇爾所經歷的挫折，即使事實擺在眼前，人們仍然不相信，因為「大腦定型了不能改變，神經細胞死了不能再生」（這是神經學的祖師爺，一九〇六年諾貝爾生醫獎得主卡可霍〔S. R. Cajal〕在一九一三年所說的話）還根深柢固在人們的腦海中。其實早在二十年前，就有實驗顯示大腦是一直不停在改變的。大家只要想一想，病人復健會有效就是因為大腦可以改變，不然幹麼去復健？不是勞民又傷財嗎？復健當然痛苦，但是沒有辛苦怎麼會有收穫？它的確是有效的，所以多吉的第一本書《改變是大腦的天性》一出版我就立刻翻譯它，把它介紹到臺灣來，希望對中風和因意外事故而腦傷的病人有所幫助。

《改變是大腦的天性》在北美賣了一百萬本，被譯成十八種語言，是少數暢銷的醫學科普書，因為觀念新、文字流暢清楚（這對專業的醫生來說是很難得的），一直是亞馬遜網路書店的暢銷書。時隔八年，現在續集第二本《自癒是大腦的本能》出版了，專門講病人如何利用大腦的可塑性和自己想要復原的意志力，堅持運動和做復健鍥而不捨的來幫助自己痊癒，這個方法對帕金森症、注意力缺失過動症、自閉症等病人都很有效；即使不能復原到百分之百，至少可以自理生活，過有尊嚴的日子，不必事事依賴別人。這本書出版後，我也立刻動筆將它譯成中文，希望有這些病症的人和他們的照顧者能從書中得到希望，因為有希望才可以堅持下去。

這本書寫的方式跟上一本不太一樣，用的是病人的故事，從發病開始，詳細介紹疾病惡化的過程和治療的方法，這些細節對病人和家屬非常有用，他們可以對照著書來了解自己的情況，知道自己現在哪一個階段，應該如何復健改善。醫生平常多半沒有時間跟病人詳細解釋病情，這本書可以彌補這個缺憾，幫助病人自我教育。作者發現了解自己的病情，效果有點像團體治療：知道別人也有相同的痛苦，自己的痛苦可以減少一些；看到別人怎麼堅持下去，自己的毅力也會增強一些。

本書對臺灣的讀者應該也很有用，裡面的病例多是平常可能接觸到的，比如我有個朋友才六十出頭，被診斷出帕金森症時一度非常沮喪，不肯就醫也不肯見朋友；我把部分譯稿先請他太太讀給他聽之後，他的態度才改變，已經請私人教練在積極運動了，正是本書可以給病人的希望和鼓勵。又例如第八章中提到的諸多實例，因為臺灣現在注意力缺失過動症的孩子很多，各種自閉症類群的孩子也不少，很多父母都感到求助無門，既怕躭誤孩子治療的黃金期，又不知道該怎麼做才好，如果臺灣也有像馬道這樣的醫生，從減少孩子大腦內的噪音著手，使他們的大腦神經元恢復同步發射，孩子就能過正常生活。書中這些病人說的「好似幾百台收音機同時發出噪音」的情形，有偏頭痛的病人一定很能感同身受，這種一點小聲音在大腦中被放大成幾千萬倍，真是苦不堪言，也難怪這些孩子會去撞牆、打頭，做出奇怪的動作來。有一本自閉症孩子寫的書《我想變成鳥，所以跳起來》（遠流出版），可以呼應最後一章中那些孩子的奇怪行為，了解到孩子行為背後的原因就不會責怪他們，也才知道如何對症下藥。

這本書是少數知識性強、可讀性高，又跟你我生活都有關係（因為我們都有個大腦）的好書，本著好知識應該分享的心態，我在三個月內努力把它翻譯出來，我由衷的希望這本書能帶給有這些情況的病人一盞明燈。現在治療的方式找出來了，就請好好的去復健吧，舜何人也，予何人也，有為者亦若是！

就發現來說

就像眼睛前面的手可以擋住最高的山，使我們看不見，每天的例行公事也會使我們看不見世界上到處可見的奇蹟和光輝。

——哈西德派猶太教（Chasidic）俗諺，十八世紀

就復原來說

人生苦短，學海無涯，機會稍縱即逝。經驗誤導我們，而決策困難，所以醫生的責任不只是要盡個人之責，還要使他的病人、助手和外在的環境都盡其責才行。

——希波克拉底（Hippocrates）

前言

這本書談的是大腦獨特的自癒方式，在了解它的歷程後，很多過去認為不可治癒或不可逆轉的問題可以得到改善，甚至治癒，你將在書中看到這些例子。我會為讀者說明這個痊癒的歷程是如何來自大腦高度專業化的特定功能區域，而過去我們都認為這些特定功能如此精密，是不可能被取代的：大腦不像其他的器官，既沒有自我修復的能力也無法恢復已經失去的功能；但這本書會向你證明恰好相反，大腦的精密度提供了自我修復並改進損壞功能的方法。

這本書，是我第一本書《改變是大腦的天性》（*The Brain That Changes Itself*，中譯本遠流出版）的續作，前一本書描述了近代科學興起以來理解大腦和心智的關係最重要的突破：發現大腦是有可塑性的。可塑性使得大腦可以因應活動及心智經驗而改變結構和功能。該書中介紹了很多一流的科學家、醫生和病人，如何利用這個發現給自己的大腦帶來驚人的轉變。在此之前，這樣的轉變是幾乎不可思議的，因為四百年來，主流的觀點是大腦不可改變；科學家認為大腦是一部了不起的機器，每一個部件都在特定的位置執行特殊的心智功能。假如哪個地方因為中風、受傷或病變受損了就無法治療，因為機器不能自我修復或再生一個新的部件。科學家同時也認為，大腦的迴路是不可改變的，或者說是「設定的」（hardwired），所以那些有心智障礙或學習障礙的人，注定一輩子都不可能改變。隨著機器比喻的演變，科學家更進一步把大腦類比成電腦，大腦結構就像電腦「硬體」，唯一可能的改變就是越來越不好用，人老了就像機器磨損：使用它，也失去它（use it, and lose it）。所以年紀大的人不必透過心智活動和練習企圖保持腦力不衰退，那是徒勞無功，完全沒有用的。

神經可塑性專家（neuroplastician，我如此稱呼那些證實大腦可塑的科學家）完全顛覆了大腦不可改變的看法，透過大腦照影工具，人類首次看見活人大腦的線上工作情形後，就證明了大腦一直不停在改變。二〇〇〇年諾貝爾生醫獎得主肯戴爾（Eric Kandel）即因為發現「學習的發生就是神經細胞之間的連接變緊密了」而獲獎；肯戴爾同時發現學習可以啟動改變大腦結構的基因，之後更有數百個研究指出，心智活動不但是大腦的產物，還會改變、塑造大腦。神經可塑性的研究讓心智重新返回近代醫學和人類生活中應該在的適當地位。

《改變是大腦的天性》所描繪的知識革命其實只是個開始，本書中，我會告訴讀者第二代的神經可塑性專家驚人的進展。因為沒有前一代必須證明神經可塑性存在的包袱，他們可以自由投身於理解和運用這個可塑性的神奇力量。我走訪世界五大洲，與許多科學家、臨床治療師和病人親自面談，就是為了發掘他們的故事；有些科學家是在西方世界最先進的實驗室中工作，有些治療師在臨床上應用這些新知幫助他的病人，更有許多治療師和病患早在科學實驗證實大腦的可塑性之前，便偶然發現神經可塑性，並且藉此找出最有效的治療技術。

本書中的這些病人，他們的醫生都告訴他們病情不會好轉。幾十年來，「痊癒」（healing）這個詞幾乎從未跟大腦連接在一起過，其他器官有此可能，比如皮膚、骨頭或消化道，因為皮膚、肝臟和血液可以用幹細胞補充那些喪失的細胞，如同功能的「替代零件」，自我修復；但是科學家花了幾十年搜尋，都不曾在大腦中發現任何幹細胞。神經元一旦死亡，科學家就怎麼也找不到任何可取代的證據，他們只好從演化中去解釋：大腦在演化成這個數以百萬計高度專業化的迴路時，便失去了替換失功能迴路零件的能力。即使真的找到神經幹細胞——剛出生的神經元——也不會有什麼幫助：新生的神經元如何組合入這麼複雜的大腦系統中，發揮作用呢？就因為科學家認為不可能療癒大腦，所以大部分的治療只是用藥物「支撐失效系統」，用暫時改變大腦中化學平衡的方式來減低症狀，一旦停止用藥，病症就馬上復發。

原來大腦為了自己好，並沒有精密到無法修補的程度。你會在本書中看到，大腦的確非常精細，腦細胞無時無刻不斷地透過電流溝通、形成或改良新的神經迴路，而這也正是大腦獨一無二的癒合方式。**大腦的專業化過程的確讓它失去了其他器官所擁有的修復能力，但是失之東隅、收之桑榆，大腦的可塑性給了我們另一種修補方式。**

書中的每一則故事都描繪出神經可塑性的不同療癒面向，我越是浸潤在這些不同的療癒方法中，就越能區辨出它們，開始了解不同的療法是針對不同的治療過程。我會在第三章提出第一個神經可塑性療癒的模式，幫助讀者了解它們是如何結合在一起的。

就像醫藥和外科手術引領出解除病人病痛的不同治療方法，神經可塑性的發現也一樣。讀者會發現，書中的病例可能很像你認識的某個人，或你所照顧的某個人正經歷同樣的痛苦，例如慢性疼痛、中風、創傷性腦傷、腦損傷、帕金森症（Parkinson's disease）、多發性硬化症（multiple sclerosis）、自閉症、注意力缺失（attention deficit disorder, ADD）、學習障礙（包括失讀症〔dyslexia〕）、感覺統合失調症（sensory processing disorder, SPD）、發展遲緩、大腦發育不全、唐氏症（Down syndrome）或是某些類型的失明等等。某些病症的大部分患者可以完全治癒，另一些則可以從重症改善到中度或輕症。我會為你描述好些家長，雖然醫生告知他們自閉症或大腦損傷的孩子永遠不可能完成正常的教育，但這些父母卻親眼看到他們的孩子完成高中學業，甚至上了大學，獨立自主，與他人發展出深厚的友誼。在某些情況下，嚴重的疾病雖仍存在，但是最困擾他們的症狀減輕了，有些人透過增加大腦可塑性的方法，因而減低了得到阿茲海默症（Alzheimer's disease）的風險（第二和第四章會談到）。

本書中所介紹的療法，大部分都會用到包括光、聲音、震動、電流和動作等能量。這些能量的形態提供了進入大腦自然、非侵入性的方式，透過我們的感覺和身體喚醒大腦本身的痊癒能力。每一種感官都會把某種能量形態轉換成電流訊號，讓大腦可以運用，所以我也會讓你看到，可以如何使用這些不同的能源形式，藉由改造大腦的電流訊號來改變大腦的結構。

我在受訪的這些人身上看到，醫師如何用聲音成功的治療了自閉症的孩子，如何以震動頭部後方治療注意力缺失，以溫和的電擊刺激舌頭逆轉多發性硬化症和中風，以光照射頸後治療腦傷、照進鼻子治療失眠、以靜脈注射挽救生命，以及徒手緩慢輕柔地按摩身體，治癒了一個天生少了部分大腦、有認知障礙和幾近癱瘓的女孩。我會介紹這些技術如何刺激和喚醒休眠的大腦迴路，我所目擊的介入法都跟心智覺識（mental awareness）和利用能量有關係。

共同利用能量和心智來療癒在西方是新奇的，對傳統東方醫學卻極為重要。科學家直到最近才開始看出這些傳統的治療方式如何納入西方的模式中，值得注意的是幾乎我所拜訪的每一位神經可塑性專家，都因為對東方傳統醫療法的洞察而加深了對神經可塑性的了解，包括傳統中醫、古代佛教僧侶的冥想（meditation）和直觀（visualization）、太極和柔道等武術、瑜伽和能量醫學等等。西方醫療一向排斥東方的醫學——即使有幾十億人實踐了幾千年——的主張，當東方醫者認為心智可以改變大腦時，西方學者嗤之以鼻，因為太不可思議。本書會讓你看到，神經可塑性如何提供一座橋梁，連接人類社會兩個偉大、迄今仍疏離的醫學傳統。

你可能會覺得本書所談到的治療方法很奇怪，因為它用身體和感官做為能量和訊息進入大腦的主要管道。然而，這正是大腦用來連接外面世界的管道，所以這種治療法也是最自然、最沒有侵入性的方法。

過去臨床治療師之所以會忽略用身體來治療大腦，是因為我們一直把大腦看成是一個比身體更複雜的東西，因為大腦決定了我們是誰。從「我身即我腦」（we are our brains）這個普遍觀點來看，大腦是總指揮，身體只是它的臣民，要服從總司令的指揮。

這個看法出自一百五十年前，當時的神經學家和神經科學家剛剛開始證實大腦可以控制身體；他們發現如果一名中風的病人不能走路，問題不在他的腳，而是他大腦控制腳的區域出了問題。從十九世紀到二十世紀，神經科學家都在努力繪製對應身體各部位的「大腦地圖」，而「繪製大腦地圖」所造成的「職業危害」在於誤以為大腦是「所有活動的所在地」；有些神經科學家幾乎把大腦想成是無實體的，或是把身體看成附屬品，不過是支持大腦的一個基礎構造（infrastructure）而已。

但是這個「大腦是王」的觀點並不周延，大腦的演化遠在身體之後數百萬年，而且是演化來支持身體的。身體有了大腦之後就改變了，**所以身體和大腦是互動且互相適應的：大腦不但傳送訊號到身體來影響身體，身體也回送訊息到大腦來影響大腦，這是無止無休的雙向互動**。身體上也充滿著神經元，光是腸胃中就有上億的神經元，只有在解剖學的教科書中，大腦才是獨立出來介紹的。就功能來說，**大腦和身體一直都是相連的，透過感官，大腦才能接觸到外面的世界；神經可塑性專家便是學會用身體這個管道來加速大腦的痊癒**。所以，當一個人中風而不能使用他的腳時，的確是因為大腦受傷了，但移動他的腳有時候卻可以喚醒受傷大腦休眠的神經迴路。身體和心智變成療癒大腦的夥伴，因為這種方法是非侵入性的，所以幾乎沒有副作用。

假如你覺得這個有效、又非侵入性的大腦治療法聽起來似乎太美好了，好得不像是真的，那是有歷史原因的。現代醫學源自現代科學，而現代科學之所以興起就是為了征服自然，正如現代科學之父法蘭西斯・培根（Francis Bacon）所言，科學應該「造福人類」（the relief of man's estate）。這個說法也引申出很多醫療行為中的軍事隱喻，比如加拿大馬吉爾大學（McGill University）醫學院前院長法克斯（Abraham Fuks）就說。醫療成為對抗疾病的「戰役」（battle），藥物則是「神奇子彈」（magic bullets），藥物治療是一場「與癌症的戰爭」（the war against cancer）和「與愛滋病的戰鬥」（combats AIDS），醫療要遵從來自「治療軍械庫」（therapeutic armamentarium）的醫生的指令；這個「軍械庫」所指的，就是醫生的各種治療招數，侵入性的高科技治療看起來似乎比非侵入性的治療更科學。醫生行醫的確有點像在打仗，尤其在急診室：假如大腦中的血管爆開了，病人就需要神經外科醫生執行侵入性的外科手術。但是這個隱喻也造成困擾，別的不說，光是「征服」自然就是一個不切實際的天真期望。

在這個隱喻裡，病患的身體不是盟友而是戰場，病人變成被動的、無助的旁觀者，觀看醫生在他身體裡和疾病一決勝負，打的卻是一場攸關自己命運的硬仗。這個態度甚至影響許多醫生跟病人說話的方式，常常在病患訴說他的病情時打斷病人的話，因為比起病人的病情，這些崇尚高科技的醫生對檢驗報告更感興趣得多。

從另一方面來說，**神經可塑性的治療法需要病人自己參與治療，心智、大腦和身體缺一不可。這種治療法不但很像東方醫學，也和西方傳統的醫療法相去不遠**。現代醫學之父希波克拉底就是視身體為主要的治癒者（healer），而且醫生和病人都要與大自然一起努力，幫助身體活化自己的痊癒能力。

在這種治療法中，醫生不但專注於病人的病況，還要尋找可能正在休眠中的、健康的大腦區域，喚醒它、徵召它來幫助復原。這種做法決不是用神經烏托邦的理想取代過去神經學上的虛無主義——以虛幻的希望取代假造的悲觀，新發現的大腦治療法並不保證每名病人都一定會痊癒，我們往往並不知道最後的結果會怎樣，總要直到病人在具備足夠知識的醫護人員的指導下盡力嘗試過以後，才會得到答案。

痊癒的英文heal來自古英文haelan，不只是「病除」（cure），還包括「全癒」（make whole）。軍事隱喻中的cure則有除盡、分開（divide）和征服（conquer）的意思。

接下來的故事，是人們如何改變自己的大腦，從失去的身體部件中復原，或發現他們從來不知道的這項能力。但是除了腦照影的技術之外，真正令人驚嘆的是大腦經過千百萬年的演化，得出這麼精緻的神經可塑性功能，使我們的心智可以去指揮大腦回復它獨一無二的成長歷程，讓我們持續生活下去。

第一章

醫生自醫，而後醫人

莫斯科維茲發現慢性疼痛可以反學習

麥可・莫斯科維茲（Michael Moskowitz）是位精神科醫生，後來成為疼痛專家，常常被迫以自己做為實驗的白老鼠。

結實、輕快，身高超過一米八的莫斯科維茲醫生，看起來比六十多歲的實際年齡至少年輕十歲以上。他戴著橢圓形約翰・藍儂（John Lennon）型眼鏡，長而捲的灰髮，下唇留有一小撮一九五〇年代末、六〇年代初流行的鬍子，臉上經常掛著微笑。我第一次看到他，是美國疼痛醫療協會（American Academy of Pain Medicine）在夏威夷所舉辦的研討會上。雖然穿著西裝，但是他太孩子氣了，西裝對他來說似乎太老氣。幾個小時以後，他換上顏色鮮豔的短褲在海灘上大開玩笑，把我的童心也引發出來了；不知怎地，我們討論起醫生有多容易忘記人們是如此不同這個議題——醫生診斷時，常只對病情類別感興趣，因為類別是一種理想的形式，不會因病人而有不同。他說：「我就是個好例子。」

我問：「怎麼說？」

「我的身體就跟別人不一樣。」他邊說邊脫掉他的夏威夷衫，很自豪地展示胸部的三個乳頭。

「大自然的傑作，」我開玩笑說：「有給你帶來任何好處嗎？」

就像在醫學院讀書的時候一樣，我們開始幼稚、無厘頭的爭辯：既然乳頭對男性毫無用途，我們兩人哪一個比較沒有用？有兩個乳頭的，還是三個乳頭的？我們便是這樣相識的。他喜歡唱歌、彈吉他，有著年輕的聲音，一切都顯示他是成長於一九六〇年代的快樂年輕人。

然而事實並非如此。

莫斯科維茲大部分人生都花在別人的慢性疼痛（chronic pain）中，那些人的痛苦別人很少知道，因為病痛已經耗掉他們大部分的精力，不容他們把剩下的這一點精力再花在不能幫助自己的人身上；疼痛並沒有寫在他們的臉上，卻使他們看起來有氣無力、像鬼一樣，因為疼痛一點一滴地吸光他們的生命力。但是，麥可卻擔負起這些人所有的痛。他和另一位原是精神科、後來轉疼痛專科的韓納士（Robert "Bobby" Hines）醫生，在加州舊金山北邊的索薩利多（Sausalito）成立了一家疼痛診所「灣區醫療協會」（Bay Area Medical Associates），專門治療美國西部太平洋沿岸那些有「難以消除的疼痛」的病患：他們已經嘗試過所有其他治療法、各種藥物，連「神經阻斷療法」（nerve blocks，也就是注射麻醉藥劑）和針灸都起不了作用。他們來到他診所時，已是被所有醫生（包括主流和另類治療）告知「所有能為你做的都已經做了」的病人。

「我們是他們的最後一線希望，」麥可說：「如果連我們也治不好，他們就只能帶著痛離開人世了。」

麥可是在當了多年精神科醫生後，才投身疼痛領域的，學術與業界的資歷都非常輝煌：曾是美國疼痛醫學委員會（American Board of Pain Medicine）的委員，負責疼痛專科醫師的考核；前美國疼痛醫療協會主席，更獲選身心醫學（psychosomatic medicine）的高等精神醫學會士（advanced psychiatric fellowship），但是，他之所以會成為世界級的領袖，卻是因為他在治療自己的疼痛時，發現神經可塑性對治療疼痛頗有療效。

疼痛的教訓——關閉開關

一九九九年六月二十六日，四十九歲的莫斯科維茲和一位朋友潛入聖拉斐爾（San Rafael）垃圾場去尋寶，因為他聽說，七月四日要參加美國國慶遊行的坦克車和其他裝甲車藏在那裡，他無法抗拒童年時爬上坦克車槍架的樂趣，想要重溫舊夢。可是當他從坦克車上跳下來時，他的燈心絨褲管勾到了坦克旁邊掛汽油的金屬尖頭，當他落地時，有一條腿還高掛在一公尺半的坦克車上，他聽到三聲霹啪響：他的大腿骨——我們身體中最長的一根骨頭——斷了；當他低頭看時，這根大腿骨和另一條腿成九十度的直角。「當我後來跟一位律師朋友談到這件事時，他說對爬上坦克車和吉普車而言，我太老了一點，他說：『假如你才七歲，那就有官司可打了。』」

做為一位疼痛醫生，他利用這個狀態來親身體驗他所教給學生的東西，這也正是他後來走上神經可塑性治療法研究的最主要原因。剛跌斷腿的時候，他的疼痛指數是十分量表中的十（這個量表是從〇到十，十就好似被丟入滾油中）。他以前不確定他可以忍受十級的痛，現在他知道了。

「當時我腦海中想到的第一件事是：星期一我怎麼去上班？」他告訴我：「當我躺在地上動彈不得地等待救護車時，我的第二個念頭是：假如我不動，我就不會痛。我心想：『哇！這真的有效！』我的大腦只要把疼痛關掉——我多年來就在教學生這個，但直到那時才親身體驗大腦可以排除疼痛，就像我身為傳統的疼痛專家，開藥、打針、用電刺激去減輕病人的疼痛一樣；只要躺著不動，大約一分鐘後我就不痛了。

「當救護車抵達之後，他們給我打了六毫克的嗎啡，我說『再給我八毫克』，他們先是說『不可以』，可我一說『我是疼痛醫生』後，他們就幫我注射了。但是，當他們移動我時，還是貨真價實的十級疼痛。」

大腦可以關掉疼痛，因為急性疼痛（acute pain）的目的不是使我們受苦，而是對危險的警告。沒錯，pain（疼痛）這個字來自希臘文的 poine，意思是懲罰（penalty）；拉丁文的 poena，也是懲罰（punishment）的意思；但是在生物學上，痛並不是為了懲罰。**疼痛系統是受傷時身體的警報系統：疼痛是當我們繼續進行可能會傷害身體的行為時的懲罰，一旦我們停止那個行為，報酬就是不痛了**。

當麥可靜止不動時，他的大腦知道沒有危險，所以他就不痛，他也知道那個「痛」並不是真的在腿部，「我的腿所做的事，就只是送訊息到大腦去。我們從讓大腦進入深沉睡眠的全身麻醉中知道，假如大腦不處理痛的訊息，你就感覺不到痛。」但全身麻醉是使我們失去意識來消除疼痛感，而麥可在當時是有意識的：先是極度疼痛地躺在地上，然後從某個瞬間起他很清楚地意識到大腦關掉了他的疼痛。只要他知道如何關掉那個開關，就可以幫助他的病人了！

不過，當時的莫斯科維茲面臨的可不只是移動與否可能帶來的危險，在等待救護車抵達時他就差點沒命了，因為他全身有一大半血液流向腿，使他的腿腫到平常的兩倍大，「我的腿就跟我的腰一樣粗。」全身的血液都集中到大腿幾個小時，造成其他重要的器官供血不足，他沒有死掉真是個奇蹟。

當他到達醫院時，「外科醫生馬上用最大的電療器封住我的血管，假如封不住，他們就只好鋸掉我的腿了。」

手術過程中他也兩度差點沒命。第一次是他發生血栓，如果血栓跑到他的肺或大腦中，他就完蛋了；第二次是導尿管穿透了他的前列腺，使得他發高燒、出現敗血性休克，血壓降到八〇／四〇。然而他還是活下來了，而且學到另一個疼痛教訓：**剛開始急性疼痛時用大量嗎啡止痛是明智的，這足夠的嗎啡量使他後來沒有發展出慢性疼痛症候群**（chronic pain syndrome）；這是為什麼當少量嗎啡無法應付急性疼痛時，他要求更多嗎啡的原因（譯註：否則他的神經會不停地受到疼痛的刺激，而發展為慢性神經痛）。儘管當時的傷勢很嚴重，但是多年來除了輕微的疼痛，他的腿傷並沒有留下太多後遺症，他可以正常走路，比如我們可以一起沿著夏威夷的海灘走上兩公里半而他不覺得痛。

大腦可以驟然關掉痛覺的這個事實，違背了我們過去一向認為疼痛來自身體的「常識性」經驗。傳統科學觀點對於疼痛的系統性闡述，即法國哲學家笛卡兒（René Descartes）在四百年前就認為當身體受傷時，我們的痛神經就會傳送訊息到大腦，疼痛的強度也會和我們受傷的嚴重度成正比；換句話說，疼痛發送出身體受傷的報告，大腦只是接受這個報告，這是一條單行道。

但是，這個看法在一九六五年被推翻了。加拿大的神經科學家梅爾札克（Ronald Melzack，他研究幻肢的疼痛）和英國的渥爾（Patrick Wall，他研究疼痛和神經可塑性）共同發表了一篇疼痛歷史上最重要的論文〈疼痛機制：一個新理論〉（Pain Mechanisms: A New Theory）。他們主張疼痛知覺系統分佈在整個大腦和脊椎中，大腦不是被動的接受訊息，而是控制我們感受到有多痛。他們的「疼痛閘門控制理論」（gate control theory of pain）認為，痛的訊息從受傷的組織透過神經系統送到大腦時必須經過很多道關卡，也就是所謂的「閘門」，到大腦之前先從脊椎開始；而且只有在大腦發給通行證時，這些訊息才送得上去：大腦要先判斷這個訊息夠不夠重要，才決定發不發給它通行證。（一九八一年美國總統雷根〔Ronald Reagan〕胸部中彈時，一開始只是呆立當場，他自己不知道、維安人員也不知道他中彈了。他後來開玩笑說：「除了在電影中，我從來沒有中彈過，你以為得用痛苦的表情來演出，現在我才知道，並不是每次中彈都會痛。」）在要求被允許後，閘門才會打開——讓特定的神經元打開開關，送出訊號，這個痛的訊號也才會送到大腦；但是大腦也可以選擇關掉這道閘門，阻擋疼痛的訊號，方法是釋放出腦內啡（endorphin，一種大腦自己製造的嗎啡）來平息疼痛感。

發生意外之前，莫斯科維茲就已經在教授最新版的疼痛閘門控制理論了，但是，知道開關存在是一回事，在劇痛之際知道怎麼關掉它是另一回事。

另一個教訓——可塑性失控

莫斯科維茲的坦克車意外，其實並不是他洞悉關於疼痛其中奧妙的第一次親身體驗；早在那之前幾年，他就曾因為滑水出意外、頸椎受傷而體會神經可塑性在疼痛中所扮演的角色。一九九四年，當他和女兒一起滑水時，老頑童麥可以超過六十公里的時速破浪滑行，導致翻覆落水，頭部受到重擊，使得頸子受傷。當時的疼痛指數是八分，有許多天都不能上班，疼痛前所未有的嚴重以致支配了他的生活，而且從嗎啡和其他重量級的止痛藥到所有已知的治療——包括物理治療、牽引（拉直頸部）、按摩、自我催眠、熱敷、冰敷、靜養、消炎片——幾乎都沒有效。那份痛楚整整糾纏並折磨了他十三年，而且越來越嚴重。

開始研究大腦可塑性和關於疼痛的發現時，他五十七歲，正是頸子痛得最厲害的時候。早在一九七八年，德國的生理學家辛默曼（Manfred Zimmermann）就提出了慢性疼痛源自神經可塑性的看法，但是那個時候時機尚未成熟，人們總算接受神經可塑性的看法是二十五年後的事，所以當時辛默曼的觀點鮮為人知，更沒有誰會嘗試應用它來治療疼痛。

急性疼痛透過傳送訊息到大腦來警告我們身體受傷了或生病了，它說：「受傷的是這裡——快照顧它。」但是有時候，受傷同時會影響我們身體的組織和疼痛系統中的神經元，包括大腦和脊髓中的神經元，結果就產生神經性疼痛（neuropathic pain，有時又稱作中樞性疼痛〔central pain〕，因為我們的中樞神經系統就是由大腦和脊椎構成）。

神經性疼痛之所以會發生，是因為大腦中組成疼痛地圖神經元的行為。身體各部位在大腦中相對應的區域稱之為大腦地圖，碰觸身體的某個部位，大腦中對應部位的神經元就會活化起來。大腦地圖的安排跟身體的呼應是有組織的地形，身上相鄰近的部位在大腦中也是鄰居（譯註：例如我們的手指頭依序是大拇指、食指、中指、無名指和小指，大腦運動皮質區和身體感覺區的手指頭排列順序也是一模一樣：大拇指、食指、中指、無名指和小指）。**當大腦中疼痛地圖的神經元受損時就會送出假警報**（false alarm）**，使我們誤以為身體出了問題，其實問題在大腦。在身體已經痊癒很久以後，這個疼痛系統的神經元還送出假警報，急性疼痛就會發展出來世**（afterlife）**的疼痛，長此以往就變成慢性疼痛了**。

想了解慢性疼痛是怎麼發展出來的，必須先了解神經元的結構。每一個神經元都有三個部件：樹狀突（dendrite）、細胞體（cell body）和軸突（axon）。顧名思義，樹狀突就像樹枝一樣，通往內含DNA和維持細胞生命的細胞體，接受其他神經元送過來的訊息；軸突則像有生命的電纜，有長有短（從大腦中非用顯微鏡看不見那種長度的到通往腿部那種將近一公尺長的都有）——軸突常被類比成電線，因為電脈衝（electrical impulse）會以非常快的速度（時速從三公里到超過三百公里）通往鄰近神經元的樹狀突。每個神經元都可以接受兩種訊號：興奮訊號（excitatory signals）和抑制訊號（inhibitory signals）；當神經元接收到足夠的興奮訊號時，就會發射自己的訊號，反之，接收到夠強的抑制訊號時，就不太會發射了。

軸突比較少接觸到鄰近的樹狀突，軸突和樹狀突之間有個細微的空隙叫突觸（synapse）。當一個電流訊號走到軸突末端，就會使終端的囊泡釋放出稱作神經傳導物質（neurotransmitter）的化學信使（chemical messenger）。這些化學信使會漂達鄰近神經元的樹狀突，興奮或抑制它。當我們說神經元自己「重新配線」（rewire）時，指的就是突觸發生變化——或是加強和增多，或是減弱和減少神經元之間的連接數量。

神經可塑性的核心法則之一是：一起發射的神經元會連接在一起（neurons that fire together wire together），表示重複的心智經驗會改變處理這個經驗的大腦神經元結構，使這些神經元之間的突觸連接更強壯（譯註：關於這是怎麼發現的，讀者可以參閱作者的前一本書《改變是大腦的天性》）。實際上，當我們學習新事物時，不同組的神經元會相互連接。比如孩子學英文字母時，A的字形會和「ay」的聲音連在一起；每一次孩子看到A就會讀出「ay」的聲音，兩組相關的神經元便同時活化，久而久之就綁在一起了，它們之間突觸的連接就會更緊密。往後只要任何跟這個連接有關的活動一出現，這些神經元就會同時「一起發射」，然後再「連接在一起」，反應便會越來越快、越來越強，送出的訊號也越清楚；神經迴路變得更有效率，表現就跟著更好。

反過來說也一樣。如果很久不用這條迴路，彼此之間的連接會日漸鬆弛，再過久一點，大多數的連接都會鬆脫。這正是大腦可塑性更接近普通常識的一般原則：用進廢退現象（use-it-or-lose-it phenomenon）。數以千計的實驗也已證明這個事實——一些神經元往往會因為被借調去處理一些新的、當下迫切需要處理的例行工作，後來就忘記自己原先的功能了；所以，如果以前的緊密連接已經沒有用處，我們就可以操縱這個用進廢退的原則來消滅神經元之間的連接。假設有個人本來有心情一不好就吃東西的壞習慣，也就是他把吃東西的愉悅感覺和情緒不好的鬱悶感覺連接在一起，那麼，要想改變這個習慣，他就得學習將這兩者分開，比如心情不好時嚴禁自己去廚房，直到他找到更好的方式處理情緒。

當我們接收到的是愉快的訊息時，這個可塑性是上天的福賜，因為它給予我們發展出更能感到愉悅的感官滿足；但是，當接受到的訊息是來自疼痛系統時，這個可塑性就是一種詛咒了。所以當一個人椎間盤突出，脊椎的神經根因反覆的按壓而疼痛時，那些區域的大腦疼痛地圖就變得過度敏感，不只在神經被壓迫到的時候開始感覺到痛，即使沒有被壓迫到也感覺得到疼痛。如果這個痛的訊息在我們大腦中迴盪不去，即使原始的刺激已經停止之後還是會感覺到痛。（幻肢〔phantom limb〕就是一個很好的例子：手臂明明已經切除了，不存在的手臂卻還在痛。這個比較複雜的現象，在《改變是大腦的天性》一書中有詳細說明。）

渥爾和梅爾札克告訴了我們，**慢性損傷不但會使疼痛系統中的神經細胞比較容易發射，還會使疼痛地圖放大感受區**（receptive field）**，也讓我們覺得身體表面痛的地方變得更大**。莫斯科維茲就是這樣，本來只有一邊的頸子痛，後來蔓延到脖子兩側都在痛。

渥爾和梅爾札克也發現，當疼痛地圖變大時，痛的訊號會從一個區域「氾濫」到另一個地區，因此而發展出位移痛（referred pain）——明明受傷的地方只有這裡，卻覺得離它不遠的另一個地方也在痛。最後，大腦的疼痛地圖變得很容易發射，這個人當然就每天都痛得死去活來——這一切，其實都只是大腦對一個小小的神經刺激所做的反應。

因此，莫斯科維茲越是常感到頸子刺痛，他的大腦疼痛神經元更容易接受痛的刺激，當然也越容易感到疼痛。這種證據充分的神經可塑性歷程有個名字，叫做緊繞痛（wind-up pain），疼痛系統發射過越多神經元，大腦對疼痛訊號就越敏感。

莫斯科維茲知道，慢性疼痛症候群正在發展，已經落入一個大腦的惡性循環陷阱裡：每多感到一次疼痛，他可塑的大腦就對這個痛更敏感，使他的情況更壞。這次的痛替他下次的痛設好舞台場景，使下一次變得更糟：痛的訊號更強，痛的時間更長，身體感受到的疼痛區域更大。

大腦的可塑性已經走火入魔了。

一九九九年，莫斯科維茲開始在電腦上繪製疼痛地圖，顯示慢性疼痛如何在大腦疼痛地圖上擴張版圖。那個時候的疼痛醫學，聚焦在脊椎和身體的末梢神經系統（peripheral nervous system）如何處理疼痛的歷程，而不是聚焦在大腦上。直到二〇〇六年，這個領域的主要文本《渥爾與梅爾札克的疼痛教科書》（*Wall and Melzack's Textbook of Pain*）才有一章論及神經的可塑性和脊椎，但仍然沒有談到大腦的可塑性。直到幾年以後，莫斯科維茲發表了他的論文〈中樞神經系統對痛的影響〉（Central Influences on Pain），才開始扭轉這個情勢。

莫斯科維茲把慢性疼痛定義為「習得的疼痛」（learned pain）**。慢性疼痛不但反映疾病，它本身就是疾病。因為病人無法醫治急性疼痛的原因，身體的警報系統就被卡在「開」這個位置上，中樞神**

經系統因此跟著受損。「一旦變成慢性，疼痛就很難治療了。」

莫斯科維茲的見解，正與梅爾札克的另一個理論「疼痛的神經矩陣」（neuromatrix theory of pain）不謀而合。急性疼痛是我們的感覺接受器，從下往上（大腦）送的「輸入」，但是慢性疼痛就複雜得多，有更多由上往下的歷程。疼痛的神經矩陣理論主要是說，長期的痛是知覺（perception）上的痛而不單是感覺（sensation）上的痛，因為大腦在決定組織所遇到的危險時，同時要考慮很多其他因素。目前已有許多研究顯示，大腦在評估身體的損傷時，除了我們主觀的痛的知覺經驗，還會考慮有沒有什麼可以消除這個痛的行動，所以它會發展出預期——這個損傷會更好還是更壞。這些評估的總分決定我們對未來的期望，而這個期望則在我們未來所感受到的疼痛中扮演重要的角色。由於大腦可以影響我們對慢性疼痛的知覺，所以梅爾札克認為慢性疼痛是「中樞神經系統輸出」的結果。

如此一來，疼痛的迴路就不是以前大家所認定的、從身體到大腦的單行道，而是從身體到大腦再回到身體，不斷循環的訊號；完整的疼痛反應在疼痛訊息送往大腦後並不會就停止，而是由此開啟無數自動化的反應。這個反應本來是演化來避免受到更多傷害以及促進癒合的：我們怕痛就縮回；小心翼翼保護我們受傷的四肢，免得動了會痛；我們發出呻吟和呼叫救援；很小心並反覆地評估我們的傷口有多嚴重；我們的心情就像坐雲霄飛車，根據最新的評估狀況，時好時壞。假如一個人從胸骨後發展出胸痛，並擴散到左臂，而且懷疑這是心臟病發作的徵兆，要是他的醫生說那只是肌肉痛，不是心臟病，他所感受到的痛就會比原來更強烈。

莫斯科維茲用軍事的比喻寫道：「大腦就像對一個侵入的活動加以反擊，想要壓制住這個過度的活動。」他詳細的繪出所有可能調節疼痛的神經迴路，從大腦皮質理性中樞這個最高點，一路畫到脊椎神經傳送疼痛訊息進來的較低層點。

神經可塑性的資源競爭

為了控制疼痛，也想要徹底了解神經可塑性改變的法則並付諸實踐，莫斯科維茲光是二〇〇七年就讀了一萬五千頁神經科學論文。他發現，一個人不但可以用同步發射來強化大腦不同區域的神經迴路，還可以利用不一起發射的迴路來削弱不想要的神經連接（neurons that fire apart wire apart）。

他想知道的是：能否利用訊號輸入大腦的時間差，來減弱疼痛地圖中已然形成的連接？

他發現，我們這個用進廢退的大腦其實各部位都在競爭資源，定期執行的工作往往能透過從其他區域「竊取資源」因而佔用越來越多的大腦空間。他畫了三張圖來總結他領悟到的東西：第一張圖是大腦在急性疼痛時，有十六個區域活化起來；第二張圖是大腦在慢性疼痛時，那些地方仍然在活化，但是擴張到其他地方了；第三張大腦圖則完全沒有登錄疼痛訊息。

分析慢性疼痛的大腦地圖時他觀察到，沒有疼痛要處理時，這些活化的地方會處理思考、感覺、影像、記憶、動作、情緒和信念。這個觀察解釋了：**當我們痛的時候，為什麼不能集中精神思考；當**

我們有感覺的困擾時，為什麼常無法容忍噪音和亮光；我們感到疼痛時，為什麼不能優雅地走路，也很難控制情緒，易怒，一點小事脾氣就要爆發——原來是本來調節相關活動的區域被劫持去處理疼痛的訊號了。

神經可塑性專家莫山尼克（Michael Merzenich）用一個非常漂亮的實驗顯示出這種資源競爭。他先找出猴子每一根指頭在大腦運動皮質區的對應處（這叫繪製大腦地圖〔mapping a brain〕，找出各種功能於大腦的所在地），例如，我們右手的手指頭會把接受到的感覺送到左腦管理觸覺的地方，每一根指頭都有特定的領域。神經元處理這些感官訊息的訊號，會被植入神經元內的微電極偵測到它們的活化，這些電流訊號傳送到一個放大器上，再送到連接螢幕的示波器（oscilloscope），科學家就可以看到和聽到神經元發射。用這個方法把電極植入掌管大拇指的神經元內，碰觸這根大拇指時，科學家就可以看到大拇指的神經元在螢幕上發射了。

莫山尼克繪製猴子大腦中完整的手指大腦地圖，他的做法是先碰觸猴子的第一根指頭，看哪些地方開始發射，找到地圖並確立邊界之後就換下一根，依序找到五根手指並排的大腦區域。

然後他截掉猴子的中指，幾個月以後，當他重新繪製那隻猴子的大腦地圖時，便發現食指和無名指的大腦地圖已經延伸到本來中指的區域。因為中指不再接收到輸入的訊息，食指和無名指要分擔中指的工作，它們的工作增加、佔的地方變大，最後中指的區域便被食指和無名指瓜分掉了。由此可證大腦地圖是動態的，大腦資源的競爭激烈，大腦資源的分配是根據用進廢退原則。

莫斯科維茲的靈感很簡單：能不能將這種資源競爭轉為對他有利？疼痛開始時，他能不能強迫自己去做某些活動，迫使那些被疼痛綁架的部位回歸本業，不再處理疼痛呢？

疼痛上身時，我們可能凌駕想躲避、躺下、休息、停止思考，以及自我保護的本能嗎？莫斯科維茲知道大腦需要其他的刺激來和痛的刺激競爭（counterstimulation），所以他必須強迫大腦去處理其他的事，不論什麼事都好，就是別管疼痛，從而減弱慢性疼痛已經形成的迴路。

他於是羅列了大腦中處理疼痛的幾個重要區域，再對照這些區域本來的工作，當他感到疼痛就去做那些事，迫使這些區域無暇處理疼痛的訊息。例如有一個區域是身體感覺區（somatosensory area，soma是「身體」的意思），負責處理身體感官的輸入，包括疼痛、震動和碰觸，假如他感到疼痛就讓自己的知覺被震動和碰觸淹沒覆蓋呢？這些感覺刺激是不是就可以阻止身體感覺區去處理疼痛？

他針對大腦區域列出一份目標清單（請參見表1）。

表1：處理疼痛的主要大腦區域

◎身體感覺區1和2（我們身體部位的感覺地圖）：
疼痛；觸覺、溫度感、壓感、位置感、震動感、運動感覺

◎前額葉皮質區（prefrontal area）
疼痛；執行功能、創造力、計畫、同理心、行動、情緒平衡、直覺

◎前扣帶迴（anterior cingulate）
疼痛；情緒的自我控制、交感神經的控制、衝突的偵測、問題解決

◎後頂葉區（posterior parietal lobe）
疼痛；感官感覺、視覺、聽覺、鏡像神經元（當我們看到別人的動作時會活化的神經元）、刺激的內在位置、外在空間的位置

◎輔助運動區（supplementing motor area）
疼痛；有計畫的動作、鏡像神經元

◎杏仁核（amygdala）
疼痛；情緒、情緒記憶、情緒反應、愉悅、視力、嗅覺、極端情緒

◎腦島（insula）
疼痛；使杏仁核安靜下來、溫度、癢、同理心、情緒的自我覺識、愛撫、連接情緒與身體的感覺、鏡像神經元、厭惡

◎後扣帶迴（posterior cingulate）
疼痛；視覺空間的認知、自傳式記憶（autobiographical memory）的提取

◎海馬迴（hippocampus）
幫助痛覺記憶的儲存

◎眼眶皮質（orbital frontal cortex）
疼痛；評估事件是愉悅的還是厭惡的、同理心、理解、情緒的協調

莫斯科維茲已經知道，當大腦某一個區域在處理急性疼痛時，其實只動用百分之五的神經細胞，但慢性疼痛由於一直不停地發射訊號，會使得處理疼痛的神經元增加到百分之十五至二十五；也就是說，大約百分之十至二十左右的神經元被綁架去處理痛，他得設法搶奪回來。

二〇〇七年四月，他開始把理論付諸實踐，決定先用視覺的活動來對抗疼痛。大腦有一大部分的區域是用來做視覺處理的，在這場競爭中將之爭取過來並不會造成傷害；他也知道後扣帶迴和後頂葉處理的就是視覺訊息和疼痛（前者幫助我們形成物體在空間中的影像，後者同時處理視覺輸入）。

於是，每一次疼痛發作時，他便立刻開始視像化（visualization）。視像化什麼呢？他用想像自己畫的大腦地圖來提醒自己大腦確實可以改變，藉此強化動機。首先，他把慢性疼痛的大腦地圖變成影像，觀察它們擴張了多少；然後，他想像這些地方開始縮小，使得地圖看起來就像沒有疼痛的大腦。「我必須不屈不撓地堅持下去——甚至比疼痛的訊號更堅持。」他說。每次感到疼痛，他就在腦海中形成疼痛地圖的影像，看著它們縮小，有意識地強制他的後扣帶迴和後頂葉區都去處理視覺影像。

前三個星期裡，他覺得疼痛有一點點減弱，便持續運用這個技巧，告訴自己「中斷網絡，縮小地圖」。一個月以後，他已經掌握竅門，更認真地應用這個技巧，絕不讓疼痛發作時沒有任何視像化或其他的心智活動去抑制它。

六個星期後，他的肩膀、背部中間及肩胛骨的疼痛都消失了。到四個月時，連頸子也不再疼痛。不到一年，他幾乎可以說自己完全不再感覺疼痛，指數降到〇分。即使偶爾疼痛短暫復發（通常是長途開車使頸子僵硬而產生疼痛，或者得了流行性感冒），他也能在幾分鐘之內就把疼痛指數降到〇。被慢性疼痛折磨十三年之後，他的生活完全改變了；過去的十三年中他的疼痛指數一般是五分，服用止痛藥後還經常高到八分，即使最好的情況下，疼痛指數也還有三分。

疼痛的消失也反轉了原來疼痛地圖的擴張。受傷之後他的左邊頸子經常急性疼痛，那本來就是受傷的地方，必然會痛，可是當一段時間過去，疼痛轉變成慢性之後，右邊的頸子也跟著痛，而且向下延伸到背部中央。現在，透過視像化練習，他注意到右邊的疼痛是最早變小的，然後左邊的痛也跟著縮減，直到完全消失。

獲得預期效果的六週後，他開始和病患分享他的發現。

莫斯科維茲的第一個神經可塑性病人

珍・山汀（Jan Sandin）四十多歲時，在加州紅木城（Redwood City）的紅杉醫院（Sequoia Hospital）心臟科當護士。有一天，當她在照料一名體重將近一百三十公斤的女性病人，這名不小心割傷了自己的腿的病患忽然變得歇斯底里，害怕會摔跤，便伸出手臂緊抓著珍的頸子，緊到珍幾乎不能呼吸，「簡直就像是死亡之握。」女病患不只放聲尖叫，也不敢讓受傷的腳使力，珍只好找助手來幫忙把她抬到床上；但這名助手卻因為病人尖叫而大受驚嚇，忘了伸出手去扶病人，所以剎那間，珍獨自承受了一百多公斤的壓力。「我聽到有如橡皮筋斷掉的聲音，」她回憶說：「當下就感覺到我身體裡有什麼東西斷掉了。」事實是，她不但腰椎有五節椎間盤受損，最後一節甚至滑落、擠壓到神經根，造成坐骨神經痛，使她寸步難移，稍微一動脊椎就會發出嘎吱的碎裂聲。

因為劇痛，珍被送到急診室，醫生馬上就發現她五節腰椎的椎間盤全部受損，後續的檢驗使她明瞭自己脊椎受損的嚴重程度，恐怕只能藉開刀重整這五節磨損的脊椎。之後的幾年裡，她接受了所有常見的疼痛治療，包括物理治療和使用重劑量鴉片類藥物，但這些對她都沒有幫助，急性疼痛變成慢性；後來外科醫生告訴她，她的脊椎現在甚至已經受損到無法開刀的地步。好幾次她想重回工作崗位都無法如願，最後只好接受已是殘障者的事實，讓她覺得自己的人生已經報銷了。「我變得很沮喪，有自殺傾向，根本不在乎醫生給我的是什麼止痛藥，反正統統沒有效。醫生給我的藥使我昏昏沉沉，看不了電視也讀不下書，身處陰鬱灰暗之中，我沒有活下去的理由。」之後的十年她過著深居簡出的生活，除非去看醫生，否則足不出戶。

找上莫斯科維茲時，她已經成為慢性疼痛的殘障人士十年了，只要稍稍移動一下身體就會引發不可忍受的劇痛。她曾經泡在按摩浴缸中整整三天，吃最強效的止痛藥如嗎啡，才勉強把疼痛指數降到五分；平常的日子每天要花十二小時在日式按摩椅上，但是效用很有限。即使彎著腰拄著拐杖，她也幾乎走不進莫斯科維茲的診所。

二〇〇九年七月，我面前的珍已經六十二歲，神采奕奕、生氣勃勃、輕鬆自在，也不再服任何藥物。在那之前，莫斯科維茲用傳統的方法治療了她五年，完全不見成效，直到二〇〇七年六月，他才決定教她神經可塑性療法，她必須先了解可塑性的意義，再從其他人成功的例子中得到勇氣和信心，知道這並非不可治癒的。

「有一天，莫斯科維茲說：『好，我決定讓妳試一種新的方法。』然後給了我你寫的書；」珍告訴我：「我立刻就看完了，因為我很想知道大腦如何運作這個可塑性。這本書替我打開了一扇門，讓我思考我可能可以做一些事來幫助自己；我知道我已經卡在一個惡性循環之中。讀完書中所有不同大腦連接的例子之後，我相信這個新的方法有它的可能性，我願意一試。」

莫斯科維茲給她看自己的三張大腦圖片，告訴她，她必須比疼痛更堅持才可能擊敗它。他要她先仔細看過圖片，然後放下來，在心中呈現這張圖，心裡想著如何把她的大腦轉化成沒有疼痛的那張；他鼓勵她一直去想沒有疼痛的那張大腦圖，因為到達那個地步時，她就不再有任何的疼痛了。

「我開始按照你書中所講的方法做，」她告訴我：「以及照醫生的話盡力執行。醫生要我一天看七次大腦的圖片，事實則是我整天都坐在按摩椅中反覆在心中重現圖片，因為反正我也沒有其他的事可做。我先想像大腦的疼痛中心在發射訊號，再想到我的痛是來自我的背，想像它如何進入脊椎，然後進入我的大腦——但是我的疼痛中心並沒有發射。在頭兩個星期裡，我就有短暫的那麼一、兩次沒有感覺到痛……不是很明顯，因為只要這種感覺一出現我就會想：哦，這不會持久，然後再想：噢，又要開始痛了——別抱太大的期望。

「到了第三個星期時，慢性疼痛開始一天會停歇個幾分鐘；第三個星期過完時，不痛的時間好像拉長了，但是發生的時間週期還是很短。坦白說，我從來沒有指望過這個疼痛會真的消失，不再折磨我。

「到第四個星期時，不痛的時間拉長到十五分鐘至半個小時了。我這才覺得：啊！它真的要離我而去了。」

沒錯，珍真的不痛了。

她的下一步是停用所有藥物。一開始她還是非常恐懼疼痛會再回來，但是並沒有。「我很懷疑，那會不會是安慰劑（placebo）效應？但疼痛並沒有回來，從來沒再回來過。」

我第一次看到珍時，她已經有一年半沒服用過任何藥物，也沒再感到疼痛，生活開始回歸正常。「這就好像我沉睡了十年，現在我很想一天二十四小時都不睡覺來閱讀，以及找回失去的時光，我希望永遠醒著，不浪費一分一秒。」

照映慢性疼痛病患的「鏡子」

莫斯科維茲嘗試把神經可塑性的原則的英文字首，組合成有意義的字，來提醒他慢性疼痛的病人如何整理他們的心智（因為疼痛的關係，許多病人的心智不是那麼清楚、有條理）。最常用的縮寫之一就是「鏡子」（MIRROR），其中的M是動機（motivation），I是意圖（intention），第一個R是不屈不撓（relentless），第二個R是可信賴（reliability），O是機會（opportunity），最後一個R是復原（restoration）。

「鏡子」準則第一條是動機。大多數的慢性疼痛病人去看醫生時，態度都是被動的，因為他們已經被訓練調教到藥來開口、針來伸手。一般來說，因為他們已經被疼痛折磨得夠久了，所以很容易變得俯仰由人、逆來順受，從這一次看診熬到下一次看診，只希望終有一天醫生能找到靈丹妙藥，使生活變得比較可以忍受。

現在，一旦採用莫斯科維茲的方法，病人就必須變得主動，必須透過閱讀理解疼痛是怎麼發展出來的，主動形成影像（或作類似的心智活動），掌控自己的療程。剛開始嘗試可塑性療法時，維持動機特別困難，因為病人還看不見任何成效，會覺得才幾秒鐘疼痛就又回來了，因此感到更加失望、無助而停止努力。秘訣是把每一次的疼痛都當作一個新的應用可塑性抵抗方式的機會，能夠這樣，最後一定會成功。

意圖是個微而不顯的概念，當下的意圖不是驅走疼痛，而是聚焦心智來改變大腦。因為成效需要日積月累，如果冀望馬上就減輕疼痛，反而容易使病人放棄；早期階段最主要的是想要改變現狀的心智努力，這些努力會幫助病患建立新的神經迴路，同時削弱原先的疼痛網絡。在每一次的努力對抗之後，能給自己這樣的回饋：「我受到疼痛的攻擊，但我把它當作訓練心智活動的機會，藉以發展出將來會幫助我免於疼痛的新的大腦連接。」而不能這樣想：「我受到疼痛的攻擊，雖然我已努力縮減，但是疼痛仍在。」莫斯科維茲在他給病人的備忘錄上寫道：「假如只聚焦在立即的疼痛解除，那麼正向的效果會消失而只留下挫折感。立即的疼痛控制是這個治療計畫的目標之一，但是真正的報酬是切斷過多的疼痛連接，讓這些處理疼痛區域的大腦功能回歸正軌。」

不屈不撓的精神是所有概念中最簡單的一個。用心智聚焦來抵抗疼痛，就是擋掉侵入意識界的疼痛訊息。不屈不撓精神的最大挑戰，常常是病人以為忍一下就過去了，或是轉而去做其他的事，期望疼痛會自己走開，或是覺得吞一顆止痛藥比較快而沒有一直堅持下去。但是，改做其他的事來使自己不去注意疼痛的強度，並不足以改變大腦神經的連接。神經可塑性的研究顯示，要改變舊有迴路、形成新的連接需要強烈的聚焦，所以不是普通的轉移注意力就可以得到成效，因為疼痛必須受到強力的抵抗它才會退縮。要是覺得不是很痛就隨它去，不加抵抗，下次就會痛得更厲害。所謂堅持到底，就是每一次偵察到疼痛時都要全力把它推回去，一直推到慢性疼痛開始之前的那個地方。沒有例外，絕對不能得過且過。

可信賴是提醒病人大腦是友非敵，病人可以仰賴大腦恢復和維持正常的生活——只要給大腦一個清楚明白、沒有討價還價餘地的目標，叫它直朝目標前進就可以了。病人在受苦忍痛的時候，都會覺得大腦在折磨他、懲罰他，但是除了某些神經性的心理衝突，通常還要加上潛意識的罪惡感作祟，不然大腦和神經系統都不會用疼痛來懲罰人。就像人體所有處於運作狀態的系統，大腦也會努力尋求穩定的狀態；病患的問題是它穩定在慢性疼痛的狀態。但是，假如你給大腦一個回到以前無痛狀態的機會，它是不會抗拒改變的。畢竟，疼痛系統是演化出來保護我們的，是個警報系統，不是敵人。「當潛意識無法解決大腦／身體的問題時，」莫斯科維茲寫道：「我們就必須用新的學習方式引進意識，直到大腦和身體都可以在沒有意識輸入情況下正常運作。大腦和身體可以把意識的努力變成潛意識的行動，使我們從生手進步到大師，所以，我們也可以把持續性疼痛（persistent pain）扭轉回急性疼痛的階段。」

機會是指把每一次的疼痛事件，都轉換成修補出問題的警報系統的機會。雖然我們很難歡迎疼痛的攻擊，卻還是可以把疼痛的來臨看成是以子之矛攻子之盾、讓自己又向痊癒邁進一步的大好機會。光是這個態度，我們就能改變大腦中的神經傳導物質，正如莫斯科維茲所言：「持續性疼痛是件可怕的事，因為它會使杏仁核活化起來，結果就是讓我們又重新經驗一次當時引起這個疼痛的創傷；一旦這個創傷持續不斷地被強化，害怕疼痛的恐懼便會使我們志氣消沉。當疼痛處理的歷程逐漸占據大腦的其他地方後，我們就失去了解決問題、調節情緒、化解衝突和有效計畫的能力，無法站在別人的觀點來看待事情，也無法區辨疼痛和其他感覺。我們甚至會想不起來怎麼應用過去的經驗來控制疼痛，整個人都被疼痛所控制；隨著每一次疼痛的加劇，我們更感到絕望，不惜任何代價來逃避疼痛。杏仁核不是一個可以協調的地方，它是反映極端情緒的所在，是專門掌管戰與逃（fight-and-flight）以及創傷後壓力症候群（post-traumatic stress disorder, PTSD）的地方。持續性疼痛會使大部分人失去生存的意志，假如我們能夠把疼動的每一次攻擊都轉換成控制疼痛的機會，那麼，疼痛的攻擊就會從恐懼一變而為撫慰；尤其當我們把疼痛推回發病當時的症狀，我們就可以阻止它了。

至於復原，則是說治療的目的不是像服藥或麻醉那樣暫時隱藏疼痛或減疼輕痛，而是使大腦回復到以前正常不痛的狀態。

一旦莫斯科維茲能夠把這六種工具放到病人手上，使他們向完全正常化大腦這個充滿野心的目標前進，病人的態度便改變了。現在，當他們有一點點進步時，不會再覺得那只是暫時放下重擔，反而覺得是朝向希望前進，這使他們產生能夠繼續使用這個技術的不絕能量；原本的惡性循環也轉換成良性循環了。

為什麼視像化可以減少大腦疼痛？

目前為止，我們已經解釋了莫斯科維茲的治療方法是利用可塑性的競爭，舉例來說，後頂葉區本來是處理疼痛和視知覺的地方，不斷的視像化，珍就阻止了這個腦葉去處理疼痛。重複視像化是用思想刺激神經元非常直接的方式——即神經刺激法（neurostimulation）；掃描大腦時，我們就可以看到血液湧向大腦被活化區域的視覺神經。前面我們沒有提到的是，珍和莫斯科維茲運用的是特定的視像化：想像大腦處理疼痛區域的縮小。

我對這個視覺影像的功效很感興趣，因為這個方式其實沒有那麼新穎——催眠師便常用它來減輕疼痛，例如叫病人去想像痛的地方縮小了，或是消褪了，或是遠離了。如果用神經科學的術語來說，催眠師就是要他的催眠對象用主觀想像的方式，把身體放在心智的掌握中來操弄，他們的說法是「身體意象」（body image）。最早採用身體意象法的人是一九三〇年代的施爾德（Paul Schilder），他是位精神科醫師，也是佛洛伊德（Sigmund Freud）的學生，指出身體意象並不等同於實際的身體。

身體意象是在我們的心智中形成的，先在大腦中有表徵，再潛意識地投射到身體上。神經科學家有時稱它「虛擬的身體」（virtual body）來強調它是在大腦和心智中，獨立於真正的身體之外。身體意象是由眾多大腦地圖的輸入所組成的，包括視覺，也包括觸覺、痛覺和本體感覺（proprioception，身體四肢在空間位置的感覺）——實際上，任何帶有身體資訊的地圖，不管是感官的或情緒的感覺，都對身體意象的形成有貢獻。所以，這是所有大腦所獲得的不同輸入的總和，除了感官，還包括這個人對自己身體的情緒概念。

這個身體意象如果能與實際的身體一致，可以準確地代表身體；某些情況下，我們甚至會忘記身體意像其實是一個心智的現象，並不等同實際的身體。但是當身體意象與實際身體不相符時，這個差異就很容易察覺到。很多人都有這個經驗：牙醫打了麻醉劑後，突然之間，我們會覺得下巴和臉頰變大了。這個不相稱，在有神經性厭食症（anorexia nervosa）的人身上尤其明顯——他們每次照鏡子時都堅持自己很胖，其實已經瘦到皮包骨了。這便是因為病患雖然實際的身體已經變瘦，他們心中卻還存有胖子的身體意象。

當莫斯科維茲開始用視像化方式治療慢性疼痛的病人時，澳洲的科學家也正用同樣的方式在實驗室中使病人「縮小」身體意象。二〇〇八年，當今最有創意的疼痛研究者，澳洲神經科學家莫斯利（G. Lorimer Moseley）和他的同事帕生（Timothy Parsons）和史班士（Charles Spence）合作，以長期慢性手痛和腫脹的病人做了一個非常天才的實驗：請受試者在不同的情況下觀察自己的手。首先，受試者要在做十個經過設定的手部動作時，邊做邊觀察自己的手；然後，再請他們透過其實沒有放大功能的放大鏡（另一個實驗設定，只是想知道這會不會有影響），觀看自己的手部動作；接下來，是請他們透過放大兩倍的放大鏡來觀察；最後，再要受試者反轉望遠鏡來觀察，讓他們的手看起來變小了。

非常有趣地，研究者發現，**受試者會因為手的影像變大而更痛，當手縮小時，痛也跟著縮小了。**可能有人會懷疑：病人自評的痛感可靠嗎？但那並不只是病人的感覺，實驗者實際測量時，病人的手指的確因為自己正透過放大鏡觀察而腫大起來。

這個精彩出眾的實驗再次顯示，疼痛的經驗並不完全來自受傷部位疼痛感受體（pain receptors）所送出的感覺輸入，還受到我們身體意象的影響。接收到反轉望遠鏡所送出的扭曲視覺輸入時，大腦會因而判定這個疼痛是來自比較小的區域，所以就下了「損害比較不嚴重」的結論。（莫斯利認為，疼痛會減輕是因為大腦有同時處理視覺和觸覺的視觸覺細胞〔visuotactile cells〕，放大觀察會增加視觸覺細胞的感覺輸入，人就覺得比較痛了。）

另一個突破性的疼痛實驗，則是英國諾丁罕大學（University of Nottingham）的研究者偶然發現的。當時他們本來是去市集進行一個名為「海市蜃樓」（Mirage）的錯視（optical illusion）活動，諾丁罕大學心理系的「海市蜃樓」研究，就是用扭曲身體意象來說明我們的身體地圖是怎麼運作的。

在那個市集裡，接受研究者邀請的孩童一把手放進內置照相機的盒子裡，「海市蜃樓」的大螢幕上就會出現影像扭曲的手；只不過，這些孩童所看到的其實是經過電腦處理、類似遊樂場哈哈鏡的那種扭曲影像。

當兒童受到研究者的鼓勵，在箱子裡「伸長」自己的手指時，螢幕上的手指立刻變成正常手指的三、四倍長；當他們「壓縮」手指時，螢幕上的手指也會跟著縮小。換句話說，螢幕上的影像改變了他們的視覺身體意象（其實真正的身體是沒有改變的）。

一位孩子的祖母覺得很有趣，便堅持也要試一下。但是她告訴研究者，她的手指患有關節炎，所以動作要很輕柔。

派利斯頓（Catherine Preston）博士解釋說：「當我們秀出她拉長的手指影像時，她說『我的手指不再痛了』，還問我們她可不可以把這部機器帶回家。我們全都震驚得說不出話來——我不知道，比較驚訝的到底是她還是我們。」

派利斯頓很快就找來二十個患有關節炎的自願者——有些人的手、腳、下背部一直在痛——跟進這個錯視實驗，結果發現，高達百分之八十五的自願者疼痛減輕了一半。大半人覺得手指縮小時，疼痛的減輕程度最大，但也有人是在感覺手指拉長時疼痛反而減低。使用這部儀器時，許多受試者移動手指時都比平常輕鬆。

我不太知道為什麼「拉長」手指會減輕疼痛，或許拉長的手指有著不同的向度，看起來比較瘦。但是可以確定的一點是：**視覺身體意象的改變可以減少疼痛的經驗。它會提醒我們身體的痛覺形式是動態的**（dynamic）**——依照視覺輸入的不同不斷改變、重組。這顯示出改變視覺身體意象，就可以改變我們疼痛的迴路**。這也是為什麼，珍能夠看著她大腦的影像來想像疼痛的訊號縮小：因為她強烈認同大腦處於慢性疼痛的圖片，就能靠想像這張圖片疼痛區域的縮小來消除疼痛。

珍並不只是看大腦的圖片，同時還把圖片連接到她所感受到的背痛。最後，她形成了一張新的大腦身體意象地圖，其中包括三張不同的大腦圖片；而她之所以能夠這樣做，是因為我們大腦身體意象的「總圖」（或說母圖）是許多不同地圖高度彙集的組合圖，包括根據身體各部位感官送進來的感覺輸入所形成的生理結構上的地圖，也包括假造的，比如鏡子中的、自己最喜歡的照片反射的身體意象，甚至是醫學檢驗如心臟超音波、心臟收縮或X光所顯示出來的身體內在結構圖。只要能代表我們身體的，都可以納入我們身體意象的總圖（身體意象可以延伸到人造影像的討論，請參閱《改變是大腦的天性》第七章）。

這是安慰劑效應嗎？

我也問了莫斯科維茲，珍突然覺得疼痛減輕後的第一個問題：「這是安慰劑效應嗎？」並不是說我不相信這個效應，而是我認為懷疑者一定會問。

「安慰劑」的英文單字 placebo 源自拉丁文「我願意」（I shall please）。當病人相信他吃的藥、打的針、動的手術都是真的，他的症狀便會減輕，雖然那其實只是糖片、鹽水針或假手術（醫師的確有切開身體，但其實沒有動手術，只是做做樣子罷了）。當醫生告訴病人治療很有效果，令人驚訝的是病人馬上覺得不痛了，病況改進的程度跟真的接受治療或動了手術的病人一樣。安慰劑可以用在治療疼痛、憂鬱症、關節炎、大腸激躁症（irritable bowel）、潰瘍和其他很多病症上，但是對癌症、病毒疾病或思覺失調症（schizophrenia）就無效。大多數的醫生都會假設，當病人無緣無故突然病情減輕時，一定有某些心理因素在作用。

所以我問莫斯科維茲：「這是安慰劑效應嗎？」

「我希望是。」他笑著說。

他會笑，因為他知道假如這真的是安慰劑效應，大多數懷疑者認定的那個問題就不是問題了。最近的大腦掃描研究已經發現，疼痛病人或憂鬱症病人的安慰劑效應讓大腦產生的改變，跟他們服用藥物後病情的減輕幾乎完全相同。研究身心醫學的臨床醫師和科學家都認為，假如我們可以發展出像安慰劑那種系統地活化大腦迴路的方式，將會是醫學上極大的突破。

單就疼痛來說，安慰劑的效應可以到百分之三十以上，表示給疼痛的病人糖片或注射鹽水針（生理食鹽水）而不是真的止痛藥劑，有百分之三十的病人會覺得疼痛減輕。在發現神經可塑性的治療方法之前，研究者都假設，經驗到安慰劑效應的病人是心理狀態不穩定、不成熟、貧窮、容易受驚或是女性（這些都已經被證實是錯誤的假設）；**大腦掃描的研究顯示，安慰劑效應出現時大腦的結構也跟著改變。安慰劑的治療法並不比真實的醫療「不真實」，而應該看作神經可塑性運作的範例：心智活動改變了大腦結構**。

這些研究先鋒群其中之一是由不相信神經可塑性的人——哥倫比亞大學的神經科學家華格（Tor Wager）——所領導。華格是在「基督教科學派」（Christian Scientist）環境下長大的，從小就被教導所有的疾病都來自心靈，治病的方法不是服藥而是禱告；可是當他皮膚出現紅疹，怎麼禱告也不見好轉，母親帶他去給醫生看，吃了醫生給的藥以後紅疹就消失了，讓他從此對心智癒合力充滿了懷疑，當然更不相信安慰劑效應，所以他要以自己的研究證明它是無效的。他用電擊製造自願者的疼痛，然後給他們安慰劑的藥膏，告訴他們「塗上去就不痛了」；出乎他意料的是，自願者竟然真的「塗上去就不痛了」。於是，他便用功能性核磁共振造影（fMRI）觀察受試者的大腦，結果顯示：當自願者受到電擊、感覺到疼痛時，大腦的某些地方便一如莫斯科維茲所言地被疼痛活化而發亮；用了他給他們的安慰劑藥膏後，這些區域的活化就減低了。

華格再用正子斷層掃描（PET）來看大腦的變化，發現安慰劑之所以有效是因為它使大腦分泌一種像鴉片一樣的止痛物質——內源性類鴉片（endogenous opioids）——來關掉大腦疼痛的開關。他發現，安慰劑反應會強化大腦疼痛系統內製造鴉片類區域的神經迴路。換句話說，心智活動可以釋放出一種大腦自己製造的天然舒緩劑；但是不像鴉片類的止痛藥嗎啡，這種大腦自己產生的鴉片類止痛劑不會讓人上癮。

為什麼這不只是安慰劑效應？

「這到底是安慰劑效應或有其他的解釋，我完全抱著開放的態度；」莫斯科維茲說：「但是從一九八一年到現在，超過三十年了，我從來沒有看過哪種安慰劑的效用可以維持這麼久，也從來沒有看過任何催眠能減緩疼痛超過一個星期。」

莫斯科維茲是對的，許多針對安慰劑效應的研究都已證實效果不會維持那麼久。假如某個反應的出現十分快速，就有可能只是安慰劑效應，但是雖然有些研究裡安慰劑效應可以長到幾個星期，症狀卻還是會復發。

無論如何，在採用莫斯科維茲的「鏡子」策略和可塑性競爭的病人身上，我們都已看到和安慰劑完全相反的模式（pattern）。他的病人通常會好幾個星期病情不見改善，然後才慢慢覺得疼痛減輕；

一旦讓大腦的神經迴路成功地重新配線，需要的介入就會越來越少。我在努力克服學習障礙的孩子大腦上看到同樣的模式，也看到中風和受創的大腦在採用神經可塑性的技術後情況獲得改善：症狀不是很快就消失，而是像我們在學習一個新的技能，比如一種樂器或第二外國語言時那樣。和我所看過的神經可塑性的重大改變需要的時間都差不多：不但得經過幾個星期（通常是六到八週）才看得到神經的改變，還必須日復一日的練習，相當辛苦。

很難想像以視像化特定的大腦痛覺處理區域，就能減輕疼痛的懷疑論者可能會說，莫斯科維茲不過是讓他的病人放鬆，降低大腦的警覺性，所以就不覺得那麼痛。但是安慰劑效應的研究已經證明，大腦能夠像雷射光那樣準確地鎖住痛的目標。

這個心智—大腦—身體癒合的歷程，並不是一般性、非特定目標地重新設定整個神經系統的放鬆；而是很神奇地——這麼說是因為我們還不清楚其中的機制——只鎖定病人聚焦的目標。研究者蒙哥馬利（Guy Montgomery）的實驗簡單明瞭：在受試者雙手的食指掛上重到手指會痛的重物，然後只在一根手指塗上安慰劑藥膏；他發現，受試者都覺得那根擦了藥的手指比較不痛。這些人都是在心智正常的有意識狀態下，所以結果與放鬆或精神恍惚沒有關係。

我們本來就知道心智有剔除某個特定疼痛的能力，莫斯科維茲所增加給我們的新知，是這個心智活動必須持續不斷的執行，才會加強去除疼痛的能力並改變大腦過往的發射形態。

不像藥物或安慰劑，一旦新的神經迴路完成重新配線，病人就可以逐漸減少神經可塑性療程而效

果仍然存在。莫斯科維茲的病患中，就有人已經五年沒再痛過。他的病人身體所受到的損害雖然大多還在，也偶爾會觸發急性疼痛，但一般來說過的都已是無痛的生活。他認為，一旦病人花了幾百個小時學會這項技術後，潛意識就會接手這個工作，繼續用可塑性競爭的方式把疼痛阻擋在外。即使潛意識還沒到自動化的地步，每一次疼痛來襲時，也能有意識地利用疼痛訊號去競爭可塑性，迫使神經重新連接。

莫斯科維茲最重要的洞見之一，是發現大受歡迎的新鴉片類止痛藥其實只會使疼痛的情況更糟，因為製藥公司和臨床醫師都因此忽視神經可塑性在疼痛上所扮演的角色。鴉片類止痛劑是目前最強烈的藥物，但藥效很短，而且如果使用太頻繁，通常只要幾天或幾個星期之內就會產生抗藥性，必須增加更多劑量才能達到同樣的效果，或服藥時經驗到「突破性疼痛」（breakthrough pain）；但是，藥量的增加也同時提高了上癮和用藥過量的危險。為了更能有效抵擋疼痛，製藥公司就發明了「長效」（long-acting）的類鴉片劑，比如長效嗎啡奧施康定（OxyContin），慢性疼痛的病人往往須終生服用這種藥物。

前面說過，大腦會製造自己的類鴉片止痛劑，而藥廠製造的止痛藥會附加到大腦的類鴉片感受體上。因為過去科學家不認為大腦可以改變，當然也就從來沒有想到，服用大量人造的類鴉片藥物等於在強力轟炸大腦的類鴉片感受體，會對它們造成傷害。然而，一如莫斯科維茲所言：「一旦上天給我們的感受體都飽和了，大腦就會製造新的感受體出來。」為了適應大腦中長期類鴉片的氾濫，感受體只好變得對它們比較不敏感——相反地病人則對疼痛越來越敏感，越來越依賴止痛藥，長期慢性疼痛情況也就更加惡化。莫斯科維茲說，每一種止痛藥都有這種後遺症。

得到這個結論後，他便開始讓病人慢慢地戒除對長效鴉片類麻醉劑的依賴。成功戒除的訣竅，則是每次減少一些藥量，給大腦的可塑性一點時間去適應，所以病患不會經驗到任何「突破性疼痛」；慢慢地減少到原來劑量的百分之五十到八十時，就可以打破鴉片導致的疼痛敏感的惡性循環了。

「我不再相信疼痛管理（pain management）了，」莫斯科維茲說：「寧願相信持續性疼痛的治療值得努力。」

他已經成功幫助各式各樣慢性疼痛併發症的病人去除纏身的疼痛，包括因神經受傷或發炎所引起的腰痛、糖尿病性神經病變（diabetic neuropathy）、癌症造成的痛、腹痛、頸椎退化疼痛、截肢後疼痛、大腦和脊椎受傷造成的痛、骨盤底痛、發炎性腸道症（inflammatory bowel）、大腸激躁症、膀胱疼痛、關節炎、紅斑性狼瘡（lupus）、三叉神經痛（trigeminal neuralgia）、多發性硬化症的疼痛、感染後疼痛、神經受傷引起的痛、神經性疼痛、中樞神經系統的痛、幻肢的痛、椎間盤退化病變、背部手術失敗、神經根受損……等各式各樣講也講不完的痛。我親自訪談過很多因此不再服藥或是疼痛大量減輕、副作用卻相對極少的病人，這些病人都是在心智抗爭上堅持到底，才得以擺脫疼痛症候群的糾纏。

持續不斷的操作心智抗爭很不容易，這正是可塑性治療法最大的罩門。就算身旁有個莫斯科維茲這麼能激勵人心的醫師，也不是每一個人都能像珍那樣，願意無時無刻應用這個方法，尤其是頭幾個星期還看不見成效的時候。當病人沒有看到成效時，他們會沮喪，信心會失去，動機會消失，很多病人——說不定是每一個——都需要正增強（positive reinforcement）來鼓勵他們不斷向前行。

珍、莫斯科維茲和其他恢復健康的人，都了解如何善用可塑性的競爭，尋回快樂時光；也因為很多病患反應良好，許多臨床治療師因此都只專注於教導病人視像化的方法。只不過，並非所有的病人都適合視像化的治療法，所以莫斯科維茲還想另闢途徑，尋找比視像化更好的策略來對抗疼痛。莫斯科維茲的想法是：除了幫助他的病人慢慢解除大腦的疼痛迴路之外，有沒有可能利用自身的愉悅神經傳導物質更快速地減輕疼痛？要是把理想設定在使病人的生活品質回到病發前，那麼，回復健康應該不只是不再疼痛不是嗎？

當他正在研究這些問題時，高登（Marla Golden）對他伸出了援手。高登是治療慢性疼痛的專科醫生，莫斯科維茲在二〇〇八年認識她時，高登既是急診醫師，也接受過整骨療法（osteopathy）的實作訓練，莫斯科維茲因此大大開拓了視野，學到如何以別具一格的觸碰、聲音和震動來讓大腦忙碌不堪而減消疼痛（第八章會說明聲音、震動和觸摸為什麼可以治療大腦各式各樣的嚴重毛病）；她曾經只用雙手接觸身體的疼痛部位，便達到令人驚嘆的療效。

「我以前一直認為，身體只是為了讓大腦有個可以擺放的地方。」初識高登醫生時，莫斯科維茲這麼對她說，因為當時他認為，病患從身體所感覺到的不過是大腦活動的產物。但高登讓莫斯科維茲看到，身體就和心智一樣，都是進入大腦的路徑。「她是陰，我是陽。」莫斯科維茲說。如今的他已經完全信服她的療法，而且他們合作無間，創造出很多嶄新的大腦─身體的慢性疼痛療法，讓病人同時接受神經可塑性輸入和身體感官的輸入來影響大腦。莫斯科維茲說，高登醫生的手非常敏感，敏感到幾乎可以用手「看」出有問題的區域、快速地幫病患減輕疼痛。我曾經看過他們倆共同治療一名病人：莫斯科維茲和病人說話，協助她運用心智改變大腦迴路；高登醫生則刺激病人的身體，一邊按摩一邊震動。我所跟進過的好幾名病人的療程，都看到了驚人的進步。

至於二〇〇九年戰勝疼痛的珍呢，二〇一一年我回訪時，她的慢性疼痛依然沒有再回來干擾她，看起來比我在二〇〇九年看到她時更年輕了。現在，二〇一四年，她不只仍然不再疼痛，更明白那些她不屈不撓地運用心智對抗疼痛的日子——雖受困於輪椅，不能動彈、沮喪憂鬱、有自殺傾向——是她一生最好的心智能量投資。

第二章

「走掉」帕金森症的人

運動可以抵抗神經退化性疾病及延後失智

和我一起走路的夥伴約翰・派皮爾（John Pepper）二十年前就被診斷出帕金森症，這是一種動作上的疾病。將近五十年前他就感覺得到症狀了，但除非你是個非常敏銳、訓練精良的觀察者，不然你不會知道他是帕金森症患者。就一個帕金森症的病人來說，派皮爾的動作太快了，讓他看起來一點都不像帕金森症患者：走路腳沒有拖著，停步或起步時都沒有明顯的顫抖，也看不出帕金森症患者特有的僵硬，好像可以很快開始新的動作；而且平衡感很好，走路時甚至可以擺動手臂，完全沒有帕金森病人那種特有的慢動作。從六十八歲那年起，他已經九年沒有服用帕金森症的藥物了，至今走路完全正常。

事實上，如果他當真以正常的速度走路，我還跟不上他呢。他已經七十七歲了，又從三十幾歲起就有這個無法治癒、慢性、逐漸惡化的進行性神經退化性疾病（progressive neurodegenerative disorder），卻居然能夠翻轉退化這個令帕金森症病患最憂懼的主要症狀，主要是因為他運動，而且是集中精神、全心全意的運動。

我們所在的海邊叫做巨石灘（Boulders），因為岸邊有巨大的圓形岩石像櫛比鱗次的大理石般一字排開；此地位在南非的最南端，印度洋和大西洋的交界處，我們是來看非洲企鵝的棲息地。這種企鵝叫做驢企鵝（Jackass Penguins，又名斑嘴環企鵝），因為牠們求偶的聲音很像驢叫。我們看到此行的第一隻企鵝從印度洋中優雅的躍水而出，但是當牠們上岸之後，這種優雅不見了，驢企鵝走起路來笨拙蹣跚。

有人告訴我們，沿著沙灘再走過去一些，也就是那塊被三公尺高的巨石環繞的地帶，可以找到一群驢企鵝和企鵝寶寶。我實在看不出來，我們怎麼可能穿越這些巨石砌成的牆，因為巨石之間雖然都有縫隙卻也都很窄，但是派皮爾還是鼓勵我擠過去。我縮著肚子、抱著頭，手腳並用，才狼狽不堪地爬過六十公分高的一道縫隙，但是當我回頭看時，派皮爾居然也跟著過來了。

我最初的想法是「那可不是什麼好主意」。派皮爾身高超過一百八，體重將近一百公斤，虎背熊腰，胸部更比我寬厚得多，而我是費了九牛二虎之力才勉強擠過來的，只要那個間隙再窄個幾公分就沒戲唱了。帕金森症患者最主要的病徵就是僵硬，所以我認為，他會因為身體太硬、不能捲曲而卡在巨石縫裡。帕金森症的另一個病徵是「凍結」（freezing），因為他們很難啟動新的動作，所以帕金森症的病人行走時只要碰到障礙物，哪怕是很小的東西，甚至只是地上畫出來的一條線，都會讓他們突然停住，無法繼續前進。萬一派皮爾當真在岩縫中凍結了，要把他弄出來可得花一番大功夫。

但是在過去幾天中看他行動自如之後，我實在沒有理由阻止他，果然他也順利穿過了岩縫。

現在，我們已經聽得到企鵝的叫聲了，但還是看不見牠們，必須爬到巨岩上才找得到牠們。派皮爾率先爬上岩頂，腳步穩健。帕金森症的另一個病徵是缺乏肌動感和動作緩慢，分別稱之為失動症（akinesia）或動作遲緩（bradykinesia），但是他完全沒有這些症狀。

我手腳並用地奮力往上爬，這些岩石意想不到的潮溼，讓我不斷打滑。

「我以為這種鞋底應該是止滑的，但是我一直滑下去。」終於爬上巨岩後，我忍不住怪罪起我的運動鞋來。

他笑起來，「是鳥糞。」

「鳥糞？」

「企鵝的糞便，還有其他海鳥的。幾百年來的鳥糞，早就佈滿了這些岩石和峭壁。以前會有大船在外海停泊，派出小船來這裡挖鳥糞，因為它們是很好的肥料。」他的臉型是標準的盎格魯—薩克遜（Anglo-Saxon）臉，一頭灰髮，南非口音很像知名的影帝亞歷•堅尼斯（Alec Guinness）。

我把手在褲子兩側擦乾淨後，才發現我們站在一小群企鵝中間；牠們可愛極了，一點都不怕人。我們那天早上先是去了開普敦（Cape Town），因為派皮爾要到那裡的帕金森支持團體教一名婦女如何克服走路時拖著腳後跟的問題，以及如何比較有效、自由地行走；過去他已經教導過幾百名病人如何克服這些病症。而今我在巨石灘上看到的企鵝，走路方式就很像早上看到的病人。企鵝的腳分得太開，又長得太靠後——游泳時很方便，可是一上陸地就很像帕金森症的病人了。企鵝的身體很僵硬，腳也很不靈活（因為太短），走起路來腳掌好像都沒離開地面，所以牠們也算是「拖著腳走」。

帕金森症病人走路不抬腳跟，是因為腿部不斷僵化，失去了正常人行走時的彈性。平常走路時姿勢的反射反應，會改變正常人的肌肉張力（muscle tone）而使關節和四肢擺動，帕金森症病人卻失去了這個能力，所以動作遲緩、步幅很窄，不抬腳跟、不擺手臂；光是從這些特殊的走路姿態，醫生遠遠地就可以判斷出帕金森症病患來。許多年前，因為派皮爾的走路姿態，他的醫生便提出一個奇怪的要求：「請你離開這個房間，再走進來一次。」

派皮爾出去又進來後，醫生更仔細地為他檢查；看診結束時，醫生告訴他這種拖著腳走的步態是帕金森病人特有的。

來自非洲的一封信

二〇〇八年九月，我接到派皮爾寄來的一封電子郵件：

我住在南非，一九六八年起就被診斷有帕金森症，我經常運動，並且學會有意識地去控制本來是潛意識大腦在控制的動作。我寫了一本有關這個經驗的書，但是醫學界只因為我看起來不像帕金森症病人，就完全不理會我寫了些什麼。雖然我還有大部分症狀，但我已不再吃治療帕金森症的藥，而是每週走二十四公里路，分成三次，每次走八公里。膠質細胞衍生神經生長因子（glial-derived neurotrophic factor, GDNF）顯然重建了我過去損壞的細胞，然而這並無法治癒帕金森症，一旦我停止運動，就會故態復萌……。我認為我可以透過鼓勵認真的持續運動，幫助許多才剛確診的帕金森症病人。請讓我知道你會怎麼看待這件事。

我的第一個反應是，這種說法未免太牽強了，用走路這種低科技的方法去對抗帕金森症？但是，走路確實有可能啟動大腦中神經可塑性的改變。信中所指的GDNF是大腦的生長因子，功能就像生長肥料一樣；GDNF是由膠質細胞製造的，大腦中除了百分之十五的神經元，其他百分之八十五都是膠質細胞，不過長久以來科學家都不重視膠質細胞，覺得它們只是大腦中的「填充物」（packing material），用來支持活躍的神經元。現在我們已經知道，膠質細胞會不斷彼此溝通，還會和神經元互動，改變神經元的電流訊號。膠質細胞同時也是神經元的保護者，能夠幫助神經元設定神經迴路或取消設定。一九九三年，科林斯（Frank Collins）和他的同事不但發現了GDNF，還得知原來它能促進製造多巴胺的神經元的發展和存活，幫助大腦可塑性的改變（帕金森症的原因就是製造多巴胺的神經元死亡了）；所以科林斯很想知道，GDNF是不是可以幫助帕金森症病人修復損壞的神經系統。

派皮爾知道，齊格蒙（Michael Zigmond）等人最近才剛發現實驗室的動物運動後，GDNF的分泌有增加（譯註：愛因斯坦的大腦經過解剖後，最大的發現是他腦中的膠質細胞比一般人多，第二個發現是他的大腦並沒有比較大）。我回了他的信：

> 我不是帕金森症專家，但曾接觸過去醫學界認為不可能改善的神經疾病——比如多發性硬化症——的病人，看到他們得到顯著的進步，所以我對你的故事深感興趣；我已從其他管道得知運動可以幫助帕金森症的病人，也跟這個領域和幹細胞的專家談過話，知道像你這樣大量走路對帕金森症患者很有助益。

幾次信件往來之後，我明白他想強調的並不是他的帕金森症痊癒了，而是**只要他繼續走路，就可以逆轉帕金森症動作方面的病症，擺脫帕金森症患者沒有行動能力這個最大的痛苦，得以過正常的生活。**「假如只能帶著這些訊息進棺木，沒有幫助其他帕金森症病人，我會覺得很遺憾。」他寫道。

他的說法的確很令人驚訝，因為只有極少數人可以不服藥而逆轉帕金森症的症狀；有些症狀本來很輕的病人，只因為沒有服藥，大多在八到十年之內就失去了走路的能力。一般來說，帕金森症患者的動作困難會先從身體的某一邊開始，不是手就是腳，慢慢才變成兩邊；即使服藥，大約五年後身體就會開始產生抗藥性。

身體上的毛病並不是唯一需要擔憂的問題。就像任何影響行動能力的神經性疾病，帕金森症還會引起認知功能的缺失，疾病的效應（出自與疾病的對抗）會間接削弱大腦的功能。身為有移動能力的生物，神經可塑性之所以演化出來，就是因為身體必須能探索未知的領域，大腦必須能一直學習新的東西，才能生存下去。人們一旦不再走動，就會看得少、聽得少，需要處理的新訊息也跟著減少，缺乏刺激的大腦便會開始萎縮（除非他們是本質上的思想家，但是即使如此，神經的可塑性系統仍然需要身體的運動來產生新的神經細胞和神經生長因子）。**不論導致神經萎縮的原因是帕金森症還是缺乏刺激，帕金森症病人出現認知功能缺失的比例高於一般人。認知功能的缺失會慢慢惡化成失智症，而帕金森症病人失智的機率是一般人的六倍。**

最後，冒著太早下結論的危險（譯註：科學研究不容許遽下論斷，所以作者用 premature death

這個詞），侯恩（Margaret Hoehn）和亞爾（Melvin Yahr）在科學研究的結尾說：「帕金森綜合症（Parkinsonism）的狀況會嚴重限制病人的壽命。」最常見的死亡原因是肺炎，其次是跌跤和因為吞嚥困難而噎死。

今日的藥物已經大幅改善病人行走上的困難，尤其在發病的初期，但沒有辦法阻止病情惡化；疾病對身體功能的影響會越來越大，終使醫藥失去療效。主流的看法是病情出自大腦黑質（substantia nigra）功能萎縮，黑質會製造多巴胺，而多巴胺與正常的動作有關；之所以稱為「黑質」是因為它有很多黑色素，當神經細胞死亡時，黑色素也跟著不見了——大腦解剖時，光用肉眼就看得出差別。

一九五七年，瑞典諾貝爾獎得主卡森（Arvid Carlsson）這位了不起的科學家和醫生就已發現，多巴胺是大腦中負責在神經元之間傳送訊息的化學物質之一；緊接著他又發現，百分之八十的大腦多巴胺集中在包括黑質在內的基底核（basal ganglia）附近。在卡森的發現多年之後，我們現在才知道多巴胺還有很多功能，固化（consolidate）神經迴路的改變正是其中之一；另一位研究者荷妮基維茲（Oleh Hornykiewicz）發現多巴胺濃度不足會引發帕金森症的症狀，如果讓病人補充左旋多巴（Levodopa，一種多巴胺的先行物，大腦可以把它轉換成多巴胺），症狀就會減輕。我們的身體自己會產生左旋多巴，讓大腦轉換成多巴胺；研究發現，即使失去百分之七十的多巴胺還不會出現帕金森症的現象，但一旦達到百分之八十，症狀就出現了。

到現在為止，左旋多巴仍然是最常用的帕金森症治療藥物，對改善僵硬和動作緩慢很有效，但對顫抖和平衡的療效就沒那麼好。

這些發現使得許多醫生和科學家都認為，帕金森症是因為缺少多巴胺而引起的。但是，雖然失去多巴胺是發病的直接原因，但比較正確的說法應該是多巴胺的喪失是這個疾病的關鍵因素，所以我們該問的問題是：什麼原因使得黑質不能再造多巴胺？為什麼大腦其他部位也停止了它們的功能？是因為它們沒有從黑質處得到適當的訊號嗎？還是另有更深層的處理歷程影響著大腦，才引發出帕金森症的症狀？我們還不知道。

這也正是為什麼帕金森症會被稱為原發性（idiopathic）疾病——原發性的意思，就是我們不知道病因。我們知道它的症狀，知道大腦某些重要的區域有所損傷，也就是知道所謂的病理（pathology），至今卻仍不清楚病因（pathogenesis）。最近有一篇研究發現帕金森症源自胃腸道（gastrointestinal tract），然後經由脊椎往上影響到大腦的黑質，正說明了為什麼帕金森症的許多症狀都跟腦幹功能有關；相關問題第七章中還會詳細討論。

顯而易見的病因之一是毒素，比如殺蟲劑，但是沒有定論。目前的藥物可以減輕症狀，但無法修正根本的病理或影響病因。

帕金森症還有另外一個問題：治療帕金森症的主流藥物都有副作用。左旋多巴就有許多副作用，雖然不是每個病人每一種副作用都會產生，卻還是最受質疑的藥物。有百分之三十到五十的病人，在服藥後的二到五年間會因而發展出新的動作疾病，叫做運動障礙症（dyskinesia；譯註：如扮鬼臉，或不停的點頭、咀嚼、轉動舌頭等不雅觀的扭動）；醫生只好調整劑量，希望能找到那個可以逃脫運動障礙而不復發帕金森症狀的小小窗口（譯註：這是醫生的兩難，停了藥，帕金森症的症狀出現，不停藥，運動障礙的症狀出現）。最近動物的實驗顯示，帕金森症藥物之所以會引發運動障礙，是因為藥物改變了大腦突觸神經的可塑性。

除此之外，服用左旋多巴的病人也會發展出精神方面的問題，包括幻覺，因為左旋多巴會使大腦中的多巴胺濃度升高（卡森醫生就曾發現，過多的多巴胺會產生妄想型思覺失調症〔paranoid schizophrenia〕的症狀，這幫助我們更了解精神疾病，發展出治療藥物）。

假如病人是生命的晚期才得到帕金森症，就有可能在帕金森症惡化之前死於其他疾病，避免受許多這類症狀的折磨。但是，即使左旋多巴得以顯著改善病人的生活品質，服藥四到六年後，療效也會越來越快消失，使得病人必須不斷增加劑量，升高衍生出運動障礙症的風險。因為左旋多巴只能治標而不能治本，貌似改善，其實病症仍在持續惡化，就如專門研究疾病歷史的學者鮑威（Werner Poewe）說的：「**帕金森症……是唯一只能治標而無法治本、至今任何治療都無法有效阻止病情持續惡化的慢性神經退行性疾病**。」

大部分神經學家都同意這個說法，藥廠也是，所以每次有新藥上市時，藥廠的說法總是「效果比較強，副作用比較少」。藥物的缺陷，正是科學家不斷尋找非藥物帕金森症治療法的原因。

大腦深層刺激（deep brain stimulation）就是非藥物治療法之一，對象正是對藥物已經不起反應的病人。這種治療法是把探針深入大腦處理動作的地方，以電刺激改變突觸的連接和軸突的分叉，透過神經可塑性的機制減輕症狀。但是，腦外科手術總是有危險的。

在沒有更理想的療法下，如果派皮爾的方式真的既可以逆轉最麻煩的病症，又可以變得更健康，而且是好到可以完全不用吃藥，那可是醫學上可以造福幾百萬人的一個重大突破。

運動與神經退化性疾病的拔河賽

派皮爾說他可以到多倫多來，但如果我親自跑一趟南非，不但可以在他平常生活的地方觀察他，同時也可以認識他的醫生，看他怎麼做物理檢查，了解這個診斷是如何得來的。我也想認識那些在他發病以前就認識他、眼看著他身體不斷惡化又看著他恢復健康的人，更想認識派皮爾宣稱自己幫助過的人。

就在此時，澳洲墨爾本有一序列和我的旅行大有關係的神經可塑性的突破研究發表。佛洛瑞神經科學和心理衛生研究院（Florey Institute of Neuroscience and Mental Health）的神經可塑性實驗室（Neural Plasticity Lab）主任漢南（Anthony Hannan），和彭（T. Y. C. Pang）一起做了系列的實驗，改變了過去我們對環境和運動在改變神經退化性疾病上所扮演的角色，認為有基因基礎的看法。

杭丁頓舞蹈症（Huntington's disease）這種比帕金森症更恐怖的神經退化性動作障礙，便是基因上的疾病：病人的孩子都有百分之五十的罹患機率。杭丁頓舞蹈症通常會在三十到四十五歲之間發病，目前仍然無藥可醫；病人會逐漸喪失運動的能力，經常嚴重抽搐，變得很憂鬱，然後失智，最後英年早逝。杭丁頓舞蹈症會損害大腦中叫做紋狀體（striatum）的區域，而帕金森症病人此處的機能也有缺陷。

漢南和他的團隊用植有人類杭丁頓症基因的年幼老鼠做實驗，讓老鼠跑飛輪（running wheel）來觀察運動的效果；因為這種飛輪幾乎沒有阻力，所以老鼠看起來像在跑，其實只是快走。第二組老鼠在正常的實驗室環境下長大，沒有飛輪，不久就發展出杭丁頓症。雖然有飛輪可以快走的老鼠也發展出杭丁頓症來，但時間上卻晚了很多。我們很難把動物的壽命轉換成人類的壽命，但一般來說，老鼠的平均壽命是兩年，所以因運動延緩發病的老鼠如果換算成人類的壽命，可以說是延緩了十年。一種令人談虎色變的基因性神經退化性疾病竟然會受到走路的影響，這可能是第一個令人驚異的發現。

在我前往南非之前，派皮爾自費出版的小冊子《在被診斷出帕金森症後，人生並沒有結束》（*There is Life After Being Diagnosed with Parkinson's Disease*）寄到了。這是一本給帕金森病人閱讀的自助手冊，裡面也有一些他個人經驗的回顧，一開始便承認自己並沒有接受過太多學校的正規教育，也沒有科學的背景。他的醫生卡哈諾維茲（Colin Kahanovitz）在幫他寫的序裡不但證明派皮爾是帕金森症患者，也描寫了他所目睹派皮爾的進步和決心。

這本書的目的之一是鼓舞帕金森症病人，因為他們大多有憂鬱症——不只是因為得病而憂鬱，更因為這種病本來就會影響大腦，改變大腦的情緒中心。書裡的某些地方，和他當時用電子郵件傳給我的有點不一樣，多了不少自助書籍作者喜歡用的句子，例如「我仍然相信奇蹟，天下沒有任何事是不可能的」這種有點像醫生對癌末病人所講的啦啦隊式的言語。紙本手冊裡也提到幾位神經科醫生告訴病人這個疾病不可能治癒的故事。

但在鼓舞人心之外，這本書倒是很清楚地說明派皮爾並沒有宣稱治好了自己的帕金森症，只是靠每天運動逆轉了症狀。他說，會用這個書名是想讓其他的病友知道，診斷出帕金森症並不表示被判死刑，還是有很多和這個疾病共存的非典型途徑。除了第三章「我的症狀」之外，他還在附錄中列出一打以上仍然伴隨著他的症狀。他的態度很清楚：這本書只是告訴病友有新的神經可塑性方式可以對付症狀，阻止病情持續惡化，有時甚至可以逆轉。

雖然他自己已經不再服藥，卻並沒有因此就反對服藥，手冊中提到藥物超過五十次以上，很清楚地表明他並不是勸告別人不要吃藥。他也據實描述，一開始時藥物如何減輕他的症狀，以及發病初期雖然三次停藥（其中兩次是很天真的，因為他覺得已經好多了，可以不必再吃藥，一次是因為服藥後血壓高升到危險的地步），但是感到情況不對時就又回去服藥。

在鼓勵所有病人都應該運動的同時，他還特別用黑體字標出「除非得到醫生的允許，不可自行停藥」這行字，後面又寫道：「我不贊成病人自行停藥。」他強調，他不但是在快走了很多年後才能夠戒掉藥物，而且這種方式也不見適用於每一個人。

書本想傳達的訊息清楚明白，作者真誠、坦白、友善地分享他的經驗這一點，更是毋庸置疑。最重要的是，他所發明的幾種運動方式竟然與神經可塑性研究的最新發現若合符節。讀過這本書後，我尤其能夠清楚地了解，為什麼派皮爾可以有所突破。

如狄更生筆下的艱苦童年

一九三四年十月二十七日出生於倫敦的派皮爾，有個狄更生筆下所述（Dickensian）的童年。出生前兩年，他的父親受到經濟大蕭條的影響而失業了，只能靠東挪西借度過那段時日；他後半生辛勤工作，用來還清積欠的每一分債務。童年時光正好和英國二次大戰重疊的派皮爾，家裡始終處於貧窮之中，買不起衣服，常常沒有食物，從來沒擁有過任何一個玩具。

二次世界大戰開打之後，這一家人就陷入了無止境的逃難之中，窩居之所一處換過一處；德國納粹開始轟炸倫敦時，派皮爾還不到六歲，因為住所附近沒有防空洞，所以派皮爾只能和他的兄弟躲在樓梯下，他們的父母則藏身在廚房的桌子下。戰爭初期納粹完全宰制英國的天空，就連白天也大肆轟炸，英國有了反擊力量後，才改為晚上轟炸，持續轟炸了八個月不說，其中的五十七天倫敦更是每天都挨炸，因而毀壞的房子高達一百萬棟。

「有一天，」派皮爾說：「一架德國轟炸機因為被英國戰鬥機追逐，不但低空飛過我們的房子，還一路扔出飛機上所有的炸彈以減輕重量、增加速度好逃命，其中的一枚炸毀了我們家左邊的房子，另一枚炸毀了我們家右邊的房子。」

那時他的父親在飛機製造廠工作，派皮爾、他的母親和兩位哥哥出外時，都得帶著防毒面具，或衝去防空洞躲避炸彈。戰爭後期，孩子們被送去不同的家庭避難，當然這些家庭並不樂意接待他們，經常是三兄弟擠一張床上——其中一個還必須腳上頭下——邊睡邊聽飛機丟炸彈。讀高中之前派皮爾總共上過九所不同的學校，有一次他的班級還在被改成防空洞的壕溝裡上課。在他念過的兩所學校都被炸平後，他們家更被疏散到倫敦郊外的小村莊去避難，那裡沒有水也沒有電。

儘管居無定所，不能安心讀書，十歲時派皮爾還是拿到了溫契斯特（Winchester）公立學校的獎學金，第一次接受比較正規的教育。「但是我一直無法克服和同學之間情緒和發展上的鴻溝，」他說：「最後，我變成一個獨來獨往的人。」同學的年紀都比他大，家裡有錢，眼睛長在頭頂上，所以常常欺負他；做為一個靠獎學金念書的孩子，他連學校的制服都買不起，所以那些年紀比他大、身材比他壯、已到青春期的同學，動不動就拿才十歲的派皮爾當捉弄的對象，扯下他的破爛褲子，嘲笑他、捉弄他、在學校前的運動場追著他跑。不管是哪一種運動競賽，小派皮爾也總是最後一名。

窮人也沒有多少選擇職業的機會。一九五一年，他十七歲時，「我父親走進房間，告訴我星期一就開始到巴克萊（Barclays）銀行上班。」他從最底層的辦公室小弟做起，幫人換鋼筆頭、添墨水，努力當個勤勉的員工。

有一天他特別早到辦公室時，意外遇見了老闆；這個人平日總是按照銀行的時間上下班，從來不曾提早上班過。派皮爾一看見他，自然很恭敬地向他問好：「早安，夏倫先生（Mr. Challen）。」

可他得到的回應卻是：「不准叫我夏倫先生，你要尊稱我『閣下』（Sir），現在給我滾出去。」

當時的派皮爾已在這家銀行工作了十個月，老闆這才第一次跟他對話不打緊，竟然是這種態度，所以派皮爾決定他已受夠這種階級制度，於是寫了一封信給巴克萊銀行：「我願意去本銀行在世界任何一個地方的分行工作，只要是在海外。」一週後，他很驚訝地收到了答覆，告訴他南非有個職缺。他想：「只要吃得飽、有事做，去哪裡我都不怕。」

三週後，十七歲的他登上一艘郵船去了南非。那是一九五二年。他很快就升任為會計，然後又換到一家機械公司工作，負責銷售和維修，並且建議公司讓他到沒人想去的採礦小鎮開設分店，因為他認為機械就應該在需要它的地方。不論去到哪裡，他都靠著勤勉一再成功，更在南非從英制轉換到公制系統時，抓住時機販售計算機。他過得非常節省，就像經濟大蕭條仍然存在似的，從來不吃零食、不看電影，甚至不搭巴士上班，安步當車。因此，到一九六三年時他就存夠了買下一間印刷廠的錢，有了完全屬於自己的印刷公司。一九八七年時，公司甚至股票上市，成為南非、也是南半球最大的印刷公司。他的人生無可挑剔：白手起家的成功商人，和莎莉・希區考克（Shirley Hitchcock）共組美滿家庭，有兩個孩子，還不時定期上台表演歌唱。

但是，成功的背後卻也有很高的代價。他的成功完全依靠堅強的毅力和「強迫性工作狂」（compulsive workaholic，這是他自己說的）個性，怎麼也沒辦法把工作分派出去；雖然已是大公司了，仍然事必躬親，往往晚上十一點才上床，醒來時卻發現才不過早上三點，就乾脆根據業務所需自己寫電腦程式，更新公司的電腦。整整十八年時光，他沒有一天能睡超過四個小時。他把這個現象歸咎於工作壓力，他會先在家裡工作六、七個小時，然後端咖啡給老婆，叫醒她，再開五十公里路車到工廠，每週工作八十個小時。因為全心投入事業，他忽略了很多身體的警訊，「我太忙了，沒有時間生病，」他告訴我：「我就是那種不知道什麼時候會突然倒下的人。」

發病和診斷

早在三十多歲時，派皮爾的很多症狀就已經出現了，雖然他自己從來都不認為他的那些毛病，包括失眠，不是因為工作過度、而是因為染患了某種疾病——例如帕金森症——的徵兆。帕金森症正式登場之前，經常會有伴隨輕度行動困難的「前兆期」（prodrome period）；prodrome（前驅徵兆）這個字指的就是一種疾病最先出現的症狀，也是不太容易偵察得到的階段。

當帕金森症正式登場時，病人就會有四個主要症狀中的各種小症狀，每一個都跟動作有關；也因為這些症狀都十分獨特，所以常被稱為「帕金森症的特徵」（the Parkinsonian features），包括身體僵硬、動作緩慢、顫抖、步履不穩和平衡困難，綜合起來就是聲名狼藉的「拖著腳走」。有兩種人會有帕金森症的症狀：一種當然是帕金森症病人，另一種則所謂的「非典型帕金森症」（atypical Parkinsonian disorder）患者。

然而，這些主要症狀也只是最為人知的幾種而已，有些人雖然只出現兩種，卻也被診斷為帕金森症。在一般神經學上的定義，帕金森症目前都還是根據展現出來的症狀做臨床上的診斷，而不是根據大腦掃描、驗血。現在有一種非常昂貴、很少有人青睞的大腦測試方法，我們後面再討論。

事實上，帕金森症的症狀多不勝數，有些和動作有關，有些完全無關，可以說沒有兩個人會有相同的經驗；就連症狀的展現也有緩急之別，有些人——比如派皮爾——要到非動作性的前驅徵兆出現了幾十年後，他的帕金森症才會正式登場。

直到十年前，大部分的醫生都還不太注意前驅徵兆。以派皮爾為例，最早的症狀可以回溯到一九六〇年代中期，混雜了動作與非動作的病徵。帕金森症通常會在患者五十或六十歲以後才發作，但也有百分之五的人四十歲以前就發病了，派皮爾就像電影明星麥可・福克斯（Michael J. Fox），三十歲左右就出現了第一個病徵。

那時的派皮爾已經察覺，每次他想丟球時，手指都不大能在準確的時間點放開球——這是僵硬的一個徵兆，也可能是他的大腦不能協調從這個動作（丟擲）到另一個動作（放開球）最初的預兆。那時的他也開始便秘，正是另一個因為太多人都有、而很容易被忽略的帕金森症狀。一九六八年，才三十來歲的他寫字的方式出現奇特的問題：他寫出來的字別人都看不大懂，而且就連他自己也不明白為什麼字要寫得那麼小（因為帕金森症患者動作緩慢，手指只能在紙張上小幅度轉彎，所以字體就變得很小），最後甚至沒有辦法好好簽名。到了一九七〇年代中期，也就是四十歲的時候，他偶爾會因為站立一會兒就很難移動腳（凍結），走在不平整的路面上會東倒西歪（協調的問題）。緊接著降臨的是憂鬱症，然後是沒有辦法清喉嚨。這些症狀看起來都沒有關聯，而且他還年輕，壓根兒沒想到這些都是帕金森症的前兆，畢竟在他看來，帕金森症是老年人才會罹患的病——部分原因是得到這種病的人看起來就比較老、比較僵硬、死氣沉沉。

他的女兒戴安（Diane）告訴我，一九七〇年代她父親「性格大變。一九七七年我們全家在海外度假時，只為了我要吃冰淇淋他就大發脾氣。我那時已經十六歲，他卻跳上跳下、像個孩子一樣亂發脾氣，在大街上對紅綠燈破口大罵，那是我第一次注意到我爸不大一樣……。我們也注意到他的臉不同於以往，以前他臉上的表情非常豐富，常上舞台表演，總是又唱又跳，現在我們都發現飯桌上的他臉是垮下來的，而且沒有表情，和往常很不一樣。他在那個階段時畫過一幅自畫像，如果你到他家裡看到了，就會看出那時的他有多不同。」派皮爾失去了正常人的笑容，他的臉越來越僵硬，有如掛著一副面具。

到一九八〇年代中，他已經完全無法控制情緒，也沒有辦法一次做兩件事。他的手指不聽使喚，變得手腳笨拙，動不動就在晚餐時打翻水杯。到了一九八〇年代後期，他已經沒有辦法在鍵盤上打字了——對他而言這可是大禍臨頭，因為他的工作包括寫電腦程式。緊接著一堆讓他很苦惱的症狀陸續出現：就算只感到一點點壓力，身體就會大量流汗，閱讀時眼睛會不由自主地流淚，工作或開車時會睡著（有些帕金森症病人只有在白天時才睡得著覺），詞不達意，不認得名字，無法專注在工作上，說話時口齒含混不清，吃飯會噎到，手腳開始不由自主地擺動，入夜後出現「不寧腿」症狀（restless legs；編按：就是「大腦想睡腿不想睡」，非得起來走動才覺得舒服）。每天早上光是穿個衣服就得使出渾身解數不說，還常常失去平衡而跌倒。他注意到自己的身體已經變得很僵硬。

但是，他作夢也沒想到自己會有動作障礙症，更因為一直非常獨立，有著極高的疼痛忍受度，不願意麻煩別人，所以即使症狀已經使他完全不能工作了，還是寧願獨自承受、難得去看一次醫生。

然而，這麼拖到一九九一年，他終於還是去看了家庭醫師卡哈諾維茲醫生，就診的理由是疲倦。直到此刻，他終於覺得自己疲憊不堪。一九九二年五月，他向醫生訴苦，說心情很沮喪；同年十月，卡哈諾維茲醫生發現他的手在顫抖，懷疑是初期的帕金森症，這才介紹他去看一位知名的神經科醫生——容我以「A醫生」稱之。

每次看診時，A醫生都有寫下詳細的紀錄，還先後寄了十一張醫療筆記給卡哈諾維茲醫生；事實上，卡哈諾維茲醫生所收藏的不只這些，更包括每一位看過派皮爾的醫生所寫的診斷書。

根據這些筆記，A醫生在一九九二年十一月八日檢查過派皮爾後，就已發現他的左腕和頸部都有典型的帕金森症症狀，叫做「齒輪狀僵硬」（cogwheel rigidity，即手腳的轉動很不自然，就像齒輪一樣一格一格移動）。他同時發展出面具似的面孔，走路也會不正常地拖地，步伐變得倉促：許多帕金森症患者都會因為怕摔跤而以小碎步走路。走路時左手臂不會擺動，這又是另外一個病徵。他同時有「正向眉心反射」（positive glabellar tap）：假如你輕敲非帕金森症患者的眉心，他會反射式地眨眼，可是當你持續輕敲個三、四下，眨眼就會停止；但是很多帕金森症患者和神經退行性疾病患者就不是這樣了，他們的眼睛會一直眨個不停。

A醫生綜合上述發現，加上派皮爾的手平時就會顫抖，拿杯子時也會，性格改變（脾氣變暴躁，很情緒化），缺乏性慾，注意力不集中，有憂鬱症傾向，於是在紀錄裡寫道：「我完全同意你認為他有輕微早期帕金森症的評估，我想藥物對他會有幫助。」A醫生給他開了主要治療帕金森症的藥物心寧美（Sinemet，裡面有左旋多巴）和金剛胺（Symmetrel）。在兩週後的回診紀錄上A醫生寫道：「病人好像有進步。」再一個月回診時（一九九三年的一月），A醫生寫道：「病人有很大的進步。」神經學家的共識是，假如病人吃了左旋多巴後病情好轉，就是有帕金森症的強烈跡象。這次回診時A醫生告訴他，多加了一種叫做帕定平（Eldepryl）的藥。隔年派皮爾抱怨意識不清、記憶力衰退時，A醫生給他做了核磁共振（MRI），看看除了帕金森症大腦之外，是否還有其他尚未被發現的疾病。

一九九四年一月，派皮爾去瑞士滑雪時，發現他的運動技能急劇退化，跟A醫生報告後，一九九四年三月起他就停用心寧美。到了一九九五年一月，A醫生發現派皮爾走路時會跛腳，地面不平會摔跤，並且拖著腳走：帕金森病人最顯著的症狀已經出現了。

就在這個時候，A醫生因為移民而離開了南非，改由我稱為「B醫生」的第三位神經科醫生接手照顧派皮爾。一九九七年四月，B醫生在一份病歷上寫道，在為派皮爾做了檢查後，他也發現A醫生所說的那些帕金森症的症狀，寫下諸如「齒輪狀僵硬」「顫抖」「手臂揮動變少」「面具般的臉孔」的發現，以及對眉心輕敲不正常的反應、說話「平板單調」（monotone）等等。B醫生的結論是：「我認為，他的病情稍有惡化……跟六個月前比起來，現在的他更僵硬、更遲緩了。」他還觀察到當派皮爾改變姿勢時，血壓也會跟著下降，「這是常會出現在帕金森症病人身上的現象，跟輕微的自主神經病變（autonomic neuropathy）有關。」所以B醫生沒有更改A醫生的診斷，持續給派皮爾開抗帕金森症的藥。徵得派皮爾的同意後，我聯絡了B醫生，問他還有沒有其他的資訊可以提供，但是他說手上沒有派皮爾的病歷，也不想公開談論派皮爾的病情。

總而言之，三位在派皮爾發病初期看過他的醫生都診斷他罹患了帕金森症。他的女兒戴安回憶道：「當時家人都非常震驚，因為醫生說這是一種神經退化性疾病，你必須吃藥，但『別指望痊癒』。可父親還是一如既往，不接受否定的答案。」

為生命而走／跑

派皮爾深信他的醫生看錯了，可是接下來的那兩年他的心情卻從不接受自己有病到悲傷，向來蓄勢待發的個性完全無法對抗橫亙眼前的難關，更因長久不理會身體的不適而手足無措。因為工作對他而言是個很大的壓力，所以他決定辭去工作，把生活重心擺在健康上。但是，過往說做就做的能力似乎丟失了，那兩年裡他幾乎都把時光用來坐在椅子上思考、閱讀、聽音樂，尤其是自怨自艾。

在憂傷、怨嘆了好一陣子後，有一天他突然覺醒，「以前我一直認為自己是人生勝利組，現在竟然讓自己變成一名受害者。」他一直是個自立自強的人，最大的恐懼就是變成太太莎莉的負擔，但那時的他因為身體僵硬、顫抖，必須依賴太太幫他扣衣扣、穿鞋子和襪子。他立下從根本改變態度的誓言：「我決定開始做任何能靠自己阻止帕金森症惡化的事。因為帕金森症是動作障礙的病，所以我覺得動得越多就越能延緩帕金森症接手我的人生。」

因為協調功能不佳，派皮爾小時候從來不喜歡運動。但在三十六歲那一年，他因為背痛連開了兩次刀切除椎間盤，必須長期運動來強化背部的肌肉，也為了避免過胖而慢跑；所以，早在他被診斷出患有帕金森症之前，他已經是一週六天、每天在健身房中運動九十分鐘。他的有氧運動包括：以時速六公里走跑步機二十分鐘，以時速十五公里踩二十分鐘自行車，再用一秒兩下的節奏踩踏步機二十分鐘，剩下的三十分鐘，則在舉重機上做六種不同的增強肌肉運動。

但是，到了被診斷出帕金森症時，他已經不太能做這些運動了。他發現，比起六個月前，他的運動能力降低了百分之二十，每一種健身房的體能鍛鍊都必須降低標準。他不能理解，為什麼再也舉不起以前的重量，而且第一次覺得還沒做完運動就已經筋疲力盡；也就是這種異常的疲累逼使他去看卡哈諾維茲醫生，讓他發現原來自己罹患了帕金森症。

不論他下了多大的決心，事實擺在眼前，健身房已經不是讓他可以靠更多的運動來克服動作障礙症的地方了。

派皮爾為東開普敦省一個小城的帕金森支持團體演講結束後，傍晚我們一起到一個大池塘旁的廣闊田野上散步。他教我如何分辨草叢中各種各樣的非洲蛇類——草蛇、南非噴毒蛇（rinkals）、黑色和綠色的曼巴蛇（mamba）和蟒蛇。走到池塘旁邊時，也是賞鳥專家的派皮爾不但為我指出水塘上與黑鴨（coots）、大藍鷺（great heron）共游的埃及雁（Egyptian geese），還辨識出了黑枕麥雞（blacksmith plovers）、冕麥雞（crowned plovers）、牛背鷺（cattle egrets）。

走到某個地方時，如果要再往前走，我們必須翻越一道小籬笆；一般來說，帕金森症患者是不可能做到的，但派皮爾毫不猶豫地抬起他的腳，一跨而過。穿過了田野後，我們看到一塊上面寫著「為生命而走／跑」（Run/Walk for Life）、底下羅列聚會時間的看板。

這是一個巧合，因為「為生命而走／跑」既是南非一個相當活躍的組織，也是他克服運動難關的關鍵機構。

早在派皮爾被診斷出有帕金森症的一年前，莎莉就加入了這個組織，因為她既想瘦身也想變得更健康。對派皮爾來說，這似乎是個略嫌鬆散的組織，只想鼓勵整天坐辦公桌的人運動一下，提倡的也不過是走走路而已。一九九四年，莎莉看他步履蹣跚，便鼓勵他一起參加，他很不耐煩的告訴她：「我已經每天都走二十分鐘路了。」

適度也許不是派皮爾的強項（他是個拚命三郎，總是全力以赴），卻是「為生命而走／跑」為所有年齡、種族和背景的人所設計的計畫的核心，要點是避免運動傷害，一開始時先慢慢來，再耐性十足地逐漸進階到長程的走和跑——有時甚至是馬拉松——卻一定要留給肌肉休息的時間。

剛加入的人，不但起步前都要先做十分鐘的暖身運動以避免運動傷害，更只准一個星期三次、每次在學校操場走十分鐘；每過兩個星期，就可以每次多走五分鐘。如果要加強腳力，必須增加同樣時間的步行距離；但還是得到能夠一次走上四公里之後，才可以試著加快速度，之後也才可以在大馬路上走。接下來，如果病患承受得了，每過兩個星期就可以多走一公里；一旦距離增加到八公里後，目標就改為縮短時間，也就是要走得更快；但快走八公里後，都必須再慢走一段好讓身體緩緩冷卻。雖然是以一次走完八公里為目標，每個月都得再測量一次走四公里所花的時間。這個計畫幫助了南非人減重、降低血壓、膽固醇、胰島素依賴，甚至到可以不必服藥的地步。指導老師會在旁監督，確定每一個人的姿態、方式正確，避免過度熱中而造成運動傷害或後繼無力（burnout）。

派皮爾剛加入這個計劃不久就備感挫折，因為他們竟然只准他走十分鐘！後來指導老師特別准許他一次走二十分鐘，但也僅此而已。他們不准他跳級，想多走一公里，就必須和別人一樣花兩個星期走完那一級。當老師發現他走路駝背、頭朝下時，因為不知道那是帕金森症的典型症狀，她會開口對他吼叫：「腰桿挺直，頭抬起來向前看！」她是那個開啟他漫長的重新教育歷程、讓他的背和肩直立起來、抬頭挺胸走路的人。他先是發現自己在野地上很難好好走路，因為地面不平，但讓他很驚訝的是，採用了慢慢加強、而且每隔一天才運動一次好讓雙腿可以休息的訓練方式後，每次行走的時間也明顯增加了。

這就是轉捩點——經過多年來的體能下滑後，不論哪種動作他都首度獲得了些許進步。幾個月之後，他已經能以約莫一公里只花八分半鐘的速度走完八公里，後來更進步到走一公里只要花六分四十五秒。他只讓自己每隔一天運動一次，一次只運動一小時，但一定運動到會流汗的地步。他的目標是讓脈搏在那一小時裡每分鐘都跳一百次以上，每週三次；他最大的困擾是自己的習慣：每次都想走得更快，無形中增加了受傷的危險。

但是，他走路的樣子還是很奇怪。他的確走得很快，我第一次和他在約翰尼斯堡（Johannesburg）的三線道大馬路上行走時，我才說了「開始囉」，他就一馬當先，快到像在慢跑——其實不是。最初那幾年，他的路走夥伴都說他是跑不是走；他們不了解，帕金森症患者沒辦法像正常人那樣邁步。

改變其實來得很慢，只有在努力回想時，派皮爾才能察覺他的某些帕金森症狀已有改進，有些甚至完全消失。在他開始快走以前所拍攝的家庭照片中，每個人都在微笑，只有他擺著帕金森患者的撲克牌面孔（雖然快門按下時他以為自己有在微笑）。現在，當他回去他的工廠時，人人都說他看起來氣色很好。整整十年，他給別人的印象都是「傷殘人士」，就連他自己也認為「我永遠不可能好起來了……因為每個人都知道帕金森症無藥可救。」現在的他不但覺得自己很有精神，更了解或許這種每隔一天運動、給身體時間休息的方式，正是恢復健康的方程式。因此他開始專注在盡量多休息、少給自己壓力上——光是要一個工作狂不給自己壓力，就需要花上很多力氣。

在他努力避免壓力、強化身體健康的這整段期間，南非也正由於種族隔離政策的廢止而經歷史無前例的巨大改變，儘管政治暴力已經被克制，犯罪率還是居高不下。

派皮爾的女兒戴安，便在開車等待綠燈時被暴徒包圍，遭持槍搶劫。她只是車子被搶，其他受害者還有人在車中被槍殺。派皮爾和莎莉的車也被搶了不說，到一九九八年時，莎莉甚至因為害怕被搶而不敢在大馬路上走，所以派皮爾同意陪她一起走，在身邊保護她。如此一來，他不得不走慢一點，但也給了他一個回想自己是怎麼走過來的機會。秘訣其實不只是對自己說「我要開始走路，開始照顧自己」那麼簡單，而是必須把這個本來自動自發的走路行為拆分成好幾個範疇，很仔細地分析每一條肌肉是怎麼伸、怎麼縮，身體的重量怎麼移到左邊、再移到右邊，手怎麼擺動，腿怎麼配合手，腳跟如何提起、跨出這一步等等。

慢慢的走時，他發現了自己的問題——也是所有帕金森症病人的問題。一般人走路時最怕的就是往前仆跌，而避免往前仆跌的方法，就是我們的腳要能先一邊、再另外一邊地支撐體重。他觀察到的卻是，他走路時左腳掌並沒有正確地支撐自己的體重，所以他才會不敢抬高右腳，也就演變成拖著右腳走了。他也觀察到左腳沒有彈性，走路時並沒有運用左腳往前挺的動力來讓右腳踏出去，才會左腳跟還沒提起，右腳便已著地了，看起來便像是拖著腳走路。但要是他抬高右腳，離開地面，卻又不可能來得及伸直右膝正常行走，因為左腳支撐不了他的體重，所以右腳只好盡快放下。這一切，只是他透過觀察而了解為什麼自己不像旁人那樣走路來防止跌跤的部分原因。

光是為了訓練左腳支持體重、好讓右腳可以抬起，就耗掉三個月的時光。假如他集中精神在讓左腳支持體重上，他就不必一心提防摔跤，右腿膝蓋就有足夠的時間在腳跟觸地之前伸直。這種注意力所需要的專注程度，幾乎等同禪修，也很像小孩子初學走路，或大人初學太極拳的慢動作那樣，必須在一個動作到位後，才能開始下一個動作。

他的密切觀察，揭露了行走步態的所有毛病。**他看出自己：步幅太小，沒有擺動手臂，身體往前彎，頭朝左邊垂下；於是，他靠心智的努力增大步幅，還在走路時手握一公斤啞鈴來迫使自己擺動手臂，並隨時提醒自己站得筆直，以改正帕金森症的駝背、佝僂。花了超過一年的時間，才把這些改變內化成自動的行為**。

他可以正常走路了——只要集中心力在每個動作上就沒有問題。直到今天，他也不僅僅是告訴自己「每次走一步」，還得非常注意每一步的細節，包括如何提起本來在後面的左腳，先彎曲膝蓋，再以腳趾帶動腳向前跨出，確定另一隻腳能支持他的體重到左腳完全站穩在地上，然後才提起右腳，確定它完全離開地面後再伸直右腿，更要在右腳跟著地前擺動左手，抵抗身體往下彎曲的地心引力。

我們大都認為，一般的帕金森症病人不可能達到這個程度的走路效率，這樣的鍛鍊只有對最健康的帕金森症病人才有用。在被診斷為帕金森症患者時，派皮爾有高血壓，膽固醇也高，耳朵因染患梅尼爾氏症（Ménière's disease）而聽力受損，平衡感欠佳、暈眩、耳鳴、肩膀和膝蓋都受關節炎所苦，還心跳不規則，但是他仍然繼續走。

意識的控制

每次和派皮爾一起走路時，我都很驚訝他可以把這麼多動作裝在他大腦裡。他不但堅信自己做得到，而且因為我們都無法忍受默不作聲地走路，所以總是邊走邊聊；由此我也發現，他可以一心二用：除了用有意識的心智照管到動作（我們一般人走路時是自動化、不必花費心思的），還有剩餘的心智空間可以處理談話。但是，當談話變得嚴肅、必須多費心神時——比如我問起令他感興趣或對他挑戰性的事，或是他看到一隻不認得的鳥——我就可以聽到腳在地上拖的聲音，提醒我們倆他仍然患有帕金森症，只是找到了克服這個疾病的方法而已。

對於用意識控制走路，派皮爾說，那正是他控制其他動作所需的「最後一塊拼圖」（the final piece of puzzle）。

學會正常走路之後，他開始用意識控制來處理身體的顫抖。帕金森症病人即使是在靜止不動的狀態下，也會「非自主的顫抖」，意即身體部件會在無意識下顫動；非但如此，當他有意識地要去拿個東西的時候，還會有「動作性震顫」（action tremors）。**以前派皮爾拿杯子時手會抖，後來發現如果他拿到杯子後，就把心思專注於怎麼緊握住杯子，顫抖便會消失。他已經懂得大腦會把動作結合在一起、變成複雜的「自動化」的歷程，所以一般人不需要動用很多大腦的資源，就能把好幾個動作串在一起；帕金森症病人失去的就是這個潛意識的自動把動作聯結起來的能力。**派皮爾明白，自己所發展出來的新技能裡，包含了「用不同的大腦部件，去控制通常是由潛意識控制的動作」。有意識地去進行這種作業當然和過去學會的有點不一樣，但假如他能不要太緊張，的確可以用意識控制顫抖。

過去曾經困擾他的那些生活中的小事，比如扣衣扣、穿襪子、鞋子，很快就不需要莎莉幫忙了，因為他已經沒有那麼僵硬，一天天找回精細動作的控制力。在他被診斷出帕金森症後，他曾經學過繪畫，卻連直線都畫得歪來扭去，不過，當他熟練了用意識力控制動作後，他的老師很驚訝地發現，他不但握筆時不會再顫抖，以前東倒西歪的線條也變得很直很平順。為了改善字體越寫越小的問題，他不再使用書寫體（寫出來的東西連他自己也看不懂），改用印刷體的大寫字母來寫字。

有回他去帕金森症病人支持團體幫忙時，看到一名婦女的手抖得很厲害，他便教這位女士先有意識地去拿杯子，再把杯子靠近嘴巴，而不要像以前一樣，下意識地隨手就去握拿杯子。由於強迫自己使用意識，而不是用已經自動化潛意識的歷程，那位女士的顫抖消失了。派皮爾會從四十五度角的方位把叉子送向嘴巴，湯匙則只是輕輕握住，不像水杯那麼緊。和派皮爾一起用餐時，除了把食物送進嘴巴的路線很奇怪、當談話進行得很熱烈時，偶爾會打翻東西之外，你一定意識不到這人患有帕金森症。

有一次在開普敦吃午飯時，我聽到莎莉驚叫：「約翰，小心！」

「沒有關係，親愛的。」他告訴她。

「莎莉總是把東西從我會碰到的範圍移開，」他告訴我：「因為每當我沒專注在伸手要拿的東西上時，我就會打翻酒、碰倒水，但假如我夠專注，這些事就不會發生，因為我會緊握著杯子。」這個毛病，正是他帕金森症的原發症狀之一。

可也就在這時，我聽到一個大聲的「噢！」「我咬到我的臉頰了。」他的解釋是，只要咀嚼食物和吞嚥時不夠專心，他就常會咬到他的舌頭或臉頰。

意識控制背後的科學根據

每當我們一起走路時，派皮爾總要問起同一個難以回答的問題：透過有意識地走路，他有沒有可能發現使用大腦不同區域走路的有效方法？

我的看法是，他的確徵召了大腦已經不再使用的神經迴路來工作。我曾經幾度親眼目睹，他只花了幾分鐘就教會別人怎麼走得更快、更自在，如何擺動手臂，如何擺脫彎腰駝背和拖著腳走路。據我們所知，要改變得這麼快只有一個可能：徵召始終存在、但已很久不用的迴路；那麼，經過一段時日後，這些迴路就能以加強可塑性來取代失去功能的迴路。

有意識的行走之所以有效的一個合乎邏輯的解釋，在於黑質的結構和功能，以及它所在的部位基底核。

基底核是大腦深處的一組神經元，當你學會一個複雜的動作時，它們就會在核磁共振中發亮。很多實驗顯示，基底核會把日常生活中的複雜動作自動化；許多我們認為理所當然的事——例如起床、洗臉、刷牙、穿衣褲、寫字、煮飯等等，其實一開始時我們都是一步一步地學會的，直到它們變成習慣、自動化以後，才能想都不想就完成。**如果基底核的多巴胺系統出問題，那個人就難以完成順序複雜的動作，或者學會新的自動化序列，在學習新的認知思考序列時也會覺得困難重重**。因此，在教導帕金森症病人控制動作和學習複雜認知技巧時，就要很有耐心。

思想和動作的「自動化」好處多多。假如一個動作已經自動化了，你就不必有意識地執行，讓意識的注意力可以用在處理別的訊息上。從演化的觀點來看，一名獵人可以在穿行森林的同時，集中精神在他的獵物上，也就是他可以同時做兩件以上的事，其中一件還是複雜的行為。健康的人都可以一邊聽收音機、一邊穿衣服，或一邊吃飯、一邊維持高水準的談話；但是基底核受傷的病人，比如派皮爾，就無法同時做兩件事——如果邊吃邊說就會咬到面頰。他專注時可以開車，但是假如旁邊有個像我這種海外來的訪客問他問題，他就很可能會錯過該轉彎的路口。

要把複雜的行為自動化——即便是「自然而然」的走路之類——需要兩個步驟。首先，我們要十分注意每一個細節（想想一個孩子在學習演奏一首鋼琴曲的情形），這個意識學習的階段是前自動化（preautomatic）時期，需要專注的心智，牽涉到前額葉皮質的迴路和大腦深處很多皮質下的迴路；只有在孩子學會了所有的細節後，基底核才會接手，讓他把這些細節放在一起、形成自動化的順序（小腦這時也有貢獻）。

因為派皮爾的基底核沒有功能了，所以他必須活化前額葉皮質和其他的皮質下區域迴路，才能對每一個動作產生有意識的注意力，就像第一次學走路的孩子那樣，每一個步驟都必須非常專注。他所以能正常走路，便是因為他已經繞過、不再使用他的基底核。

帕金森症病人最大的困難之一，是啟動一個新動作。舉例來說，如果你在帕金森症病人要走過的地方放張小板凳，他會為了跨過這張板凳而停下腳步，雖然剛剛還走得好好的，一旦停下來就沒辦法再啟動。他們之所以不能說停就停、說走就走，是因為大腦中的黑質是我們啟動自動化序列行為的地方，而帕金森症患者的黑質失去了功能。

雖然病人的佇足不前有如被凍結一般，但就像神經學家薩克斯（Oliver Sacks）所說的，想幫助他也很容易——只要有旁人給予刺激，他便可以很快就開啟新的序列性動作。薩克斯說，有位著名的英國足球員得了帕金森症後，常像被凍結了似地一坐就是一整天，但是假如你丟給他一顆足球，他會馬上就從椅子上跳起來，自然而然地邊跑邊盤球；有時候，光是音樂的節奏就足以解除帕金森症病人的凍結狀態。薩克斯也指出，即使帕金森症病人好像啞巴地一整天不說話，但只要你對他說話他就會回應你；或者是像剛剛描述的足球員一樣，整天動也不動，可只要丟一顆球過去，他就會立刻跳起來用腳停球，反應好得很。他們需要另外一個人來啟動談話，因為他們自己開不了口。

薩克斯寫道：

帕金森症病人最主要的問題是被動……所以最重要的治療方法是合適的活動，因為病人的被動源於難以自我刺激和啟動，而不是無法反應刺激。這表示在病情嚴重的情況下，即使別人很輕鬆就能幫得上忙，病人卻完全沒有辦法幫助自己。……病情比較不嚴重時，病人可以透過動員正常和仍在運作的能量，來幫助自己調控病態或「不活化」的某些迴路……也就是說，問題在於能否提供病人持續的適當刺激。

薩克斯寫下這些文字時是一九九〇年，重點並不是派皮爾那種恢復原來功能的努力，而是解釋「伸出援手」（lending a hand）如何幫助嚴重的帕金森病人接續一個已經在做的動作，也就是提供有益病人的短期介入（治療法）。派皮爾不需要別人對他的大腦「伸出援手」——因為他已經找到應用健康大腦取代受損的基底核和黑質來啟動動作的方法。他不但發現了啟動的方法，還用經常走路這種不斷刺激大腦生長因子的方式來增強大腦迴路，維持動作的流暢。派皮爾解決了薩克斯所描述的問題，以有意識的走路技術找到了「持續刺激大腦的適當方式」。

自助而後助人

每次看派皮爾走路時，我都不免要想：其他病人的心智控制能力是否也可以像他那樣堅持不懈？有意識的走路是種絕佳的神經可塑性運動，也正是保存大腦神經元所需的良好聚焦方式；讓我想起攀岩者必須注意每一個動作，或是太極拳家必須集中注意力在每一個呼吸、動作、關節肌肉的伸縮上。但我偶爾也很擔心派皮爾會不會落入了但丁式的某層地獄，因為他一直渴望回復以前的動作水準，現在雖然達到目的了，卻必須專注在每一條肌肉和每一根骨骼的運動；也就是說，他確實可以走路了，但代價會不會是因此而失去了享受思想自然流露的樂趣？

所以我問他我亟欲知道的問題：「你怎麼可能既把所有的感覺、觀察和動作都留在腦海中，還同時走路、說話，看起來又很享受這兩件事呢？一直要記得有意識地走路，難道不會成為你的負擔，使你不能自在思想嗎？你當真能樂在其中？」我心中暗想的卻是：沒有他這種毅力的人也做得到嗎？

「我不怨嘆必須專注於自己的動作，」他說：「這一直是個大挑戰，而我也很好奇如果沒有十分專注在所做的事情上，我會變得怎樣；但既然對我幫助很大，就決不會是種負擔。」沒錯，雖然這種生活的確必須付出時間和精力，剛開始的時候更是讓人厭煩。

即使他堅稱如今的他還是必須專注在每一個動作上，但我卻懷疑，他的大腦已經開始把這個新的走路方式自動化了，可以釋放他意識的心智，讓他把心思花在別的活動上。雖然討論得比較熱烈時，他的腳還是會出現拖地的現象，但是在我看來，大多數時候的他都可以在深思時正常地走路。他的黑質自我修補了嗎？如果是的話，修補的材料是不是來自神經生長因子 GDNF 的分泌？

派皮爾的意識動作技術成功後，不只他的醫生、太太和孩子注意到他的進步，他自己也著手研究之所以會成功的原因，開始閱讀神經可塑性的書籍，和其他提及運動可以提升大腦生長因子的論文。他去圖書館找出匹茲堡大學（University of Pittsburgh）齊格蒙團隊的研究，發現他們已經證實，就算老鼠的多巴胺神經元已被破壞，假如牠們運動，便比較不容易得帕金森症。

派皮爾與其他帕金森病人分享這個神經可塑性的訊息，加入當地的帕金森症病人支持團體，最後成為他們的領袖。他堅持不懈地四處宣揚：**運動不是帕金森症病人「可以做」的事，而是「必須做」的事**。每有病人不聽他的忠告，總是讓他感到不可思議。走路是人類生而有之的能力，但他也發現，大多數人都寧可乘車而不肯走路；在走路已經不像古代人非做不可的現在，只有動機最強的病人才能走得夠多。派皮爾怎麼也想不通，為什麼其他病人沒有他那樣強烈的動機。

他的結論是藥物產生了心理上的副作用，因為對藥物的期待，使得病人處理疾病時更被動。在一般的醫療模式中，病人總是乖乖服藥，直到病情好轉或有更好的藥物出現；就算去看醫生，也是為了探查病情有沒有好轉，以及藥物產生了什麼樣的副作用。治療變成病人情況惡化（病人對此沒有主控權）和藥廠研究（病人對此也沒有主控權）之間的競爭，病人維持自己健康的責任自此全都轉嫁到別人身上。派皮爾很擔心，依賴藥物會加速病情的惡化。

走訪過十幾個南非帕金森症病人支持團體後，派皮爾發現，只要病人肯持續運動，他就可以幫助他們改善走路的問題。薇娜・傑佛瑞（Wilna Jeffrey）便是其中之一。

薇娜已經罹患帕金森症十四年了，但是她的步伐看起來卻很正常、很穩定。她今年七十三歲，有著一頭金髮，穿著很時髦，走路比同年齡的人快速也確實更優雅，只是有些不大自然，讓你多少看得出她借用了派皮爾的意識走路法。在約翰尼斯堡桑寧丘醫院（Sunninghill Hospital）的咖啡廳和她對坐談話時，我注意到她的顫抖病徵很輕微，手腕的顫動若有似無，只有一條腿會輕輕顫動。

一九九五年喪夫的薇娜有兩個孩子，但是兒子已在一場車禍中喪生，只有女兒住在澳洲新堡（Newcastle）。「一九九七那年，我突然發現無法簽名了。」她告訴我。她看過好幾個醫生，包括約翰尼斯堡醫院帕金森症部門的主任。一九九八年確診為帕金森症後，因為身旁沒有其他家人，她也就像大部分的帕金森症病人那樣，能夠依靠的人只剩自己。

「剛確診時我連聽都不想聽，拒絕接受這個診斷。但當顫抖來襲後，也只能聽從醫生指示，開始服用心寧美，然後是易助力（Azilect）、始立膜衣錠（Stalevo）、普拉克索（Pexola）。」可是她的手雖然小有改善，腳卻開始不由自主地顫抖，走路也出現拖行的症狀。

從朋友處聽到派皮爾正在免費教帕金森症病人走路時，她打了電話給他。第一次見面時，派皮爾看到的是個身形佝僂、垂頭喪氣、看不到自己的人生還有什麼未來的無助病患。

「跟他練習過三次以後，我對帕金森症的整個態度就不一樣了，變得比較正向。」他給了她抵抗帕金森症的勇氣，要她設定回到過去正常生活的目標。他去她家看她，分析她的步伐、觀察她拖著走的右腳和其他症狀後，便鼓勵她去參加「為生命而走／跑」，持續伸展和物理治療。現在的她每週以派皮爾方式快速走十八公里，每一步都用心控制。派皮爾也教她如何喝水才不會潑出，幫她練習改正說話時的聲音——很多帕金森症病人的說話聲音都很小。除此之外，她還每週游泳三次，「我不求能游來回多少趟，我還做仰臥起坐、拉筋，每天早上起床都做伸展運動，也做很多核心肌群運動（core exercise）。」她的進步有目共睹。「有如天壤之別。」她說。薇娜並沒有因此停用藥物，由此可見，運動對服用帕金森藥物的病人也是有用的。

薇娜是在農場長大的，從小就常騎馬，每天都有體力活動，這也正是為什麼她到了晚年還可以重新開始認真運動。她現在的步伐已經一如常人，卻仍然是個帕金森症病人。

「從別的帕金森病人身上，我看到的是還好我沒有惡化到像他們那樣。在日常生活裡，如今的我依然可以做任何我想做的事：開車、打高爾夫球，甚至可以打網球。」

「假如不能運動了，你覺得會怎麼樣？」我問。

「不運動的後果，我早就一清二楚了：我會變得很僵硬，腳會抽筋，總之就是很不舒服。」

「你的醫生知道你在運動嗎？」

「是的，我的醫生大衛・安德森（David Anderson）最氣他的病人不肯運動，他很重視運動、生物動力學（biokinetics）和走路。」

「帕金森症現在對妳的生活還有哪些影響？」

「我不能一次做好幾件事。比如去參加雞尾酒會的話，我不能手上還端著一杯酒時就拿東西吃；我的手會因此顫抖而把酒潑出杯外。另外，特別是很趕時間的時候，光是打開皮包拿個東西都會力不從心；穿衣服時，每扣一顆衣扣都要花上很多時間。我做事絕對不可以搶快，因為我一著急就完了，沒有辦法做好任何事。假如忘了吃藥，我就會開始顫抖；越想快點寫完電子郵件，我就越會敲錯鍵、打錯字，最後因挫折而放棄。」

薇娜說，雖然她的退化速度沒有別的病友那麼快，還是感覺得到自己的情況在惡化，「非常、非常輕微又緩慢的惡化，因為過去我的腿不會顫抖，現在會了。」

她從派皮爾那兒得到很多鼓勵。「他有非洲的能量，」她說：「這是南非人特有的說法，表示他有很強的能量。一起走路時，我完全跟不上他的腳步。」但是，她卻也認為這個敏捷為派皮爾招來了大麻煩，比如有些神經學家一談到派皮爾時都會說：「神經學界裡常有人說，呃，他根本沒有帕金森症。」

派皮爾不是帕金森症病患？

派皮爾一開始幫助其他的病人，就贏得了帕金森症病人團體對他的敬意，一九九八年更被選為南非帕金森症組織的主席，而且連任了五年。雖然這是一個不支薪的義務職位，但在他的領導之下，這個組織提供病人服務、協助成立新的支持團體、傳播新的研究成果和醫藥知識、代表帕金森症病人去和藥廠和醫療機構開會。派皮爾成功說服了許多帕金森症病人，讓他們明白罹患這個疾病不是被判死刑，還是可以掌控未來的人生。

二〇〇三年八月，在這個團體的年會上副主席發言說，同一個人擔任主席太久對這個組織不好，而那時派皮爾已經當了五年主席，所以同意不再競選連任，於是副主席就被選為主席，派皮爾變成副主席。

與此同時，他正打算出版他的《在被診斷出帕金森症後，人生並沒有結束》，為了做點宣傳，他把書稿交給一位神經科醫生「O醫生」看。他和看了書稿的O醫生見面時，是想知道她對他的書有沒有回饋意見和想推廣走路技巧，並不是去找她看病，所以她沒有要求他提供病歷，也沒有檢查他。「我問她對這本書有沒有什麼意見時，她支吾其詞，不置可否；」他說：「既沒有任何觸診，也沒有問我任何有關病情的問題，從頭到尾都沒離開過她的辦公桌。」

除了O醫生之外，派皮爾還找了另一位神經科醫生，請他指正。這位醫生是他們組織的醫療顧問，我稱他P醫生（加上後面會談到的Q醫生，我要合稱這三位醫生為「局外的神經科醫生」〔outside neurologists〕，因為他們全都沒有診療過派皮爾）。P醫生讀了書稿後，在二〇〇四年七月二日發了一封電子郵件給派皮爾，同時也給了這個團體的主任一份副本。

P醫生說，雖然他覺得派皮爾用前額葉皮質有意識地走路的技術，讓人印象非常深刻，「但問題是，我們都知道你不是典型的帕金森症患者……對絕大部分的病人來說，你的方法只能當作服藥之外的輔助……有帕金森症的病人都應該要服藥，鼓勵他們不吃藥是在幫倒忙。」P醫生認為，如果派皮爾不強調服藥的重要性，那他就會像南非的愛滋病異議團體，宣傳「靠大蒜和非洲馬鈴薯」就能治好愛滋病，反而害死更多人。他還說，派皮爾得的是類似但並不是典型帕金森症的帕金森綜合症（Parkinsonism）；帕金森綜合症是腦炎（encephalitis）引起的，而且可以復原。

這封信寫得很客氣，但是，宣稱派皮爾沒有帕金森症就等於推翻了卡哈諾維茲醫生的診斷。卡哈諾維茲醫生認識他最久，真正替他做過檢查，包括神經專科在內的其他醫生的診斷文件，也都只說他的症狀是帕金森症，並沒有人說過他是非典型的帕金森症。

此外，卡哈諾維茲醫生在派皮爾發病初期——也就是帕金森症狀才剛成形的時候——就診查過他了，親眼看到這些症狀一個個發展出來，目睹他如何辛苦地進行運動計畫，直到他的計畫卓有成效，慢慢地控制了他的症狀。P醫生忽略了卡哈諾維茲醫生有替派皮爾寫序，序裡不但白紙黑字說派皮爾是帕金森症患者，還說從他的觀察所見，派皮爾能夠用堅強的毅力和獨創的思想繞過傳統的治療法很了不起。由此可見，並不是每一位醫生都認為派皮爾罹患的是非典型帕金森症。

P醫生之所以沒有做身體檢查或去看他先前的病歷就下定論，理由是帕金森症病人的情況都會逐漸惡化，而派皮爾沒有，所以一定不是帕金森症。P醫生似乎也認為，除了藥物，其他方法都無法對帕金森症患者有立竿見影的幫助。

二〇〇四年八月十七日，帕金森症團體寫了一封信給派皮爾，引用P醫生的話，要求派皮爾立即辭職（那時他是副主席）。信裡同時也說：「我們同意醫療顧問的看法，你的書會帶給帕金森症病人錯誤的希望，所以我們不能為你的著作背書。」主席更在八月二十五日又寫了一封信：「你把你的復原歸因到運動和正向思考上，認為患者可以不必吃藥，這與協會神經科醫師的看法衝突。」

在二〇〇四年九月十四日，派皮爾的支持者發起、組織了一場團體會議，目的是釐清真相。會議上，那時是該團體第二位醫療顧問的O醫生詢問主席，為什麼派皮爾要被強迫辭職。「根據紀錄，」主席說：「九月初在德本（Durban）舉辦的帕金森症資訊日活動上，第三位神經科醫生Q醫生說派皮爾沒有原發性帕金森症（Idiopathic Parkinson's，這是另一個典型帕金森症的名稱，有時用來強調不知道病源是什麼）……因為派皮爾的病情並沒有像別的病人那樣持續惡化，而且沒有服用任何抗帕金森症藥物。」在這裡我們又一次看到，只因為派皮爾沒有服藥，而這些人認為唯一可以阻止病情惡化的只有藥物，所以派皮爾一定沒有帕金森症。派皮爾說，他從來沒有和Q醫生見過面或談過話。「Q醫生從來沒有靠近過我或檢查我，他的意見都來自會議上看到的我，而且就這麼在大家面前草草下了結論。」又一次，「局外的神經科醫生」挑戰派皮爾的診斷，而且還是在大庭廣眾之下這樣說，他的根據只是從房間的另一端觀察到派皮爾似乎走得很平順。

根據會議紀錄，被問到派皮爾的書時，「O醫生的回答是這本書會造成傷害」，所以派皮爾當場要O醫生幫他刪去她認為有害的地方，可是她拒絕了。最後，O醫生說，假如派皮爾繼續在組織中位居領導階層，就「必須在會議中被監控」，以免他的意見誤被當成組織的政策。幾天以後派皮爾就辭掉了職務，但在後續的會議中，雖然他都已經辭職了，新的領導人仍然在所有會員面前公開譴責派皮爾，說他誤導病人。

派皮爾表示：「O醫生說我的書給讀者一個錯誤的印象，說我宣稱自己沒有服藥就康復了！可是當我問她『在我書的什麼地方我有這樣說？』時，她的回答是：『你沒有這樣說，但是你給讀者這個感覺。』」

派皮爾最無法釋懷的是：為什麼三個從來沒有檢查過他的人以及後來的那個主席，要這麼熱切的護衛藥物在治療帕金森症上的角色？他不但知道藥物的重要性，也在書中重複強調過，為什麼他們還是要故意誣蔑他呢？鼓勵病人運動有什麼不對？為什麼好奇心最強的科學家和臨床治療師都不願去了解，在藥物會有副作用、引起幻覺和新的動作障礙症狀的現實下，一個人究竟是怎麼學會讓他的症狀——不管是不是帕金森症——獲得緩解的？如果這個方法確實可以幫助病人，又何樂而不為呢？

帕金森症和帕金森症候群

「他是一個非常溫和的人，」回顧派皮爾曾經經歷過的痛苦歲月時，卡哈諾維茲醫生說，「更是正直、品德高尚的人，可是這些人讓他承受了很多痛苦。他被流放、被排斥，深受其害。他不是個多話的人，只會說出不能不說的話；也就因為有些話不能不說，當他覺得這個方法給了他很大的幫助，就想為別人寫這本書，幫助更多病患，但是神經科醫生卻說：『你在胡說八道。』」

這些沒有診查過派皮爾的「局外」醫生的質問中，唯一值得探討的說法是派皮爾罹患的不是典型的帕金森症，而是它的變體。如果他們只說這是一種可能性而非一口咬定他不是帕金森症患者，派皮爾會比較能接受（譯註：對讀者來說，這也是一個比較科學的說法，科學不能武斷，一武斷，科學就不會進步了）。

就如前面說過的，所謂的「原發性帕金森症」指的就是因為我們不知道發病的原因，只能從症狀來假設它是一種神經退行性疾病，而且會慢慢惡化，沒有辦法痊癒。

相對於原發性帕金森症，P醫生用來描述派皮爾症狀的帕金森綜合症，其實常和帕金森症候群（Parkinsonian symptoms）交互使用。一般來說，帕金森的特徵是指群組性的動作症狀，包括顫抖、僵硬、缺乏動作、姿勢不穩定（容易摔跤）；派皮爾有上述這些症狀是沒有爭議的，因為好幾位檢查過他的醫生都同意他有這些問題。

我們已經說過，帕金森症是帕金森症候群最普遍的起因，但是，我們也知道還有別的因素會引發帕金森症候群，而當我們知道這些動作障礙症的原因時，就會用上帕金森症候群、帕金森綜合症和非典型帕金森症等名詞來指稱。在某些情況下，我們不但知道原因，還可以對症下藥讓症狀消失（P醫生就在信中說他曾有名發展出帕金森綜合症的腦炎病人，後來病好了）；不幸的是，很多時候，非典型帕金森症比帕金森症惡化得更快，病人經常早早就邁向死亡了。

但是，派皮爾只是有帕金森綜合症或是帕金森症候群的這種看法，也同時開啟了一扇門——他可能曾經有過像原發性帕金森症的症狀，但現在沒有了。這就表示當原因移除時他的症狀便消失了，所以讓他誤以為自己治好了帕金森症（當然，派皮爾從來沒有宣稱他痊癒了，也的確仍然還有多種非動作的帕金森症的症狀，他的說法，始終只是動作症狀已在他的掌控之下）。

非典型帕金森症候群有兩個廣為人知的原因。第一個起因是腦炎，一次世界大戰之後，這種病使很多人得了當時叫做「睡症」（sleeping sickness），但其實是帕金森症的那種不會動、沒有表情的行屍走肉情況。薩克斯醫生在《睡人》（*Awakenings*；譯註：讀者不妨參看羅賓・威廉斯主演的同名電影）一書中，便描述了這些行屍走肉的病人雖然曾被左旋多巴「喚醒」，但藥效退去後就又再成為行屍走肉。顯然這情形不能應用到派皮爾身上，他從來沒有罹患過睡症，也沒得過腦炎，或病到有如行屍走肉。

非典型帕金森症候群的第二個起因是藥物的副作用，例如降低大腦多巴胺濃度的抗精神病藥物，但是在病人停止服藥後，類似帕金森症的症狀也都會跟著消失。極少數病人停藥但症狀沒有消失的個案，通常會被視為這些病人可能已經發展出原發性帕金森症了。所以，派皮爾有沒有接觸過任何會引起帕金森綜合症的藥物，就成了相當關鍵的問題。

派皮爾服過的藥物中，唯一可能引起帕金森症候群的藥是為了治療梅尼爾氏症所用的西比林（Sibelium），因為梅尼爾氏症會影響平衡和引起耳鳴。不過，西比林並不是抗精神病的藥，所以不太可能引起帕金森綜合症；這一類的鈣通道阻斷劑，很少會引起帕金森症候群。因為藥物副作用而引發帕金森症狀，通常出現在六十五歲以上的人身上，但是派皮爾的帕金森症狀一九六〇年代中期就上身了，那時的他才不過三十多歲，更在一九七二年才開始服用西比林，比他的動作症狀出現時間晚了十年，從時間上來看，就知道即便服用多年，西比林也不可能是他出現帕金森症狀的原因。

藥物所引發的帕金森綜合症，大多身體的兩邊都會出現，但是派皮爾的症狀卻只發生在一邊。藥物所引發的症狀通常既突如其來又來勢洶洶，但在服用西比林的那些年裡，派皮爾和醫生都不記得他有過什麼戲劇化的改變。此外，藥物所引發的帕金森症狀通常不太會有變化，派皮爾的症狀卻是不斷惡化，而且惡化的情況與典型的原發性帕金森症很相似。

最後，當病人停用藥物後，大都會恢復原狀——通常在二個月之內，雖然也有人拖了兩年才擺脫副作用；但派皮爾停掉西比林之後，症狀並沒有任何的改善。至今為止，他已經停用西比林三十五年了，卻還有很多動作上的症狀。上述的這些理由，都可以充分證明派皮爾的帕金森症狀極不可能是西比林的副作用。此外，帕金森綜合症雖然還可能有其他的起源，例如中風、拳擊時受傷、嚴重的頭部創傷，以及其他罕見疾病，但是派皮爾並沒有罹患過任何一種。

派皮爾到現在都還有一些一般帕金森症候群以外的典型帕金森症徵兆——如感覺問題（常常不清

楚四肢在空間的位置；譯註：有些病人失去動感回饋能力時，常得用眼睛去看手腳在哪裡才知道位置）、間歇性記憶喪失，以及神經系統上的問題，比方沒有辦法調控血壓、不知道當下是冷還是熱、一直流汗、小便困難。這些症狀都顯示他還是病得很嚴重。最後，只因為他能反轉一些症狀就說這可以證明他沒得過這個病，更是牽強到不行。不論是因藥物或大腦刺激而反轉症狀，醫生都不能由此證明病人從來沒有這種疾病（譯註：這一點是致命打擊，表示前面三位醫生不夠專業）。

指控派皮爾沒有帕金森症的證據，最後就只剩下P醫生在他信裡所寫的這段話：「帕金森症是進行性的（progressive，只會逐漸惡化），有帕金森症的人都必須吃藥，但派皮爾既改善了他的走路情況又沒有吃藥，他就不會是帕金森症患者。」這種偏執的想法，一竿子打翻了有意識地走路可以是神經可塑性治療法的可能性。

每一個懷疑派皮爾沒有帕金森症的人，都會強調帕金森症的進行性。沒錯，我們一向都假設帕金森症最明確的核心定義與診斷根據就是「不可治癒」（incurability）和「漸進」（progression），也就是「神經退化」，但是，這個假設其實也同時製造出一個問題：不論一種疾病是「無法治癒」或「可以治癒」或「進行性」或「穩定」或「退化」，都是一種決定性的觀察（decisive observation），但這種根據經驗預後（prognosis）的判斷還是比不上診斷。只因為派皮爾的情況比他們預期還好，批評者就斷言他不可能有這個病，是弄混了預後和診斷，而且忽略了派皮爾一直努力治療自己的事實。

生怕派皮爾會誤導其他病人、給了他們虛假希望的指控，原意都是想保護病人。醫學史上一直有個悠久又高尚的傳統：一旦確定病人的病情會往死亡惡化，醫生都會告訴病人實際狀況，免得病人懷有不切實際的希望。這是個吃力不討好的工作，卻也是醫生責無旁貸的工作，因為病人可以因此早作決定，想想自己如何度過最後的時光，妥善安排身後事，或甚至向親友一一道別。

但是這裡有個前提：假如醫生為了不給病人虛假期望而宣布病人無法治癒，那麼他最好先確定自己沒有錯判病情，尤其如果病人罹患的疾病是神經可塑性——也就是需要病人動員自己鍛鍊身心——可以在復原上扮演角色的時候。我們已經從安慰劑效應的實驗得知，當醫生很有自信地對病人說「這個藥丸會幫助你」的時候，即使它只是一塊糖片，症狀也會在服用後減輕，因為它啟動了病人正向的期待。我們也知道安慰劑效應還有個「反安慰劑效應」（nocebo）的邪惡雙胞胎：不管給病人什麼藥丸，一旦你降低病人對治療的預期，症狀也會跟著惡化。**告訴病人他的病情並不只是一項訊息的傳遞而已，你認為他未來會怎樣（即使說得再委婉）也是治療的一部分。**

假的希望和假的絕望都會造成傷害。要想取得平衡，醫生就不能只依賴這個疾病在大多數人身上是怎麼回事的知識，或是上一個診斷出這種疾病的患者後來怎樣了，或是只根據你在大堂另一頭看到的狀態就下結論。身為醫生，不但必須盡己所能地蒐集每個這種疾病的患者個別的情形，還要考慮眼下這個病人的需求。這也正是為什麼，我必須飛到南非親自面談派皮爾的神經科醫生的理由。

訪談派皮爾的神經科醫生

充滿活力的神經科醫生玻爾（Jody C. Pearl）診查派皮爾時，一一舉起他的四肢讓我移動它們，展現他的帕金森症狀。透過接觸，我感覺得到他的右手彎曲時就像個齒輪轉動那種極不自然的機械性。玻爾醫生是在做過正常的神經檢查後，才讓我看派皮爾四肢的齒輪狀僵硬問題。

玻爾雖然還很年輕，卻已是桑寧丘醫院的紅牌神經科醫生，卡哈諾維茲醫生一開始轉介病人到她那裡，就發現她「能力驚人」。她對病人和藹可親、非常敏銳、有效率、從不拐彎抹角，而且跟得上新的研究——因為她不但關心最新的藥物，也對幹細胞和其他的介入法很感興趣。她是《南非神經元》（*Neuron SA*）期刊的主編，已經照顧派皮爾六年了，也讀過他的書。

「單就能夠不吃藥這一點來說，他就很獨特；」她說：「他處理疾病的方法非常直接、正面，沒有坐等疾病一點一滴地消耗他。我想你已經知道了，這裡有些人一直說他不是帕金森症患者，即使如此，無疑地他克服了很多這種疾病的挑戰，而且在對抗某些症狀上始終做得非常好。」

我請她釐清一件事：「當你說帕金森症時，指的是典型帕金森症嗎？」

「一點也沒錯，我指的就是典型的帕金森症。」她說。

玻爾醫生知道，我們的大腦是有可塑性的，而且每一個人大腦的硬體連接都有些不同，導致大腦疾病在每一個人身上表現出來的方式都不一樣，所以她也相信，每個病人需要不同的治療法。「病人並不會去讀教科書，也有自己特有的症狀，」她說：「既然所有病人的病情發展都不盡相同，我們就不能說，在某種情況下所有的病人都需要某種藥物。病人之所以和我有這樣的醫病關係，也只是因為我願意接受他的需求，而不是因為我能夠為他做什麼多了不起的獨特醫療照護。我們已經證明，如果帕金森症病人願意多運動、多走路，就可以使大腦釋放出神經生長因子來幫助他改善症狀——很明顯地，他比每一個醫師都更早知道這一點。」

雖然派皮爾的臉在運用意識技術時可以有表情，但玻爾也指出，當她要派皮爾食指和大拇指碰觸時，典型的帕金森症面具臉便會出現，只不過這種變化微妙、快速得連派皮爾自己都察覺不到。她在他聽不見的距離外小聲地對我說：「當我讓他一次做兩件事，使他因為分心而無法維持專注時，他的帕金森症狀就出現了。」她解釋必須用這種詭計才檢查得出症狀，「因為他已經把自己訓練得很好，不讓他分心，就看不見潛藏在意識動作技術下的症狀。」

她同時指出，當她要派皮爾重複用大拇指依序碰觸同一隻手的其他指頭時，他的動作就會越來越慢、越來越小，因為他的運動迴路功能有缺陷——這是另一個典型的帕金森症動作遲緩的症狀，也是自從她二〇〇五年接手派皮爾的診療後，所觀察到一直都存在的現象。

她最早在病歷上所寫的診斷筆記，和派皮爾的第一個醫生——也就是A醫生——二十年前就留下的紀錄如出一轍。第一次診查派皮爾時，她就發現他的身體右半邊有齒輪狀僵硬，會顫抖、拖著左腿走路（假如沒用意識聚焦技術的話）；如果不夠專注，手臂的揮動幅度就會越來越小。這些症狀，幾乎不可能偽裝得出。醫生都認得這種帕金森症病人的顫抖，甚至每秒震顫幾次都知道——術語是4-6 Hz（每秒震顫次數）。第一次檢查派皮爾時，她就使用了侯恩和亞爾為醫療與研究而設計的量表；這個量表把病情分成五級，派皮爾是二・五／五。

「派皮爾在『牽引測試』（pull test）上也有不正常反應，是姿勢不穩定的病徵，」玻爾醫生說。剛開始做這種測試時派皮爾的反應還算正常，但卻每況愈下，表示他的帕金森症在惡化。所謂的牽引測試是叫病人雙腳稍微分開一點站立，然後醫生站在背後把病人輕輕往後拉，看看病人能否維持平衡；假如病人要後退三步以上才會失去平衡，或不會因後退而跌跤，就算通過了牽引測試。

她很仔細地記錄了派皮爾的各種帕金森症症狀。「第一次來我這裡看診時，」她說：「他抱怨走路困難，」——假如他不用意識技術的話——「而且便秘、疲倦、夜裡會頻尿、白天會打瞌睡、容易動怒、無法專心、吞嚥困難、記憶喪失和沮喪。

「帕金森症是一種臨床診斷的疾病。」她解釋道，表示她的診斷根據是身體檢查和判讀病史，她也會做核磁共振檢查，雖然這並不能確定病人有帕金森症，卻可以排除中風、失智和其他類似帕金森症狀的疾病。新近問世、費用高昂的多巴胺運轉體掃描（DAT scan）可以尋找多巴胺的蹤跡，但是只被用在一些極罕見的情況中，約翰尼斯堡目前還沒有醫院引進這種儀器。「假如病人有帕金森症的症狀，而你要做診斷時，」她解釋道：「你不會送他去掃描大腦，因為帕金森症本來就是一個臨床的診斷。我只對病人做過一次大腦掃描，因為病患只有三十五歲，以他這個年紀沒掃描大腦就判定他有帕金森症我心裡不太踏實。」

「南非有沒有復健的標準建議流程？」我問。

「目前還沒有。」玻爾說。她會建議她的病人去找生物動力學治療師（biokineticist）做些姿勢矯正、拉筋伸展、肌肉強度訓練及心臟體適能訓練。過去的八年裡，派皮爾每週都會參加兩次全程一小時的銀髮族運動，伸展他的肌肉骨骼和接受其他有關動作的訓練。

能不能走路最要緊

在他無法快走時，派皮爾的走路治療法，最能明顯看出療效。

帕金森症病人的肺部很容易發炎，因為咳嗽反射功能有缺陷，而且肺部僵硬。派皮爾就得過好幾次肺炎，有一次甚至嚴重到必須連續服用五個療程的抗生素（一次療程為五天），也不能出門走路。一九九九年動背部手術那一次，也有段時間都不能走路。這兩次，他的帕金森症狀緊接著全面爆發。第一個重新出現的典型症狀就是笨手笨腳：他會打翻桌上的東西，撞到桌子、椅子，食物送進嘴巴前就已灑了一地，跛腳，口語能力快速退化，別人都聽不懂他在講什麼，一覺得累聲音就會變小，睡眠規律大亂。不到六週，以往出現過的所有症狀就都回來了；出院後，派皮爾整整運動了一個半月，才又再次逆轉這些症狀。

二〇〇八年，他扭傷左腳韌帶，花了四個月才復原，所以又歷經了好長一段不能走路的時光，帕金森的症狀也全部復發。為了想要早點擺脫這些症狀，加上本來個性就急，他太快、太過度地重新開始走路，又傷害了自己。「我必須學會一定要循序漸進，一點一點加強，走十分鐘就休息，一週只走三次，每兩個星期才能多走五分鐘。」這次他花了六個月才回復到一個小時走七公里，現在則是一小時八公里。

換句話說，他所展顯出來的「奇蹟」其實是需要一直不停地運用意識技術才做得到，因為他還是有嚴重的動作障礙症。他的行走觸發了大腦中的神經生長因子，給予被監禁的系統突破重圍的支持。我們下面會看到，只要病人沒有持續中的病症，就算碰上一次大腦細胞或組織的死亡，例如中風，也不需要一直應用神經可塑性的介入法，就能維持原先獲得的效用。也就是說，**派皮爾一直以來所展現的，是走路這件事不但對大腦有利無害，而且是維持大腦健康每天都得做的例行公事。**

許多年來，醫生都不會建議帕金森症病人做運動，確診後的病人只有百分之十二到十五會在醫生的指示下進行復健，大多數病人的運動量都反而減少。雖然已有很多研究顯示運動有助病情，但也有其他的研究報告指出沒有測量得到的效果，有些研究甚至還說運動會加速病情惡化；這便讓人不免要問：多巴胺系統會不會因為運動過度而損壞得越快？

我們已經知道，一般來說大腦是越用越靈光，不用就退化了，只要是緩慢的、漸進式的、中間有休息的運動，而且在病情惡化之前就開始，便不會傷害到身體。（有一個研究顯示，肌肉萎縮性脊髓側索硬化症〔amyotrophic lateral sclerosis, ALS，俗稱漸凍症〕似乎是個例外，罹患人類漸凍症的母鼠在有豐富刺激的環境下長大時，病情反而比在正常環境中的老鼠惡化得更快）。

今日的一些醫生，似乎就在過去運動會讓病情惡化的恐懼和晚近運動好處多多的發現之間進退兩難。大部分醫生都只在門診時評估病人的情況和說明藥物的副作用，最多也只是口頭建議病人運動，卻沒有告訴病人該怎麼運動；這種忠告顯然說了等於沒說，因為帕金森症患者無不希望自己還有活動力，既然這個疾病侵犯的是活動力，重點就應該是教他們怎麼做才對。很諷刺的是，**醫生通常只會因為病人講話不清不楚，便指示他們去找語言治療師，而那本來就得靠運動來改善，但醫生卻不直接建議病人多走路；這就表示，他們心裡其實知道運動有益病情，只是不願承認而已。**

走路背後的科學根據

派皮爾走路治療法有其療效的科學根據在哪裡？

因為人會走路很自然，所以走路不能說是高科技的神經可塑性技術，卻是最強而有力的神經可塑性治療法。當我們快走時，不論什麼年齡，海馬迴都會產生新的神經細胞——海馬迴和記憶有關，尤其是在把短期記憶轉換成長期記憶上。最近這一百年來，神經科學家始終想要知道，成人的大腦能不能像肝臟、皮膚、血液和其他器官一樣，產生新的神經細胞來取代老死的細胞，卻一直都沒有發現可靠的證據；直到一九九八年，兩位研究者——美國人蓋吉（Frederick "Rusty" Gage）和瑞典人艾力克森（Peter Eriksson）——才在人類的海馬迴中找到了新的細胞（詳細說明請參閱《改變是大腦的天性》第十章）。

在那之後，許多新發現一再顯示，如果把動物放在刺激豐富的環境中，牠們的神經迴路就會改變。最早從事有關環境豐富與貧乏實驗的，是加拿大的心理學家海伯（Donald Hebb），他把實驗室的老鼠帶回家，當作可以在家裡到處走的寵物，因而發現在問題解決的作業上，這些寵物老鼠的表現都比實驗室的老鼠好。心理學家羅森威格（Mark Rosenzweig）也發現，在豐富環境中長大的老鼠會發展出更加茂密的神經連接，可塑性更大，並且製造出更多的神經傳導物質；大腦更重，腦容量更大。

蓋吉的實驗室更有兩個重要的發現。第一是給老鼠玩具，如皮球、管子，讓牠們追來追去、鑽進鑽出，四十五天後便發現這可以讓海馬迴的神經細胞活得更久。其次是他的同事凡布拉格（Henriette Van Praag）發現，在豐富的環境中，最能有效增長新細胞的方式是讓老鼠跑飛輪。前面說過，老鼠其實不是真的在跑，只是因為飛輪沒有阻力，看起來很像在跑，牠們其實只是快走。經過一個月的飛輪快走後，老鼠海馬迴的神經細胞整整增加（或說「新生」）了一倍。蓋吉的見解是，動物之所以會在自然的環境中快走，表示牠在探索一個新的、不同的環境，需要新的學習標的，因此會增生新細胞因應新的需求，他稱為「先行增生」（anticipatory proliferation）。

新發現陸續公布出來後，神經科學領域也跟著活躍起來。快走和豐富的環境會增加大腦的能力，並將之保存在大腦的其他地方嗎？認知活動與身體活動之間有何關聯？如果確實有效，快走還能激發什麼其他的神經可塑性歷程？對某些神經退化性疾病，如帕金森症、阿茲海默症、杭丁頓症，甚至多發性硬化症等，病人的大腦也可以藉由這種快走的方式痊癒嗎？

年輕的澳洲神經科學家漢南還待在牛津時，就對杭丁頓舞蹈症有個大膽的想法，因為直到那時為止，杭丁頓症都被視為基因決定症，也就是環境沒有辦法改變基因決定的後果；這類疾病由於基因上的錯誤，使某個遺傳碼一直讓大腦重複製造麩醯胺酸（glutamine），最後使大腦因麩醯胺酸過多而中毒死亡。大部分的科學家認為，除非基因工程有突破性的發現，否則這種病就不可能治癒。

然而，漢南博士卻認為杭丁頓症可能與神經可塑性有某種關聯。得知蓋吉和其他人在神經可塑性上的突破後，他便猜想，不知道這個大腦「中毒」是不是來自神經可塑性的失功能，才影響突觸產生新的連接。

「很明顯地，」他告訴我：「像杭丁頓症、阿茲海默症這種神經上的大腦疾病，突觸之所以開始喪失功能是因為形成建構基石的份子改變了，使得神經元之間的訊息傳送不正確，最終導致大腦功能癱瘓。某些案例中，突觸更是完全不見蹤影，這就干擾了大腦的學習與記憶功能。所以我想看看，如果藉由施加刺激，使新的、更多的突觸生長出來，用更強的感官、認知和身體的活動來『迫使突觸工作得更辛苦』時，會出現什麼結果。」

他與研究生范狄倫（Anton van Dellen）做了一個突破性的實驗，結果顯示，有著人類杭丁頓症基因的老鼠如果能提供豐富環境讓牠探索，就能有效延緩杭丁頓症的發作。這是證實環境的刺激有助於改善基因決定的神經退化症疾病的第一個實驗。

漢南團隊的第二個研究顯示，花時間跑飛輪可以延緩老鼠杭丁頓症的發作，雖然認知和感官的刺激也很重要。派皮爾所努力的也正是這兩件事：他走得很快，也同時處理很多的認知刺激：集中注意力在哪一隻腳正在做什麼、需要什麼認知和感官的刺激上。被診斷出帕金森症以後，他也用填字謎（crossword）和數獨（Sudoku）、打橋牌、下西洋棋、撲克牌遊戲來刺激心智，錄下自己唱的歌、製成CD，還學習法文，參加假設科學（Posit Science）的增進大腦功能計畫。

現在的他，正致力於發明可以找出樂透中獎號碼的電腦程式，卻並不只是為了贏得樂透而已，更是為了挑戰自己的大腦。他也到處旅行，因為新的國家、文化會迫使他學習，產生多巴胺和正腎上腺素（norepinephrine，一種大腦神經傳導物質，神經科學家高伯格〔Elkhonon Goldberg〕發現右腦的正腎上腺素比左腦多，而右腦是處理新奇事物的部位）。旅行也使人不知不覺多走路（目前為止他已經出國七十五次，到過土耳其、冰島、黎巴嫩、埃及、整個歐洲和包括阿拉斯加在內的美國二十八州、中國、阿根廷、智利〔和合恩角〕、馬來西亞、澳洲和整個非洲）。

漢南（現在是墨爾本佛洛瑞神經科學和心智健康研究院神經可塑性實驗室主任）和同事的實驗顯示，他們可以用神經可塑性介入方式來影響有著人類杭丁頓症老鼠的運動缺陷、認知缺陷、情緒、大腦尺寸和分子機制。他們已經累積了很多證據，在在顯示環境的豐富和強化的身體活動可以延緩杭丁頓症發作或減緩病情惡化。在帕金森症、阿茲海默症、癲癇、中風和外傷性腦傷（traumatic brain injury）的動物模式中，漢南的實驗室也證實運動與百憂解（Prozac）一樣有效（這裡的有效是指對老鼠，因為實驗還在動物階段）——杭丁頓症與帕金森症病人都會因為大腦的關係而產生憂鬱症。他們也發現，豐富的環境對自閉症類群（autistic spectrum）的動物模式有效，尤其是罹患雷特氏症候群（Rett's syndrome）的孩子；此外，運動也對思覺失調症有效。漢南的年輕同事布羅（Emma Burrows）發現，如果讓有思覺失調症的老鼠在豐富環境中長大，壓力下的認知反應便很正常，效果就跟服用抗精神病藥物一樣強（對老鼠來說，豐富的環境就是指有很多新奇的玩具，更多可供探索的新地方）。不過，只有跑飛輪可以延緩神經退化，「不過假如跑飛輪是被強迫的，」她說：「這就變成壓力，反而會中和掉運動的好處。」

漢南實驗室所有的實驗結果都顯示，身體運動和心智刺激（透過環境的豐富）是最主要的兩個效果來源。這些實驗的目的是希望能讓病人看到，有著這些病因（人類疾病基因）的老鼠，如果以適當的運動和認知刺激雙管齊下，就會發展出「認知儲備」（cognitive reserve）——額外的大腦連接——來保護牠們，使這些疾病無法發展，或者補償已經出現的傷害。

早從一九五〇年起，科學家就開始研究運動對帕金森症的效應了，因為臨床醫師和一些小型研究都說有些帕金森症病人因運動而受益。他們用來研究運動效應的動物模式，就和用來測試新藥的動物模式一樣。

一九八二年的研究更發現，MPTP 和 6-OHDA 這兩種生化物質會引發類似帕金森症的症狀。MPTP 是神經毒，會摧毀黑質中的多巴胺神經元，引發有如帕金森症的損傷。當科學家餵食老鼠 MPTP 時，這些老鼠就變成永久性的帕金森老鼠，所以科學家便拿這種帕金森老鼠來測試新藥和新的治療法。如果把第二種化學物質 6-OHDA 注射入老鼠的大腦，就會引起多巴胺細胞的死亡，也會產生類似帕金森症狀。從此以後，科學家在每個帕金森症病人身上都找得到 6-OHDA。

德州大學奧斯汀校區（University of Texas at Austin）的提爾生（Jennifer Tillerson）和她的同事因此做了個關鍵性的實驗：以 MPTP 和 6-OHDA 動物模式，在破壞老鼠基底核中的多巴胺的同時就開始讓老鼠去走跑步機（treadmill），結果顯示每天適度走跑步機可以保護基底核的多巴胺系統不會繼續惡化。這些被注射 6-OHDA 後出現類似帕金森症的老鼠，光只走跑步機九天，就足以使牠們保存運動的能力；假如每天運動兩次，甚至可以完全恢復。此外，這個效果還可以維持將近四週，也就是在運動停止後十九天效果還在。這時他們犧牲掉老鼠，檢視牠們的大腦，結果發現相對於沒有運動的老鼠，有運動的老鼠黑質中製造多巴胺的系統保存得比較好。這個實驗用老鼠證實了派皮爾的經驗：**假如在發病初期就開始運動的話，持續的運動可以保存活動力**。（不過，也因為老鼠的切片檢測結果是顯示牠們不再患有帕金森症，派皮爾大概也得有心理準備：萬一他過世後願意讓人解剖他的大腦，可能會讓懷疑他的人振振有辭地說：「看見沒?我就說他沒有帕金森症嘛。」每天運動有可能使派皮爾像老鼠一樣，原來有受損的多巴胺系統被修復了。）

另一個很重要的突破性的發現是，有類似帕金森症的老鼠運動時，大腦會產生兩種生長因子——膠質細胞衍生神經生長因子 GDNF 和大腦衍生神經生長因子（brain-derived neurotrophic factor, BDNF），這可以使老鼠的神經細胞之間長出新的神經連接。

齊格蒙與匹茲堡大學神經退化性疾病研究院的同事如此寫道：「包括已經刊出或尚未發表的研究結果，我們的發現都毫無疑義地的指出，增加跑步及環境的豐富性可以大大減少被注射了 6-OHDA 的老鼠和吃了 MPTP 的老鼠和猴子大腦中多巴胺細胞的死亡；其他實驗室的報告中，也看到相同的結果。」

齊格蒙博士揭示的是，讓大鼠（rat）、小鼠（mice）和猴子做跑步機運動可以刺激神經生長因子的產生，保護有類帕金森症動物的大腦。他們先讓動物運動三個月，注射 MPTP 或 6-OHDA 後再讓動物持續運動兩個月，結果發現，運動既減少了動作的困難，同時增加神經生長因子 GDNF。帕金森症病人大腦黑質中的 GDNF 很少，所以這對病人來說是個好消息。大腦掃描和化學分析都發現，有運動的動物製造多巴胺的細胞都被保存住了。

齊格蒙的團隊同時也發現，如果短時間內給實驗室裡的動物一點刺激，其實更能增加多巴胺的濃度。一點點的刺激對動物有保護作用，讓牠們可以接受更多的壓力；派皮爾也常說，他必須走得夠快來給自己壓力、讓自己流汗。這個團隊也發現持續的壓力會使細胞死亡；派皮爾則辭去工作，因為那個工作已經變成他生活的主要壓力來源。

我們知道運動能增加神經元之間的連接，同樣也是由運動誘發的 BDNF，很可能扮演著主要的角色。當我們的某個活動需要特定的神經元一起活化時，大腦就會分泌 BDNF；這個生長因子會固化神經元之間的連接，使它們聯結在一起，下次需要時就能更穩當地一起發射（在實驗室裡，當我們把 BDNF 灑在培養皿中的神經元上時，它們會長出很多的分枝來相互連接，還會增加髓磷脂，使神經元之間的電流訊號傳遞得更快）。BDNF 可以保護神經元免於退化。不能跑的老鼠大腦中的 BDNF 比較少，帕金森症病人大腦黑質中的 BDNF 也比較少。

神經科學家卡特曼（Carl Cotman）、奧立夫（Heather Oliff）和同事也發現，自動去跑飛輪的老鼠大腦中的 BDNF 會增加，跑的距離越長，BDNF 就增加得越多。BDNF 增加的地方是在海馬迴，前面說過，海馬迴是把短期記憶變成長期記憶的所在，跟學習有很大的關係（阿茲海默症患者的短期記憶變得很差，帕金森症病人也有記憶的問題，最近的研究發現 BDNF 濃度夠高便能抵擋阿茲海默症的侵襲，所以老年人的運動更重要）；此外，BDNF 也可以保護基底核的一個部分——紋狀體。

眾多的研究已顯示，運動可以增強動物的學習能力，而且運動量與 BDNF 的提升成正比。假如在考試期間運動並讓身體保持在最佳狀態的話，認知的測驗表現會比較好。卡特曼和他的同事伯契陶（Nicole Berchtold）認為，以人類為對象的實驗已經顯示結合運動和學習有助於維持、甚至增加大腦的可塑性，因為學習會啟動基因釋出更多 BDNF，而 BDNF 會加速學習。所以人學得越多就學得越快，也越能改變大腦改來加速學習。

學習和運動看來是很好的組合。當人到中年大腦開始退化時，運動也變得更重要，因為這是少數幾種可以延緩老化的方式之一。體會這一點於今尤其重要，因為文明的進步使人類越來越不愛動，總是每天對著電腦螢幕過著坐在椅子上的日子。這種坐著不動的生活形態不但會增加心臟病的風險，也會增加癌症、糖尿病和神經退化疾病的罹患機率。假如醫學上有萬靈丹的話，那就是走路了。

習得的不用

帕金森症病人都卡在一個兩難的情境中。快走也許可以幫助他們，但是他們最難做到的也正是快走，連走路都有困難的帕金森症患者尤其無法「保持」——因為他的病情會惡化。原因包括：**第一，疾病本身的侵襲；第二，大腦是個用進廢退的器官，行走越來越困難，就會使病人越來越不敢走，本來還剩下一點功能的走路迴路於是更加萎縮，最後真的想用也沒得用了。**迴路一旦萎縮，勉強再去用它的病人會摔跤，大腦的防禦機制就馬上會因為「習得的不用」（learned nonuse）而「學到」他不能再走路了。

醫學界最早發現的「習得的不用」現象，出現在中風的病人身上。一百多年前我們就知道，中風會讓大腦進入一種我們稱之為「中樞神經纖維傳導機能干擾（diaschisis）」的休克狀態，也就是「徹頭徹尾的休克」。這種休克之所以會發生，是因為中風導致神經細胞死亡，生化物質因此滲漏出細胞膜，傷害到其他的細胞，引起發炎腫脹，阻止了血液流往死亡組織附近。這些事件因而干擾了整個大腦的功能，而不是只有中風的區域。此外，受傷發生之後大腦也會產生「能源危機」，因為它一定要用到很多葡萄糖才能處理受傷（即使在健康的時候，大腦也是整個身體最大的能源消耗者；雖然它只佔我們身體的百分之二，卻會使用百分之二十的能源）。這個中樞神經纖維傳導機能干擾會持續長達六週左右，期間受傷的大腦便比平時脆弱得多，因為它已沒有多少能量可以用來對付更多的傷害。這也就是為什麼大腦受傷或腦震盪後，我們非得靜止休養、直到完全恢復不可，因為如果在這期間又有第二次傷害的話，大腦是沒有能力應付的。

在我們還不知道大腦是有可塑性的年代，醫生會在病人中風六週後仔細診查，看看病人還剩下多少心智功能。因為當時的醫界不認為大腦可以「重新配線」或發展出新的神經連接，所以醫生唯一能做的就只有等，看看休克狀態過去以後還有多少功能殘留下來。他們假設這代表百分之九十五的病人最終可恢復的程度，或許病人在往後六個月或一年中還會有少許的進步；病人的復健只是試圖喚醒當時留下的、還沒有被破壞的神經迴路，就像重新啟動一具很久沒用的馬達。這個重新啟動不必耗時很久，所以病人所需的復健時間很短——只要一星期幾個小時，連做六個星期。當時醫界是真的不曉得運動可以發展出新的連接，或是教大腦用健康的地方從頭學習它失去的功能（不幸的是，即使到了今天，還是有很多病人只接受到很少的復健）。

神經可塑性史上最重要的學者之一陶伯（Edward Taub），後來才從一序列的實驗中發現，不論是動物還是人，中風後不見得只能過著悽慘的生活，也就是只用他中風六週後還殘存的能力過日子。**有證據證實中風的病人如果在想用他已經癱瘓的手臂時發現舉不起來，就會很自然地「學會」了不再使用那隻手；一旦如此，大腦中掌管那隻手的神經迴路就退化了。因此，陶伯便從教會中風病人重新使用已經癱瘓的手開始做起。**他的做法是先綁住病人功能完好的另一隻手臂，然後訓練那隻病人以為已經癱瘓的手；好手用不了的病人被迫運用壞手的結果，最後果然救活了壞手。即使病人已中風好幾年了，陶伯的這個方法也適用。

陶伯首創的這個新方法稱為「限制—引發治療法」（Constraint-Induced Therapy, CIT）；起先只用在中風後不能使用手臂的病人身上，後來延伸到腿腳。大腦掃描顯示，當病人使用陶伯的方法挽回失去的功能時，受傷部位附近的神經元就會開始接手受傷或死去細胞的工作（細節請參閱《改變是大腦的天性》第五章）。

提爾生、米勒（G. W. Miller）、齊格蒙和其他人的實驗（以具有人類帕金森症類似症狀的老鼠為對象）都發現，「習得的不用」也沒放過帕金森症病人；要是肯用陶伯的方法，就可以得到相當程度的改善。

把 6-OHDA 注射到老鼠身上後，因為它會耗盡大腦中百分之九十的多巴胺，所以會在老鼠的某一邊身體製造出嚴重的帕金森症狀。注射藥物後的頭七天，實驗者如果綁住其中一些老鼠正常那一邊的前肢或後肢，牠們就會被迫使用癱瘓的那一邊。七天後鬆綁時，原來癱瘓的前肢或後肢就跟沒癱瘓以前一樣好用，沒有動作上的困難。也就是說，**運動遏止了新受傷系統的失功能——即使傷者只剩百分之十的多巴胺在撐場面**。然後，科學家再把有帕金森症狀的前肢或後肢包上石膏，讓老鼠整整七天不能使用；結果是，牠本來已找回來的動作就又再度失去（還記得嗎？派皮爾因肺炎或手術而不能走路時，他的症狀便全都回來了）。

提爾生和米勒的老鼠實驗，證明了當被迫使用不能動的前肢或後肢時，牠們的動作都沒有問題，多巴胺也保留住了；假如科學家延宕三天才給好肢包上石膏的話，有些動作就會一去不回，也只有一些多巴胺能被保留下來。如果延遲到十四天之久，多巴胺就點滴無存了。

這個研究表示，即使是嚴重到會改變生活的疾病，就算發展到了後期也還是有防止的機會——只要這隻動物肯保持主動性。假如應用到人身上，就表示醫生應該鼓勵初期帕金森症病人多運動。提爾生、米勒和齊格蒙都已證實，假如限制動物的行動，大腦裡的多巴胺會從原本只少了百分之二十飛快地增加到減損百分之六十。「這個結果顯示，身體活動的減少不只是帕金森症的症狀，也可能是該疾病導致神經退化的原因。」對一個病人來說，或許最糟的是在聽到醫生的診斷後，減少活動量。

寫到派皮爾和這些實驗的此時此刻，我發現自己也正懷著一種期盼：希望未來帕金森症病人不會在一得知病情後就被送回家，而是醫生把病人和最親近的照顧者一起送到「帕金森症魔鬼營」受訓。在那裡，專家會解釋運動和活動對治療的好處，強調神經可塑性背後的科學根據，分析病人的步伐，教會他們意識走路和動作的方法，讓他們邁開腳步，而且就跟「為生命而走／跑」那樣保護他們，不讓病人傷害到自己或努力過度；這個魔鬼營的目標就是讓他們還能動時趕快動，激發神經生長因子。所有加入團體的人都可以互相打氣，彼此支持以度過心理上的創傷，學習如何找回生命的主控權。雖然帕金森症病人看起來似乎都很被動，其實只是觀念不夠正確，很多人更只是無法順利發起一個動作罷了。如果有這樣的魔鬼訓練營，他們就會成為管理這個疾病的共同貢獻者，不再認為治療只不過是按時吞藥丸。

行走並不是唯一可行的運動方式（派皮爾就還做了伸展、協調及給老年人的重量訓練），他們也需要動作治療師（movement therapists，請看Janet Hamburg的*Motivating Movie* DVD）、皮拉提斯老師（Pilates；譯註：皮拉提斯是十九世紀德國的運動家Joseph Pilates所創立的運動方法，著重肌肉的伸展和呼吸的配合）以及其他的運動法。雖然非有氧運動不能激發神經生長因子，卻也有其他的好處，比如使身體較不僵硬、克服平衡的問題、減少表情的消失。此外，也應該教每個病人陶伯的「限制—引發治療法」。

除了派皮爾的方法以外，其他的途徑也不該排斥，比如本章稍早提過的神經學家薩克斯就說過，有個本來不會動、沒有表情的病人，有天竟然從輪椅跳起來拯救一名溺水的人。**雖然帕金森症病人不**

能自動去做一個動作，但在情況緊急的時候，另一條大腦的迴路還是會非自動的活化起來，使他們可以執行某個動作。這個出乎意料之外的動作叫做「失動症悖論」（akinesia paradox）。荷蘭的一位神經科醫生布隆（Bastiaan Bloem）就曾很驚訝地發現，一名幾乎不能走路而且常常處於「凍結」狀態的帕金森症後期病人，竟然可以騎一般的自行車（不是健身房那種固定式腳踏車），而且還能一天騎上好幾公里。雖然他一騎上自行車就有如常人般動作流暢，平衡感也沒問題，但只要一下了自行車，身體就又回到凍結狀態；推想起來，可能是當自行車的輪子一開始轉動時，他那個不能啟動的問題就被克服了。布隆醫生最近開始進行一個多達六百名帕金森症患者參與的實驗，就是想弄明白密集地騎自行車能不能減低病情的惡化。很多帕金森症病人都因為平衡問題而不能走路，能騎自行車會是一個絕佳的運動方式——為了平衡而運動也很重要。

新近的突破性研究已證實，動機與「運動—動作系統」（motor-movement system）、多巴胺與神經可塑性的關係，遠比我們的想像還要更精緻細微很多。因為帕金森症病人之所以動彈不得，是由於黑質和紋狀體的多巴胺太少，所以過往的觀念都只停留在多巴胺對動作很重要的認知上；如今我們已經發現多巴胺也和感覺有關係——也就是說，人得依靠多巴胺來「感覺」他有「要動」的動機，尤其是已經習慣化、自動化了的那些動作。

由於另外一個廣為人知的目的，多巴胺也常被稱作「報酬的神經傳導物質」（reward neurotransmitter）。這是因為，當人們趨近完成目標時，大腦的報酬系統就會分泌多巴胺出來，成果的價值越高，那個人就越會想趕快得到，多巴胺的分泌就越多。也就是說，多巴胺的分泌是為了給人們報酬的喜悅以及提升能量。同時，多巴胺釋放時還會強化神經元之間的連接，激勵我們去做有報酬的行為。

多巴胺至少有三個與帕金森症有關的特質：第一，它會強化動作的動機；其次，它會加速那個動作；最後，在神經可塑性強化了該動作的神經迴路後，下一次再做相同動作時就變得更容易。但是，假如沒有了動機，動作也就不會出現。

一個最近的研究顯示，帕金森症病人「動的動機」（motivation to move）出了差錯，所以假如他們還想動、有動機，就仍然可以動。哥倫比亞大學運動執行實驗室（Motor Performance Laboratory）的馬中尼（Pietro Mazzoni）和他的同事所做的實驗，就顯示帕金森症病人可以做正常的動作（如派皮爾）。在比較過帕金森症病人和正常受試者各種動作的作業表現後，他發現帕金森症病人的確可以和正常人一樣快、一樣正確地運動或執行各種動作，但是需要比常人更多的練習。

馬中尼和同事的共同看法是，**當一個人想要動時，他的大腦得先評估需要多少能量才動得起來，再把評估所得和從這個動作所得到的報酬相比較。在正常的情況之下，得有多巴胺系統才能做評估；假如多巴胺量很低，這個人就算動了也感受不到報酬的愉悅**。正如神經科學家尼夫（Yael Niv）和瑞林—易元安（Michal Rivlin-Etzion）所指出的，這個系統只是單純地「假設」動沒有好處，剛剛的那個動作「機會成本」太高、不值得付出相應的努力。那麼，既然帕金森症病人執行動作的速度有一部分與他預期有多少報酬可得有關，以及必須評估花出去的能量是否值得這個報酬，所以低多巴胺就會導致低動作——換句話說，就是本章稍早提過的動作遲緩。馬中尼的發現正是如此：「在比較困難的動作作業上，假如這個作業對動作能量的需求有所提高，帕金森症病人就會比控制組動得更慢。」不過，這個現象只會出現在病人從事一些很平常的動作時，而不是緊急的狀況，例如看到一個人就要淹死了而從輪椅上跳起來下水救人。

乍看之下，這個說法也許相當不可思議，因為在此之前，幾乎沒有任何神經學家或醫生有過帕金森症的問題是出在動機的生化物質上的這個直覺。幾十年來科學家都知道多巴胺和報酬獎賞有關，卻只因為這個評估是潛意識的、在我們的覺識之外，所以科學家全都忽略了大腦有評估每一個功能成本效益的習慣。

馬中尼團隊對帕金森症的看法很重要，不能等閒視之：因為這表示帕金森症病人不僅僅是不能正常、快速的動作，就連動作系統的動機部件也出了問題。尼夫和戴陽（Peter Dayan）認為多巴胺是種「能量」，會給一個習慣化的動作「元氣」（vigor）。馬中尼和他的同事則寫道：「動作系統有它自己的動機迴路……紋狀體的多巴胺也有提供能量的作用，因為它會評估一個要花費能量的動作價值幾何，如果發現支出大過收益，大腦就不會去做了。」表面上看起來帕金森症是身體動作的失功能，但它的根源其實是在「認知」或「心智」，所以必須視為既是身體的病症也是心智的病症。

這也正是多巴胺過少會使帕金森症病人不動的原因，大腦的潛意識評估會使病人更加被動，而我們希望病人改正的也正是這個被動。因為大腦是用進廢退的器官，病人越不動，動作的神經迴路和肌肉就越弱，也就加速了病情的惡化。只告訴帕金森症病人他們有動作障礙，不再進一步幫助他們，只會使病情越來越糟，因為這是一個自我實現的預言（self-fulfilling prophecy）。醫生應該告訴帕金森症病人的是：「因為想動的動機嚴重損壞了，所以你有動作障礙症，但是有意識的心智努力，也許能夠相當程度地克服這個障礙。」

因此，我們應該送病人到「帕金森魔鬼營」受訓，讓他們了解這個疾病的各種內在原因，更要讓病人有「只要肯做，我也可以像派皮爾一樣」的信心。因為他們很難啟動一個動作，所以我們就應該教會他們什麼叫做「啟動動機」（initiating motivation），讓他們都能明白，這個缺乏動機不是因為懶惰或沒有意志力，而是大腦多巴胺動機迴路的啟動動作能量不足，就好像電池的蓄電量太低，無法再發出電流。這種說法並不意謂我們想要動的意願只是一種物理化學現象，而是在強調身心是一起演化出來、不可分割的，不能只想了解這一面而不去了解另一面。如果抱持這種態度（例如過去的醫療只注重症狀），再好的醫療也會徒勞無功。

雖然派皮爾的多巴胺相當有限，但他還是能讓自己產生足夠的動機，就表示心智和意志（mind and will）**才是真正具有決定性的力量**。不過，當真要把動機轉換成動作時，還是需要「神經學」這方面的發現。現今的他仍然無法正常走路，卻已經可以讓走路變成自動化和習慣化了（這跟紋狀體兩側〔lateral striatum〕的多巴胺迴路有關，是基底核的一部分），有意識走路的技術讓他繞過這個多巴胺迴路而使用其他迴路（如前額葉皮質和紋狀體內側的迴路），執行紋狀體兩側的功能。

帕金森症病人的雙面人格

派皮爾一直不了解：為什麼其他人不效法他，使自己的病情好起來？帕金森症支持團體中只有百分之二十五的病人願意嘗試，情況也確實都有改善；但他覺得，有些人可能以自己的疾病為恥，生怕丟人現眼，有些人只是不願意試，或許也有帕金森病人本來就不愛運動。總之，願意的人很少，令他大惑不解。我的看法是，或許派皮爾的決心與意志力來自他的帕金森症。這樣說也許很奇怪，因為一般大多認為帕金森症是身體上的疾病，而不是心智上的，但薩克斯便曾指出，帕金森醫生（James Parkinson）首度描述這個疾病的細節時，就提到過病人心理方面的效應，比如有人被動、有人特別主動，有人搶快、趕急，有人很有意志力。身體方面的趕急，可以從帕金森症病人的小碎步走法中看出端倪，薩克斯醫生把它描述為「慌張步態」（festination），是一種來自心智的抵抗：「慌張步態包括加速步伐、動作、字句，甚至思慮——傳達了一種不耐煩、衝動、輕率、快捷的態度，好像病人在趕時間。有些病人會給人很著急、不能等、不耐煩的感覺，但也有病人發現自己的著急並非本意。」

派皮爾有時候的確太快下結論或太快行動。有一次我只是寫信告訴他，我想見見他教導過的一些病人，但在等他回信告訴我他的想法的同時，他卻已經著手安排了一個大型團體聚會，不但要我去演講，而且還是在三個不同的城市演講。當他看到我的回覆有點遲疑時，他馬上就很後悔地回信：「請你原諒我的自作主張，沒有先問過你就大肆安排，不過，這就是我做事情的方法。」我在想，促使他去運動的會不會就是這個時時仿如箭在弦上、等待不得的症狀，其他沒有這種症狀的病人就不像他那麼著急，可能就無法付諸行動。

那麼，動作的遲緩會導致意志力的癱瘓嗎？薩克斯指出：「趕快和驅動的對立面正是身體和心智的遲緩，使得病人的反應遲緩或抗拒，不但阻礙、而且可能完全封鎖動作、語言，甚至思想。這種病人會發現自己已然陷入生理的衝突中——力量對抗反力量，意志對抗反意志，命令對抗反命令。」派皮爾當然知道凍結、僵化和動不了的意思，正如薩克斯強調的，有些帕金森症病人就是有雙重傾向，既要快，又要慢。

科學界現在終於趕上派皮爾的腳步了。二〇一一年，主流醫學期刊之一《神經學》（*Neurology*）刊出了一篇詳盡的重要研究，在這篇題為〈奮力運動對帕金森症有神經上的保護作用嗎？〉（Does Vigorous Exercise Have a Neuroprotective Effect in Parkinson's?）的論文裡，梅約醫學中心（Mayo Clinic）的神經科醫師艾斯科（J. E. Ahlskog）檢視了包括動物和人類大多數有關運動與帕金森症的現有證據；文中所謂的奮力運動，包括「走路、游泳和足以增加心跳率及需要氧氣的身體動作」，而且都必須重複並持之以恆才算數。**檢視了幾百名帕金森症病人後，艾斯科的結論是：「奮力運動應該是我們治療**

帕金森症的核心方法。」

最近，馬里蘭大學（University of Maryland）的薛曼（Lisa Shulman）和她的同事比較低強度或高強度走跑步機，對帕金森症病患的差別，結果發現，病人自己選的低檔速度其實比高速的運動效果更好——下了跑步機後，他們的走路速度都變快了。派皮爾剛開始他的「為生命而走／跑」計畫時，也是從低速開始的，更在訓練很久後才達到高速行走的目標。二〇一四年，愛荷華大學（University of Iowa）神經科教授柚克（Ergun Uc）的實驗也發現，如果帕金森症病人一週走三次，每次走四十五分鐘，六個月後就能改善帕金森動作症候群、情緒，並減少疲勞。雖然病人也有服抗帕金森症的藥，作者卻認為這些改善不是藥物的功勞。

這些新近出現的證據讓我們看到，即使還是有人要懷疑派皮爾到底是典型或非典型的帕金森症患者，也都無關緊要了。至少大家都已同意他的類似帕金森症狀很嚴重，幾乎與帕金森症無法區分，診斷證明書上寫的就是帕金森症。他對左旋多巴起反應，病情不但曾經惡化過，還在過去的將近五十年中惡化過好幾次，嚴重到不能行走，這決不是「程度輕微的」動作障礙症。他的勝利在於他能夠「久病成良醫」，學會控制、管理這個疾病，而且還去幫助其他的病人。直到最近，科學界才終於證實他的做法不但對他自己有效，而且可以應用到其他病人身上。運動的確是強而有力的藥劑，時間更會讓我們知道，其他願意像派皮爾一樣運動多年的人，是不是也可以得到類似的進步和改善。

延緩失智

假如走路可以延緩帕金森症的症狀、延後杭丁頓症的發作，這兩種病都是神經退化方面的疾病，那麼最常見的神經退化性疾病阿茲海默症，是不是同樣也能因此受益呢？

這個問題之所以特別重要，是因為阿茲海默症至今仍然無藥可治，而帕金森症又和阿茲海默症有很多相似的地方。美國國家衛生研究院國家老化研究所（National Institute of Aging, National Institutes of Health）的國家神經科學家實驗室主任麥特生（Mark Mattson）就發現，許多引起帕金森症問題的細胞代謝歷程同時也發生在阿茲海默症上，只是所在大腦區域不同。帕金森症是黑質最先出問題，阿茲海默症是從海馬迴開始萎縮，所以病人才會失去短期記憶——因為海馬迴負責的正是把短期記憶轉化成長期記憶。由於大量細胞的死亡，阿茲海默症患者的大腦會逐漸失去可塑性以及形成神經元之間連接的能力。

二〇一三年，走路和阿茲海默症之間有何關係的疑問終於有了答案：**在一個可以降低百分之六十失智風險的簡單計畫中，走路的貢獻最是關鍵**；任何能夠一舉達到這種成效的藥物，肯定大賣。

這個突破性的研究，是在二〇一三年底時，由英國卡地夫大學（Cardiff University）科克倫基本照顧和公共衛生研究院（Cochrane Institute of Primary Care and Public Health）的艾爾伍（Peter Elwood）團隊所完成的。他們追蹤二二三五名住在威爾斯卡非利（Caerphilly）的居民——目標對象從四十五歲到五十九歲——三十年，從有沒有發展出失智症或認知功能衰退、心臟疾病、癌症或早夭，來觀察五種活動對他們健康的影響。卡地夫大學的這項研究做得非常嚴謹，包含定期檢查，一旦發現有人顯現出認知功能衰退或失智，就會被送去做更多更仔細的檢查。

結果發現，假如這些居民做了下面五種運動裡的四種，心智衰退和失智（包括阿茲海默症）的機率就降低了百分之六十。

1. 運動（奮力運動，或每天至少走三公里，或一天騎自行車十六公里）。運動是對抗一般性認知退化和失智症最有效、最有力的方式。
2. 健康飲食（一天至少吃三到四份的水果和蔬菜）。
3. 正常的體重（BMI在18到25之間）。
4. 低酒精攝取（酒精通常扮演著神經毒素的角色）。
5. 不抽菸（也是避免神經中毒）。

這五個因素都可以提升神經細胞和膠質細胞的健康，也都在要求我們盡量過一如祖先狩獵—採集時代的生活。我們運用身體的方式，應該就是當初演化出來被用的方式，基本上就是不要做逆反演化的事情，例如在家整天坐著不動、出門就坐車、老是吃處理過的食品（譯註：天然的叫食物，人工加工過的叫食品），尤其不要抽菸、不喝太多的酒。

這麼簡單又有效的方法，為什麼沒有引起科學界的注意呢？因為科學家的眼睛都盯在尋找「治癒」阿茲海默症的方法上，找尋的不是藥物，就是基因問題。當然，假如「這都是你的基因惹的禍」，大部分人就會認為無可救藥了，最多也只能祈禱「基因研究有突破性的發現」。但是，就如同阿茲海默症的研究者和神經學家周永彩（Tiffany Chow）所指出的，「世界上只有很少比例的人身上有著繼承而來的阿茲海默症。」除此之外，大多數阿茲海默症和其他類型失智症的原因都已確知是來自生活環境：頭部受傷、暴露在某些毒物之下——如DDT之類的殺蟲劑——都會增加罹患機率，而高教育水準則會減低這種機率。一如周永彩指出的：**環境因素「與基因的互動……最後會幫助或阻止我們建立對抗失智的碉堡。」**有基因危險因子的人「並不就一定會罹患阿茲海默症」（最主要是19號染色體的變異），即使有多個危險的基因，「也不見得一定會得阿茲海默症」。所以假如你的直系親屬裡有人罹患阿茲海默症，也只能說你的罹患機率會比別人大上一些，並不代表你一定會得，比如運動這類的保護技術，對你可能更有幫助。

對沒有失智症的人來說，運動可以保護大腦功能已經是無可爭議的事實。二〇一一年另一個突破性的研究，也發現運動在認知上的功效。梅約醫學中心神經科主任艾斯克（J. Eric Ahlskog）和他的團隊聚焦在失智症上，共同檢視了當時為止的一六〇三篇研究，來看運動和認知缺失的關係。艾斯克採用後設分析法（meta-analysis）找出有隨機指派的控制組的研究來分析，最後，從二十九篇有隨機分派控制組的研究中發現，運動——大部分是有氧運動——可以增進非失智症成人的認知功能，尤其是記憶、注意力、訊息處理速度及形成和執行計畫的能力。這些人平均每星期都會做兩個半小時有氧運動。最近，艾瑞克森（Kirk Erickson）的研究也發現，沒有失智症的人如果做一年有氧運動的話，海馬迴會比老是坐著不動的人顯著變大，而且這種改變還可以持久。另一個實驗發現，經常走路已超過九年的人，海馬迴仍然繼續變大。艾斯克更發現，即使已經罹患失智症，運動對認知功能還是能有一些改進的功效。

那麼，只要經常運動就可以無限期地延緩失智症的發作嗎？我們還不知道。現在，七十歲以上的人罹患失智症的比率約百分之十五，八十五歲時的比率就更高了；但是，還是更多人活到很大的年紀都沒有阿茲海默症。直到最近，因為人類的壽命越來越長，我們才有辦法研究九十歲以上的「超老人」──北美現在有二百萬人超過九十歲，到本世紀中葉時估計會有一千萬人。雖然失智症的罹患率和年齡的增加成正比，但是爾灣加州大學（University of California at Irvine）那個卓越的「九十以上」（Ninety Plus）專案卻發現，一千六百名被研究的老人中絕大多數都沒有失智症。這個研究告訴我們，即使在忙碌了幾近一個世紀之後，卓越的大腦也不會徹底退化。

好望角

我們爬上好望角（Cape of Good Hope）最高點的燈塔時，因為海風時速高達六十五公里，我幾乎聽不見派皮爾在說什麼。當時我其實不覺得風力有那麼強，因為當我望向他時，他總是站得筆直，而爬上燈塔前的最後幾個台階時，東南風還對著我們猛吹，要到下山時才會轉到我們背後。那時我們倆完全暴露在海風之前，而我知道帕金森症病人有多容易失去平衡，也記得派皮爾在玻爾醫生的診所中做「後倒測試」（retropulsion test）時的景況——玻爾醫生把他往後拉，看他能不能維持平衡。

這不是正常的帕金森症病人走路的天氣，連派皮爾走起來都很吃力。但是，今天的他姿勢非常穩定，因為他始終以意識技術來平衡自己，主動調整身體的重心、傾身迎風。以他的年齡來說，他的身材可以說非常標準，雖然腳上穿的是涼鞋而不是更適合走路的鞋子，他依然可以抬起腳來穩定地走。

我們在燈塔頂凝望兩個大洋——溫暖的印度洋和比較冰冷的大西洋——的會合點，之後才回身下山到自然保護區。

「你注意到了嗎？」他說：「下山時我們倆的步伐都比上山快。」他指的是風在背後推著我們。我點點頭，意識到他也通過了大自然給他的「後倒」測驗。

「這裡很像蘇格蘭，只是蘇格蘭更冷一點。」他說。我們一路下山，觀賞佈滿這個自然保護區、非洲人稱之為凡波斯花（fynbos）的漂亮灌林樹叢。如果真在蘇格蘭，這些樹叢就會是帶刺的金雀花（gorse）或石南（heather）。

一被景色所吸引，他就忘了意識技術，拖著腳走路了，再次提醒我們他有帕金森症。

「剛剛因為腳抬得不夠高，大拇趾戳到地面了，這種鞋子不適合走這種路。」他指著涼鞋對自己生氣。

然後他轉過身去看凡波斯花，突然間臉上就有表情了，鄉愁之外，還看得出對身邊野生植物的好奇，唯一不見的是臉上的面具。

返家後五個月的二〇一一年七月十三日這一天，我寫信給派皮爾，問候他的近況，因為我知道，他們夫妻倆要在那個夏天遍遊南非。

他馬上就回信了。

我正在哀悼莎莉，她昨天早晨過世了……她心臟病發作，昏迷後就沒有再醒來……家人都在身邊照顧我，他們和無數帕金森症患者的愛包圍著我，寄予無限的思念和美好的祝願。我真的很有福氣。

幾個月後我打電話過去時，才知道在莎莉過世前派皮爾嘴巴破皮，長口瘡，一位外科醫生診斷他罹患了名叫天疱瘡（pemphigus）的自體免疫疾病，而且三年以上的存活率只有百分之三十。這位外科醫生介紹他去看一位腫瘤科醫生，但是那個醫生開給他的藥讓他的血壓飆到一九〇／一一〇，所以他不敢再吃。後來他寫信給我：「我的家人和我都相信，莎莉絕對不會接受這個天疱瘡的診斷，因為那是絕症……過去的她已經為了我的健康問題吃了這麼多苦，一定無法面對失去我的人生……莎莉的離世使我失去鬥志，只想放棄一切。」信中的「一切」也包括運動，而且在失去妻子的壓力之下，他的口瘡日益嚴重。

幾個月就這麼過去了，二〇一二年三月，一位新的醫生診察了派皮爾的狀況後告訴他，假如他真的染患天疱瘡，不可能到那時還活著，而且還活得很像樣。那位外科醫生認為，派皮爾得的可能不是天疱瘡，而是比較不會致命的「類天疱瘡」（pemphigoid）。他寫信給我：「莎莉在這個誤診訊息出現之前就過世，讓我們都更為這個誤診而難受。」

我又等了好幾個月才再打電話給他，問候他的近況。

派皮爾又出發了，日復一日地走在約翰尼斯堡的馬路上。

第三章

大腦可以自癒

神經可塑性治療法為什麼有效？怎麼做才有效？

前面兩章聚焦在兩種非常不同的療癒方式。麥可・莫斯科維茲用的是「特定神經功能」（specific neuronal functioning issues），利用可塑性的相互競爭特性，透過心智的運作減弱病理的疼痛迴路，重新裝配大腦迴路。約翰・派皮爾採用的則是激進的自我改善方式，以心智強化大腦中本來與走路無關的特定神經迴路；藉由使大腦產生神經生長因子、發展出新的神經細胞、促進大腦循環，運動同時也改善了神經元和膠質細胞的既有功能。

在後面的章節裡，我會聚焦到能量在喚醒大腦、幫助大腦上所扮演的角色；本章要詳述的，則是神經可塑性療癒的階段。這些階段很有彈性，不是非得照本宣科，但是在理解這些階段之前，我們還是得先了解大腦遭遇麻煩時常用的三個處理歷程。

習得的不用到處可見

在撰寫《改變是大腦的天性》這本書時，我看透了三件事。

第一是「習得的不用」不只是發生在中風病人身上。在第二章中，我們看到中風的病人如何歷經中樞神經傳導機能的干擾——中風以後的休克狀態會持續六週，病人大腦功能所剩無幾。陶伯發現在這六週中，中風的病人因為一試再試都挪動不了癱瘓的那隻手臂，於是「學會」了這隻手不能動的教訓，接下來就只能用沒問題的手臂；加上大腦的用進廢退特質，受傷而癱瘓的手臂神經迴路就更加萎縮。可是陶伯也證明了，假如在完好的手打上石膏或用吊帶綁住，讓病人無法使用，再經過密集的訓練，最後那隻癱瘓的手臂便可以回復它的功能，即使超過十年以上，都可以重建功能。

二〇〇七年，陶伯發現大腦因放射治療而受傷也會導致「習得的不用」，後來更發現部分脊椎受傷、腦性麻痺、失語症、多發性硬化症、創傷性腦傷、因癲癇開刀的病人，都可以用他的「限制—引發治療法」而得到顯著的效果。隨後我發現，這個習得的不用也會發生在其他的大腦病人身上，如帕金森症，有時在某些精神疾病上也可以看得到。的確，一旦大腦的功能失去或減弱了，人們一定會想辦法彌補這個失功能——但結果就是使原來的迴路因為不再使用而荒廢。這種習得的不用就算不是全面性，至少也是很普遍的，更表示直到進行訓練之前，都不能判斷病人的某些功能減損到什麼程度，或者還留有多少恢復的機會。

我因此猜測，這個習得的不用在大腦中或許是很平常的現象，因為我們已經知道，一個細胞或比較複雜的器官或有機體如果發現平常適應的環境不復存在時，就會進入冬眠狀態（going dormant），靜待環境回復。

「嘈雜的大腦」與「冬眠」的神經元

第二是許多不同的大腦問題，都是源自發射節奏出狀況的「嘈雜的大腦」（noisy brain）。我第一次注意到嘈雜的大腦這個問題，是在巴基瑞塔（Paul Bach-y-Rita）的實驗室裡，那時他正在治療舒麗茲（Cheryl Schiltz，第七章會談到她）。舒麗茲的平衡系統受到藥物的破壞，所以沒辦法感知人身空間。她說她的心思總是充滿「噪音」，科學家認為，她主觀的嘈雜感覺反映的是神經迴路的狀況：她的平衡系統神經元無法送出足以壓過大腦中所有其他神經元都在發射的背景噪音的強烈訊號。「噪音」這個名詞借用自工程界，本是用來形容系統不能辨識的某個正常訊號，因為跟背景的「噪音」比起來它太弱了。

我的看法則是：當大腦受傷時，不論這傷害是來自毒物、中風、感染、放射治療、頭部重擊還是神經退化性疾病，都會造成一些神經元的死亡，不能送出訊號。其他的神經元雖然也可能受傷，但是——這是關鍵——受傷的神經元不一定就「陷入沉默」。只要是活生生的大腦組織，就擁有活力，即便神經迴路已經「關掉」了，仍然會繼續發送電流訊號，雖然通常比它活化或「開啟」時慢一些。以這個觀點來看，大腦就好像心臟：當心臟的電流系統受損、失去調控發射速度的能力時，心跳的速度就會不一致，有快有慢，造成心律不整（arrhythmias）或是節律異常（dysrhythmias）。

對大腦來說，不規則的訊號會影響所有跟它有連接的網絡，「搞亂」別人的功能——除非大腦可以關掉這些已經受損的神經元。我們已經知道，在許多大腦的問題中，神經元發射不規則或錯誤的發射都是主要原因（如癲癇、阿茲海默症、帕金森症，以及許多睡眠的毛病和腦傷），因為太多訊號無法同步，才讓病人有了「嘈雜的大腦」。好幾位腦傷的專家都認為，節律異常之所以經常出現在神經和精神疾病上，就是因為受損或生病的神經元發射出不恰當的訊號，干擾了大腦的正常運作。我們在老年人大腦上可以看到這個現象，有學習障礙或感覺統合問題孩子的神經元也不能發射出清楚、敏銳的訊號。

當生病的神經元給健康的神經元不規則的訊號，原本健康的神經元就會變得沒有效率，甚至進入冬眠狀態。陶伯的團隊最近做了一個重要的實驗，發現當中風殺死病人「梗塞」部位的神經元時，其他距離已死亡的細胞尚遠、仍然存活的神經元也會出現萎縮或逐漸耗損的現象；而萎縮的範圍，則與病人行動有多困難及後來「限制—引發治療」的功效息息相關（陶伯跟我一樣，認為這些神經元之所以會萎縮，是因為不再能從生病的神經元處得到適當的訊號）。因為大腦是用進廢退的器官，因此，當病人要做某個需要用到這些迴路的動作時，不但會失敗，還會因此造成習得的不用。更糟的是，它們不但不能再做以前就會的動作，也失去了學習新東西的能力，因為嘈雜的大腦無法分辨哪個才是正確的訊號。

總結以上，雖然表面上看起來病人已經不能再做某些動作了，但實際上只有一些神經元死亡，其他的神經元都還活著，只是落難而發射得不規則，造成更多細胞因為沒辦法接受到好的訊號而陷入冬眠。我會在後面的章節談如何照料和提升這些生病的、製造噪音的神經元，簡單地說，就是用能量和神經可塑性的方法來重新訓練這些倖存的神經元，讓它們同步發射，喚醒冬眠的夥伴。

神經元部件的快速集合

神經可塑性有療癒效果的第三個主要因素，來自神經元的特殊性。神經元通常都集體行動，透過廣大的神經網絡互通訊息，而這些網絡也會如神經科學家葛林菲爾（Susan Greenfield）和艾德曼（Gerald Edelman）常強調的，不斷整合成新的「神經元部件」（neuronal assemblies）。在意識活動上尤其如此，因為沒有任何兩個有意識的心智活動是完全相同的，我們的每一個心智活動，神經元的溝通都有些許不同，因此，如果一個人工作了一整天，他的大腦神經網絡一定不停地歷經「組織形成、拆開、重新組織形成、再拆開……」這種其實很基本的運作歷程。從這點來說，活生生的有機體大腦迴路，便迥異於工程機械的硬體迴路：機器只能做它被設定的、有限的動作，而且不管做多少次，同一動作時基本上都完全一樣。

神經元，或說一組神經元，會在不同的時間、為不同的目的做不同的動作——正是神經網絡具有彈性的徵象。一九二三年，神經科學家賴胥利（Karl Lashley）剖開猴子的大腦，在運動皮質區上的某處放入一根探針，觀察到他要看的東西之後就縫合猴子大腦，過一段時間後他再重複這個實驗時，卻發現刺激先前的同一個地方導出的卻是不一樣的行為。如同哈佛大學歷史心理學家波林（Edwin G. Boring；譯註：波林所寫的《心理學史》至今沒有人能超越）說的：「今天的地圖到明天就沒有用了。」

賴胥利的研究給人們帶來希望：**假如神經網絡受傷了，某些情況下，或許會有另一個網絡可以取代之。**

過去科學家認為，記憶或技藝都儲存在大腦某些特定的地方，賴胥利證明他們錯了。他最有名的實驗是教會老鼠做一個很複雜的行為，但在老鼠學會之後，他開始一點一點破壞一般認為皮質負責處理這個行為的地方；令人驚異的是，只要老鼠還活著，就一直能做這個複雜的作業，只是比較慢、比較不精確而已。這個實驗告訴我們，許多行為其實都是集合廣大的神經網絡共同合作的結果，而且這些網絡還有很大的重疊性（redundancy）——這個部分破壞了，其他部分依然可以執行同一個行為。

對非神經學領域的門外漢來說，下面的訊息乍聽起來或許令人震驚，但是很重要：我們的心智活動與神經元的活動有關，當神經元之間形成新的連接時，學習就跟著產生了。有些神經學家會說「我們的思想在我們的神經之中」（our thoughts are in our neurons），這其實是高估了科學的發現。我們說「當思想產生時，神經元在發射，形成彼此的連接」，其實是在說同時發生的兩件事，但神經科學家根本不知道思想是登錄「在」神經元的哪裡，也不知道思想究竟是「在」哪個特定的神經元上（這是很不可能的）呢？還是在神經元的連接中、分佈在整個大腦內？到現在還沒有人能解開這個心智的秘密。到目前為止，我們只知道如果大腦有一部分受損時，其他部分可以接手這個部分原來的心智功能。陶伯的團隊就證實了，大腦什麼地方中風和受傷範圍的大小，與病人用「限制—引發治療」的功效關係不大，只有發生在放射冠（corona radiata）此處的中風例外。

賴胥利是首位提出非傳統另類理論的神經科學家：學習和技術不是登錄「在」某個特定神經元之內或「在」神經元之間的連結中，而是「在」電波的集合模式（cumulative electrical wave patterns）之中，是所有神經元一起發射的結果（後來神經外科醫生普利布倫〔Karl Pribram〕便採用這個假設，發展出他著名的理論，說明大腦如何登錄經驗）。

讓我們來想像一下，如果大腦的功能——比如思想、記憶、知覺和技藝——不是登錄在某些個別的神經元中，而是在電流的模式中（打個比喻，如果形態是樂章，神經元就是演奏這個樂章的交響樂團員），那麼只要還有足夠的神經元來維持這個模式，失去某些神經元並不會影響所有心智功能（例如弦樂演奏者中有一個人生病了，就會有旁人替代他，使樂曲繼續演奏下去）。

所以許多「我是誰」的特性都和我們的登錄經驗有關，也就是存在於大腦創造的能量模式之中。這種經驗登錄的模式，通常能在大腦結構受損後保留下來。其實結構和功能的分野是從機器得來的概念，因為機器可以開和關，但用在有機體上時，就應該想成處理的歷程。機器是靜止的、固定的，可以開起來讓它動，也可以說關就關，隨時讓它停止，但是這個事先設定的結構和這個結構所使用的歷程卻不適用於有機體；有機體的結構是長時間慢慢形成的，功能則是短時間的快速歷程，要了解神經可塑性可以加速癒合，就要把心智活動——如思想——看成很快完成、影響時間卻很長的處理歷程。雖然思想不能使滅亡的細胞起死回生，卻可以刺激任何還活著的細胞組織，讓它自我重組、取代已經受損組織的功能。

療癒的階段

在神經可塑性的療癒上，我觀察到有幾個階段，通常會以我描述的方式出現，但是並非次次如此；有些病人只要經過幾個階段，有些病人卻必須走完全程。

修正神經元和膠質細胞的一般細胞功能是唯一和「配線」沒有直接關係的階段（「配線」指的是神經元與其他神經元連接和溝通的特定能力），這裡要談的是神經元一般性的健康，以及它們和其他細胞共同擁有的細胞功能。很多大腦的問題都來自大腦「配線錯誤」（miswired），因為神經元和膠質細胞受到了外力的干擾（如感染、重金屬中毒、藥物或食物過敏），或是補給不足，缺乏某些礦物質；這些一般性問題最好在開始階段之前就先修正，才能使病人得到最大利益。

一般細胞的修補階段，不僅和治療自閉症、學習障礙和降低失智的機率息息相關，也可以應用到一般的精神病症上。我曾看過有些憂鬱症、躁鬱症、注意力缺失的病人，在排除毒物、不吃某些食物（如導致他們過敏的糖和穀類）之後，病情便大大改善。

這些治療大都涉及膠質細胞。大腦中有百分之八十五的神經細胞是膠質細胞，另外還有個血腦屏障（blood-brain barrier），以保護大腦不受異物的侵入。但因為大腦中並無淋巴系統，而淋巴系統對身體的免疫和修補來說非常重要，所以大腦只能靠少數膠質細胞來阻擋有機體的侵入，這是大腦非常特殊的保護和自我治療的方法。膠質細胞會清除大腦氧化所產生的廢物，使神經元活得更好。

下面的四個階段，便都利用到大腦的神經可塑性來改變神經元之間的連接，從而改變它們的「配線」。

第一，神經刺激（neurostimulation）。本書中提到的所有介入性治療，幾乎都需要某些以能量為主的大腦刺激：比如光線、聲音、電流、震動、動作和思想（會開啟某些迴路）等，都是可以用來刺激大腦的方式。大腦刺激能喚醒受傷部位冬眠的迴路，讓癒合過程進入第二階段，使嘈雜的大腦得以改善自我調控的能力而達到「恆定狀態」（homeostasis）。有些神經刺激來自外界，有些來自內部，

每天都系統化地思考是刺激神經元的特效藥。

當我們在思考特定問題時，大腦中的某些網絡就會開啟，其他的則關掉。這個歷程就是第一章中莫斯科維茲所使用的視像化治療法的機制，一旦相關的迴路被思想開啟後，就會發射訊號，讓大腦把血液輸送到這個迴路來（大腦掃描就觀察得到這個歷程），以提供工作時所需要的能量。我認為陶伯的「限制—引發治療」也是用意圖和動作計畫的思想去激發這種神經刺激，使血液輸送到原本受傷的地方。陶伯的治療法是以動作為本的治療法，但也包括最後的神經區辨（neural differentiation）和學習的階段；派皮爾以意識走路來建構大腦新的神經迴路，也是用思想從內在施予神經刺激的例子。神經刺激是使大腦準備建構新的迴路來克服「習得的不用」的好方法。我在《改變是大腦的天性》中所詳述的那些大腦運動和心智練習，也是內在的神經可塑性神經刺激。

第二，神經調節（neuromodulation）。神經調節是另一個內在的大腦自我療癒方法，可以很快恢

復神經網絡之間興奮和抑制的平衡，使嘈雜的大腦安靜下來。大腦出狀況時，我們就難以調控感覺的輸入，有時是對外界的刺激太敏感，有時卻是太不敏感；經由神經調節能重回平衡。在第七章就會看到，神經刺激如何引發神經調節、改進大腦的自我調控。

神經調節之所以有效的原因之一，是它能對兩個大腦皮質下系統發揮作用，重新設定整個大腦的覺識（arousal）程度。

第一個系統是網狀活化系統（reticular activating system, RAS）。RAS 位於腦幹（brain stem，在大腦底部和脊椎的中間），負責調控一個人的意識程度和整個大腦的覺識程度。RAS 的迴路可以一路伸展到皮質的最高點，幫大腦「充電」，調節我們的「睡眠—清醒」循環。下一章中，我會說明如何以光線、聲音、電流和震動的刺激來對治病人的大腦問題（這些人往往動不動就驚嚇得跳起來，每天精疲力竭），幫助病人沉睡，醒來時精力充沛，發展出比較好的睡眠循環。重新設定 RAS 對大腦的能量儲備很重要，而大腦一旦有了足夠的能量，癒合就會比較快。

神經調節的功效之二在於它會影響自律神經系統。幾百萬年的演化，使人類有了現在自律神經系統的反應，可以在緊急事故發生時想都不用想便做出因應。演化把這些不必想便自動出現的反應建構（build-in）在我們的自律神經系統中，而之所以名為「自主」，就是因為它不需要意識控制。

自律神經系統有兩個很有名的分枝。第一個是交感神經（sympathetic）的戰或逃（fight-or-flight）反應：會使坐而言的人立刻起而行，血液快速送往心臟和肌肉，讓他可以迎擊侵入者或飛快逃走。無論戰或逃都需要大量的能源，所以這個人的新陳代謝要加速，才能使能量派上用場。這個系統天生的設計就是為了保命，所以功能也聚焦在讓人活命上，因此會抑制生長和癒合（譯註：如果連命都沒有了，還有什麼好生長的？在能源的安排上，大自然的優先順序是很清楚的）。許多有大腦病變或學習障礙的人，因為跟不上迎面而來的生活刺激，便經常處於交感神經「戰或逃」的壓力下，覺得絕望、很危險、非常焦慮；也由於一直處在戰或逃的緊急狀態中，就沒有修補身體或學習的餘裕，使得大腦更難改變。

第二個分枝是副交感神經（parasympathetic）系統：它會關掉交感神經系統，使一個人能夠安靜下來思考和反思。既然我們都說交感神經系統是「戰或逃」系統，那麼，副交感神經系統應該就是「休息—消化—修補」（rest-digest-repair）系統了。這個系統一旦啟動，就會引發一連串的化學反應，比如提升生長、保存能量、延長睡眠等等可以幫助癒合的功能，也會重新為粒腺體（mitochondria）充電——粒腺體是細胞內的能源機，會在第四章詳細討論。最近哈佛大學的哈瑟莫（Michael Hasselmo）團隊才剛發現，關掉交感神經系統可以提升大腦迴路中「訊號—噪音」（signal-to-noise）的比例；這個發現非常重要，因為由此可以推斷，啟動副交感神經系統可能是另一個使大腦安靜下來的方法。本書中的許多技術都和開啟副交感神經系統、關掉交感神經系統有關，因為這麼做就可以快速讓人放鬆，準備好從容生長的條件。你會在第八章中讀到，副交感神經系統也能開啟社會連結系統（social engagement system），促使我們跟別人接觸，透過其他人撫慰我們的心靈、支持我們，幫助我們調控我們自己的神經系統。

第三，神經放鬆（neuro relaxation）。一旦關掉戰或逃系統，大腦就可以累積和儲存能源以供復原之用，於是這個人就會放鬆下來，補充睡眠。許多有大腦問題的人也都有睡眠問題，常常處於精疲力竭的狀態中。最近羅契斯特大學（University of Rochester）的尼德加（Maiken Nedergaard）發現，當我們睡覺時膠質細胞會打開特別的管道，讓大腦氧化所產生的廢物和有毒物質（包括造成失智症的蛋白質）透過脊髓液排出大腦；而且，睡眠時這個獨特管道系統的活化程度是清醒時的十倍。這個發現清楚解釋了為什麼失眠會引起大腦功能的衰退：睡眠嚴重不足時大腦就會中毒，這個神經放鬆的階段可以改善大腦中毒物堆積的狀態。

第四，神經區辨和學習（neurodifferentiation and learning）。在這個神經可塑性癒合的最後階段，大腦處於休息狀態，由於原本嘈雜的大腦已被調控到比較安靜，迴路也可以調節它們自己了，所以病人現在可以專注在學習了。這時的大腦就能施展它的絕活：區辨是非吉凶，作出最好的決斷。許多專門給學習障礙者的訓練作業，目的都是強化大腦的區辨力，例如聽力治療就是訓練一個人能夠更正確地區辨語音。有些懷疑神經可塑性治療功能的人會說，這不過是大腦的學習罷了，不是什麼新發現。不過，這個階段的大腦學習與一般心智活動的大腦學習可不一樣。

這些階段共同促成了最理想的神經可塑性改變，我們會在後面各章中看到更多細節，比如第四章就聚焦在重新恢復大腦細胞的健康上，第八章和附錄二也都會再談到矩陣重塑法（Matrix Repatterning

）這個主題，第六章強調神經放鬆，第七章強調以神經刺激和神經調節來重新設定大腦，第五章強調最後的階段——區辨，第八章談聲音，也會向讀者展示，這些階段是怎麼綜合在一起、發揮療癒的力量。

雖然大部分腦傷患者都必須經歷這些歷程，但是本書中很多病人的難題並不來自腦傷，而是病人必須自己建立全新的神經迴路——有些只需要神經刺激和神經區辨就可以達成，有些則需要好幾個不同的介入治療。

在神經可塑性的治療法上，幾乎不曾出現只依賴一種技術就能夠改善的狀況。我們要治療的不是疾病，而是人，因為基因和神經可塑性本身的特性，沒有兩個人是完全相同的，所以也沒有兩個腦傷或大腦疾病是一模一樣的。本來有健康大腦的人如果不幸受了腦傷，當然不能和傷害看來相似，但曾經吸過毒、暴露在神經毒之下、有過中風或嚴重心臟病歷史的人相提並論。大腦受傷的位置也很有關係：如果子彈不幸擊中呼吸循環的中心（腦幹），這個人就會馬上死亡，根本沒有時間給大腦重新配線；如果受損的是注意力中心，做那些幫助大腦復原的大腦訓練也是有困難的。然而，如神經科學家羅伯森（Ian Robertson）所言，有時候即使注意力中心受損，也可以經由神經可塑性來訓練。

下一章要描述的，是一名病人如何引發前三個階段的故事。也因為她優於常人的足智多謀，甚至還替自己制定了一個復原計畫，來觸發神經區辨和學習的這第四個階段。

第四章

大腦借光，重新配線

用光照喚醒冬眠的神經迴路

全心全意照顧病人的經驗告訴我，除了新鮮空氣，次要的是光；也就是說除了密不通風的房間，待在昏暗的房間也會造成極大傷害。病人不只需要光，而且是直接的陽光照射……很多人以為陽光照射的效果只是心理作用，我卻認為絕對不是；太陽不但是個畫家，還是位雕塑家。

——南丁格爾（Florence Nightingale），《護理手記》（*Notes on Nursing*），一八六〇年

很小又很大的醫生休息室

這則兩個陌生人兩度偶然相遇的故事，發生在同一個城市的同一個街區。第一次邂逅的小小醫學講堂，就在我辦公室右邊幾步的地方；第二次偶遇所在的漂亮的柯納廳（Koerner Hall），也是皇家音樂學院（Royal Conservatory of Music）的表演廳，就在我辦公室西邊不遠。

二〇一一年秋末，安大略省醫學協會（Ontario Medical Association）發了一封信給安大略省所有的醫生。我們這些醫生有個位在多倫多市、名喚「醫生休息室」（Doctor's Lounge）的小小協會，成員們每個月在協會總部聽完演講後，都會到那裡聚會，順便一起吃頓晚飯。「醫生休息室」是在安大略省最大的主流醫療組織之下運作的，成員含括各個年齡層，有些人還很年輕，有些人則已經退休，卻全都對最新的醫療和科學新知有興趣。

以前每所醫院都設有一間醫生休息室，讓還戴著手套、綁著手術帽的外科醫生，或已在病房巡視了一整天的醫生可以在那裡放鬆一下，談談他們的病人，討論最新的科學和醫療新聞；這種休息室，也都有著十九世紀末的那種氛圍。但是，進入這個匆忙的世紀後，新式的管理系統和行政人員，以及所謂的「效率專家」（efficiency experts）取消休息室，於是醫生休息室就一間一間地從各個醫院中消失了。頗不以為然的我們，便故意在協會總部成立一個休息室，讓大家可以放開心胸、摒棄成見地到這裡來，談談自己為什麼要學醫、對人體功能的好奇等等。

即使是把我們組織起來的普柯（Harold Pupko）醫師，發給我們的通知也不像大多數組織那樣硬梆梆、死板板。他的通知函以「從黑暗到光明：臨床上的探索」（From Darkness to Light: Clinical Exploration）為題，一開始就引用了波茲克拉比（Potzker Rebbe）的話：「上帝說：讓矛盾出現，於是光便出現了。（And God Said: Let there be paradox, And there was light.）」下面寫著：

光的本質是什麼？光波？粒子？門診的工具？是的，是的，是的，光療已經從新生兒黃疸（neonatal jaundice）、牛皮癬（psoriasis）這些行之已久的治療法，擴及最近流行的季節性情感障礙症（seasonal affective disorder；譯註：即冬天陽光照射不足時所引發的憂鬱症），但是你可能不知道，現在，光療的效用已經應用從傷口的癒合到腦傷……

日期與時間：二〇一一年十二月八日晚上七點三十分

接下來，這張通知繼續向我們解釋，那是一場強調光療在腦傷及其他神經和精神疾病的作用的演講會。

讀到這裡的我不禁停下來思索了一會兒。用光來治療腦傷？光怎麼可能進得了腦殼？那可是堅硬的骨頭。我的確一直密切注意光遺傳學（optogenetics）的最新發展，也知道這是一個幾乎可以用科幻來形容的領域——在實驗室中，基因工程師正在想辦法讓神經元對光敏感。**早在一九七九年，DNA結構的發現者克里克**（Francis Crick）**就已說過，神經科學最大的挑戰就是去找出可以開啟某些神經元而不觸動其他神經元的方式。克里克還猜測，說不定可以用光來打開或關掉某些特定的神經元。**

我們知道有些單細胞的有機體，如海藻，是對光敏感的，一旦暴露在光照之下，細胞內的開關就開啟細胞的活化。二〇〇五年，科學家把這些對光敏感的開關的基因碼植入動物的神經元中，成功讓牠們遇見光就活化這個細胞。有人希望這種手術可以用在人類身上，藉以治療嚴重的大腦疾病，例如用光纖製成的外科手術線穿入受損的大腦細胞中，用光來開或關細胞。這個技術在蠕蟲、老鼠和猴子身上都已經成功，看起來下一個目標就是人類了；但是，這種做法非常具有侵入性，光遺傳學先鋒戴瑟羅斯（Karl Deisseroth）——既是位精神科醫生，也是史丹佛大學生物工程學教授——就很擔心，假如我們用手術方式把異物（光纖）植入人類的大腦，會不會引起免疫系統的反應或其他問題。他認為，目前這還只是一個了解大腦迴路怎麼運作的基礎科學工具，並不適合應用在病人身上。或許有一天，光遺傳學的成果可以拯救生命，但我的希望是它能展現某種更實際、能與大自然一起療癒病人的應用，而不是反自然而行。

光進入身體時，你根本察覺不到

很幸運的，光——即使是自然光——要進入我們的大腦深處並不需要光纖。你以為我們的皮膚和腦殼可以阻擋光的穿透嗎？你錯了，陽光可以穿透皮膚影響血液，初生嬰兒的黃疸只需用光照就會好便是一例。初生嬰兒之所以會有黃疸，是因為肝臟的發育尚未完成，還不能執行所有的新陳代謝功能。我們的身體必須日夜不停地製造紅血球來供給眾多器官的需求，當新的紅血球送到定點，舊的紅血球就必須分解、運走，如果沒有及時處理掉舊紅血球分解時產生的膽紅素（bilirubin，來自膽汁），這種化合物便會累積起來，讓身體產生黃疸的現象。大約有一半的初生嬰兒都有黃疸，通常只會持續幾天，但假如黃疸持續不退，就會是嚴重的問題——膽紅素在大腦中累積會導致腦傷。

醫生對早產兒的救治比較得心應手後，就發現緊接著要面對的是新生兒的黃疸問題。位在英國艾薩克斯（Essex）的一家二次世界大戰時創建的醫院，開始把朝南、緊鄰光照較為充足的天井的病房用來照顧黃疸兒，修女華德（Sister J. Ward）負責照顧這群生病的寶寶，她常常把嬰兒推出病房，讓他們在天井中曬太陽，呼吸新鮮的空氣。當然了，她的做法引起很多醫護人員的焦慮，但是，她照顧的這些寶寶卻明顯開始好轉。有一天，她解開寶寶的衣服給負責那一區的醫生看，寶寶照過陽光的肚皮都再也不是黃色的了。

但是，那時的醫生並沒把她的發現當回事，直到有一天，一個裝黃疸寶寶血液的小瓶被誤放在充滿陽光的窗台上幾個小時，以致樣本送去檢驗時血液變正常了，才總算引起注意。主其事的醫生堅信其中必有錯誤，但是，朵伯斯（R. H. Dobbs）和克林莫（R. J. Creamer）的進一步調查卻發現，儘管原因不明，樣本血液中的膽紅素確實是被分解或代謝掉了，所以小瓶中的血膽紅素含量才會趨於正常。說不定，這也正是華德修女照顧的寶寶在太陽下復原得較快的原因？

這個調查很快就發現，肉眼可見的藍色光波可以穿越寶寶的皮膚和血管，到達血液甚至肝臟，造成了這個療效；於是，用光治療黃疸變成主流。華德修女意外的發現，證明了我們不是一如以為的那麼不透明（opaque）。

事實上，華德修女和朵伯斯、克林莫醫生的發現古已有之，只是被現代醫學淹沒了。羅馬帝國時代最有名的醫生之一，艾菲索斯的蘇倫納斯（Soranus of Ephesus），就已經懂得讓初生的黃疸嬰兒去曬太陽。當時，大部分的非基督教徒都相信光照療法（phototherapy），後來更因為紀念希臘神話中的太陽神希利歐斯（Helios），而被稱為「日光療法」（heliotherapy）。也由於認定陽光極有療效，古代的建築都盡量讓陽光進得了室內；羅馬人甚至有陽光權（right-to-light）法案，保障每一個人都能在自己家中曬得到太陽（後來使他們發展出日光浴室〔solarium〕）。然而，隨著這些法律的乏人執行，光的治療效果也走入了歷史。

一直到南丁格爾——現代護理之祖——時代，醫院才又設法讓病人盡量照得到太陽，但是電燈泡的發明再度排擠了這個短暫的十九世紀陽光治療法。那時很多人都以為，人造燈泡和自然光有相同的全光譜（full spectrum），不幸的是，兩者天差地別。所以醫院的設計不再重視採光，因為當時的科學沒有能夠解釋南丁格爾的洞見——陽光具有療效——的證據。

陽光擁有強大療效的觀念，就這麼從人類眼前消失了千年。**埃及人雖然沒有留下多少科學遺產，卻從不懷疑他們眼睛所見的東西：萬物的生長和存活，都必然與太陽息息相關**。他們崇拜太陽神拉（Ra）——可以說人人都是太陽教的教徒——而且相信太陽神不但會保護他們，更會療癒他們。拉在埃及到處可見，就連法老王拉美西斯（Ramses），都把「拉」嵌在他的名字之中。埃及人和許多後來的非基督徒都把太陽當作主要的生命之源，他們相信所有的生命能量都源自太陽。（當然，有太陽才能進行光合作用，植物才能把二氧化碳和水轉化成葡萄糖——植物能量的來源。甚至就連不必進行光合作用的有機體，都得從吃植物或吃植物的動物那裡得到的能源，也就是說，所有與植物有關的生長都依賴陽光。）

古人也知道，想讓受了創傷的組織癒合便需要去舊生新。古代埃及、希臘、印度和佛教體系的療癒者，都會系統化的讓病人暴露在陽光之下，使傷口癒合。古埃及法老王時代的莎草紙（papyrus）上，便記載了他們從曬太陽得到的醫療效果。所以，許多現代有關光的發現其實只是重新發現罷了，例如二〇〇五年我們就發現，如果把手術後的病人安排在曬得到太陽的房間（相較於只接受到人造光的房間），便可以顯著減低他們的痛苦。

一九八四年，美國國家衛生研究院（NIH）的羅森索（Norman Rosenthal）發現，有些憂鬱症病人可以藉由曬太陽而治癒；最近的一個研究也發現，讓憂鬱症病人照射全光譜的效果就跟吃藥一樣好，而且副作用少。這些其實古代的希臘羅馬人都早就知道了；卡帕多西亞的阿瑞塔斯（Aretaeus of Cappadocia）在西元二世紀寫道：「懶散、無精打采的人要放在太陽底下，讓陽光照射他，因為這種病是陰鬱。」**假如陽光真的會影響情緒，就也一定會影響大腦**。

小學的自然課本早就告訴我們，光進入眼睛，碰到視網膜及上面的錐細胞（cone cell）和桿細胞（rod cell）後，從那裡轉換成電的能量，由視神經纖維的神經元上傳送到大腦的視覺皮質區，產生視覺經驗。

二〇〇二年，科學家發現了從視網膜到大腦的第二條神經迴路。這條迴路的目的和上述迴路完全不同，附著其上的訊息是要送到視神經交叉點上面一個叫視叉上核（suprachiasmatic nucleus, SCN），負責調節我們生理時鐘的地方。

生理時鐘的存在不僅僅是為了計時，還控制著身體主要器官的開和關，既是時鐘也是指揮。視叉上核是下視丘的一部分，兩者的合作好似樂團的指揮，調控著我們的渴望——對飢餓、口渴、性慾和睡眠。調控的工具則是荷爾蒙，同時也影響著我們的覺識程度和神經系統。

古代中國人就已知道身體的五臟六腑都有自己的時鐘，某個時辰最活躍，某個時辰則正好相反。例如，心臟在正午時的活動力最強，因為我們白天要活動，晚上要睡覺；消化系統則在飯後最活躍。腎臟在睡覺時是不活躍的，所以我們晚上很少起來小便；但是年紀大時為什麼起來的次數變多了？這是因為器官的時鐘老了，就像鐘老了不再那麼準確一樣；神經元的發射變得不規則，就好像年紀大了大腦越來越嘈雜。

每天早上我們醒來時，光線一進入眼睛就會被傳送到視叉上核，依序喚醒我們的器官。太陽下山以後，眼睛就送出「外面沒有光線了」的訊息，視叉上核於是送出訊息到我們的松果體（pineal gland），它就釋放出褪黑激素（melatonin）——一種使我們「愛睏」的荷爾蒙。蜥蜴、鳥類和魚類的松果體比人類更接近腦殼，所以光線很容易透過比我們薄的腦殼直接刺激松果體，使它特別類似眼睛（所以松果體又叫第三隻眼睛）。我們是從這些動物演化來的，所以**我們的腦殼也不是像保險箱一樣封得緊緊的，因為不管如何演化，大腦都必須不停地評估外界，並與光互動**。

我們平常與光的聯結幾乎都和視覺有關，別的不論，人的視覺處理歷程就可以說是超越想像之外的奇蹟（譯注：無論任何刺激，進入大腦後就只是電脈衝而已，但我們卻「看」得見各色影像，「聽」得見各種聲音，真是不可思議）；然而，我們與光其實只是很基礎性的關係。光會同時開啟有機體的化學反應——不只是作用在植物上。單細胞有機體沒有眼睛，但是外層的細胞膜中有對光敏感的分子，從光汲取能源。舉例來說，生長在鹽沼中的嗜鹽桿菌（*halobacterium*）之所以能從橘光得到能源，就是靠對光敏感的分子把光轉換成能源；當這個對光敏感的分子接收到橘光後，有機體就會趨向光源以採集更多的能量，而且會避開紫外線和綠光。不同的光波既然會對有機體產生不同的效應，就表示光的頻率不僅能量有異，同時還攜帶著不同的訊息。很有趣的是，有機體表層這些對光敏感的分子，從結構上來看很像人類視網膜上對光敏感的分子「視紫質」（rhodopsin），顯示我們的眼睛是從上皮細胞演化來的。

這種對顏色的超敏感，也同樣存在於個別的細胞與我們身體的蛋白質中。一九七九年，莫斯科大學的馬丁奈克（Karel Martinek）和布瑞辛（Ilya Berezin）便發現，我們的身體裡也有很多對光敏感的化學開關和放大器。不同的顏色或光波有不同的效應，有些顏色會刺激身體裡的酶（酵素），讓我們工作得更有效率，還可以開啟或關掉細胞的處理歷程，改變這個細胞所製造的化學物質。一九三七年諾貝爾生醫獎得主聖捷爾吉（Albert Szent-Györgyi）發現，當電子在我們的身體中從一個分子換到另外一個分子時——我們稱之為電荷轉移（charge transfer）——這些分子通常會改變顏色；也就是說，它們改變了自身所送出的光的類型（這方面螢火蟲就很出色，牠的螢光素酶會產生大量的可見光）。所以人類會與光邂逅的不只是皮膚，身體也不是黑暗的洞穴；細胞裡，光子會閃光，能量會轉換，產生瀑布般的顏色轉變。問題是，有沒有人用南丁格爾的美麗隱喻，找到一個不但可以用光和顏色「描繪」頭的表面、還能「雕塑」大腦神經迴路的方法？

演講和邂逅的機緣

二〇一一年十二月的一個星期四，我在下午七點一刻看完最後一名病人後，就走到附近的安大略省醫學協會的辦公室，想去做件特別的事。那時我已經知道，當大腦的細胞組織受損時，通常也可能會刺激有著相同心智經驗——諸如運動、動作或對世界的感知——的健康細胞組織，重新組織，形成新的連接，有時甚至還會長出新的神經元來取代受損組織失去的認知功能。但是，前提是必須還有一些可以取代受損組織的健康組織。我想知道的是：光療法是否可以幫助大腦療癒它還在生病的組織？光可以療癒神經元的一般細胞功能嗎？假如這是可能的，那麼，光就提供了一個解決大腦問題的新方法。在大腦細胞正常化之後，神經元可以被訓練來重新組織它自己，取代失去的認知功能。

當我和同事各自拿了自助餐點，打算坐下來和幾位醫生同事邊吃邊聊天時，我看到房間另一端有位地中海型五官和皮膚顏色的黑髮窈窕婦人，戴著眼鏡的臉龐透出聰明與智慧，正踩著小心謹慎的步伐朝我走來。一直走到我面前後，她才很慢的開始說話。她說她覺得我很面熟，卻想不起來曾在哪裡見過我，很想弄個明白，所以特地走過來問。然後，在她自我介紹「我叫蓋比里拉‧波拉德（Gabrielle Pollard，以下簡稱蓋比）」之後，我也說了我是誰，但她還是不認得我，我也還是不認得她。

從她很小心的走路、緩慢的說話看來，我猜想她可能有腦傷，似乎也有個人的原因才會來聽這場演講；不一會兒，演講就開始了。

第一位演講者康恩（Fred Kahn）是一般外科和心臟血管的專家，身材勻稱，滿頭白髮覆蓋住前額。雖然他看起來像七十多歲，其實已經八十二歲了，而且還每週都工作六十個小時以上。古銅色的皮膚一看就知道經常曬太陽，和底下的聽眾對比起來尤其明顯，因為他們全都年輕、蒼白、有很怕得皮膚癌的陽光恐懼症（heliophobes），只知道陽光很危險，卻忘記人類的演化不可能沒有太陽。康恩每週至少曬四個小時太陽，週末時更多；一週游泳四次，經常在清新的空氣中長途漫步，即使站在講台上，穿著還是很休閒，有著在安大略鄉下長大的那種溫和、平淡、實話實說的風味。

後來我才知道，康恩一九二九年出生在德國的猶太家庭，經歷過一九三八年十一月九日納粹一夜之間燒光德國猶太教堂的恐怖事件。在二次世界大戰爆發前三週，他和家人拋棄了所有財產，先是逃到荷蘭，全最後移民到加拿大的安大略務農維生，所以他是在農場長大的，每天走十公里路去上學，也曾在太陽底下打赤膊做工一整天，十歲就會開曳引機（當然是違法的事），有著傳統農民的美德，愛護大自然。

他靠獎學金進入多倫多大學醫學院就讀，畢業後成為外科醫生，最後在安大略省北邊一家規模龐大的礦業公司附屬醫院擔任外科主任。由於精力過人，他一個人就取代了原先四個人的工作，還同時管理兩間開刀房。曾經到麻省總醫院（Massachusetts General Hospital）學習血管手術，也去德州的貝勒（Baylor）醫學院向當時最好的外科醫生古力（Denton Cooley）求教；古力就是史上第一位成功移植人工心臟的醫生。然後，他又到加州學習血管方面的手術，如動脈瘤（aneurysm）、頸動脈繞道手術等等。他是美國軍方的醫療顧問，創設了一所有兩百五十張床位的醫院，還從行政主管做到外科主任，在那些年中，他動過的大手術超過兩萬個。

「我進入雷射領域，到現在已經超過二十年了；」他開始演講：「因為我很喜歡滑雪，有一次不小心弄傷了肩膀，演變成慢性問題。」他滑過很多的高山，包括阿爾卑斯山，但有整整兩年因肩傷而幾乎動彈不得，更不要說滑雪了。「注射類固醇幫不上什麼忙，所以我的外科醫生建議我開刀治療，可我自己就是外科醫生，很清楚他們會怎麼做，而且知道效果不會有多好，所以我沒有去開刀。」他繼續忍受著疼痛，直到有一天，一位他認識的整骨師（chiropractor）跟他說：「你何不來試試我的俄國雷射？」

這位整骨師有一部老舊的俄國雷射機，當時是一九八六年，冷戰雖然還未結束，但已經有一些簡單的俄製儀器流通到西方來。康恩因此試了一下雷射，想不到經過五次照射之後，他那痛了兩年的肩膀居然就好了。這個雷射是低強度的，不是那種可以燒透皮膚的高強度熱雷射。

康恩因此迷上了雷射，當他找尋科學文獻、研讀過之後更發現，這個低強度的雷射治療之所以有效，是它會幫助身體統帥自己的能源和細胞的資源來自我治療，而且沒有副作用；看起來雷射可以治療一些當時無法治癒的疾病，減低病患對藥物或手術的需求。只因為對雷射的著迷，他甚至情願放棄如日中天的外科事業，轉而投入光的研究。

低強度雷射（low-intensity laser）治療法目前已有三千多篇支持的論文，也有兩百多個具成效的臨床實驗，但是主流醫學界卻少有人知。那是因為大部分的這類研究是在俄國或東歐，那些鄰近中國、西藏和印度的國家做的，相對來說，東方世界會對能量在醫學上扮演的角色比較有興趣，所以西方世界往往不大清楚這方面的研究。

二〇一一年的那個晚上，康恩的演講多半集中在光的科學和雷射如何在細胞的層次刺激癒合的歷程，兼也解釋了強、弱雷射的不同之處。有炙燒感的是高強度雷射（high-intensity lasers，又稱為熱〔hot〕雷射或高溫〔thermal〕雷射）會摧毀組織，所以只用在外科手術切除生病或壞掉的組織上；康恩用的低強度雷射（又叫軟〔soft〕雷射或冷〔cold〕雷射或低度〔low-level〕雷射）可以幫助癒合，沒有或只有輕微的熱度，能夠改變細胞、幫助生病的細胞產生能量，治癒自己。

正常的光能是巨大電磁波中的一部分，每一種電磁波——包括無線電波、X光、微波——有自己的波長；大部分的電磁波肉眼都看不見，人類只能看到四〇〇～七〇〇奈米（nanometer，一公尺的十億分之一）的光，從紫色（四〇〇奈米，有著最多的能量），然後靛、藍、綠、黃、橙，最後是紅（七〇〇奈米，光能最低）。所謂自然光，就是所有這些光波的總和。雷射治療最常用的是波長六六〇奈米的紅光。不過，紅外線的波長是在八四〇到八三〇奈米之間，因為已在我們的可見度之外，所以肉眼看不見（所謂「看不見的光」聽起來好像有矛盾，但是它的確是光，也具有光子和能量。夜間用的「夜視鏡」，就是用特別的方法收集、放大這些肉眼看不見的光）。

雷射的獨特處之一，就是它可以產生非常純淨的光，也就是說波長可以準確到奈米的單位，雷射因而說是單色（monochromatic），我們也能夠準確製造出諸如六六〇奈米、六六一奈米或六六二奈米的雷射光束。使用低強度雷射時，精確尤其關鍵，因為有的時候，某個特定波長可以幫助細胞組織的痊癒，多一點或少一點的波長就不行。

雷射的另一個特性是它的光可以對準某個定點，所以光的能量就能聚焦在那狹窄的光束上。而大部分光源的光，如電燈泡或自然光，都是四散而出的。

第三個特質是雷射的強度。一顆一百瓦（watt）的電燈泡，能在三十公分之外投射千分之一瓦的能量到你的眼睛，但是一瓦的雷射就比一百瓦的電燈泡強上一千倍。所以跟自然光比較起來，雷射的光是聚焦的，英文也才會用「有雷射般的注意力」（laserlike focus）來形容某個人。雷射筆製造出的光束雖然細如鉛筆芯，卻能維持遠方目標點上的聚焦，所以天文學家常用它來指出星辰所在。

講完理論的部分後，康恩就秀出「之前」和「之後」的圖片，讓每個人看了都非常震驚。

他所展示的「之前」幻燈片，顯示病人有非常嚴重的傷口，皮膚無法接合，骨頭和肌肉因而外露。很多病人的這類傷口超過一年以上，所有已知的療法都試過了，也都不見成效；有的病人甚至被告知「傷口好不了，必須截肢」。然而，在幾次雷射治療之後，身體便開始療癒自己的傷口，持續治療幾個星期，傷口就癒合了。其他的「之前」幻燈片，還包括痊癒不了的糖尿病人潰瘍、可怕的疱疹感染、車禍造成深糟似的傷口、帶狀疱疹、嚴重的燒傷、毀人容顏的牛皮癬、駭人的濕疹——這些一般治療法束手無策的病，後來全都用雷射治好了。因為雷射會促發膠原蛋白（collagen）組織的生長，蟹足腫（keloid）變得平整許多，一般老化的皺紋、眼袋也能大大改善。

其他的幻燈片包括一些變黑的肢體，有的是因為血液循環差、動脈粥樣硬化（atherosclerosis），有的是凍傷，本來只有截肢一途，卻都被雷射救回來，回復到健康的粉紅色。因為那時的康恩已是血管外科醫生，所以常被找去拯救壞疽（gangrenous）或受感染的肢體；這類傷口通常無法癒合，即使把身體好的部位的血管移植到快要死的肢體上也救不回來，但他都用雷射光救了他們。這些問題之所以會發生，是因為病人的身體無法提供受傷組織所需要的血液，做為一個血管外科醫生，他知道好的血液循環是身體自我癒合的第一要件。不過，促進血液循環只是雷射光許多功能中的一項。

他也向我們展示了一些意外被雷射治好的案例：被撕裂的阿基里斯腱（Achilles tendon）、腿筋斷裂，甚至退化性骨關節炎——成因是軟骨磨光。軟骨就好像是關節之間的枕頭，一旦軟骨逐漸消失，我們走路時骨頭就會相互摩擦，造成發炎和疼痛。幾十年來，醫學院都教我們「軟骨沒有了就無從取代」，所以一般的治療法就是給病人止痛藥，可止痛藥吃多了會上癮；我們也會開給病人抗發炎、消腫的藥，但是這些藥吃久了會有副作用。光是美國，一年就有超過一萬六千五百人因為吃這些消炎藥引起胃腸出血而死亡，人數比死於愛滋病的還多。但是，為了減輕疼痛，骨關節炎病人又不能不長期服藥。

接下來康恩讓我們看的，是經過雷射治療後病人重新長出軟骨的照片，同時引用好幾篇研究，證實雷射可以幫助動物重新長出正常的軟骨，也會增強軟骨細胞的製造。好幾個最近的實驗都顯示，低強度雷射在治療人類的骨關節炎上非常有效。

康恩也展示了類風濕性關節炎（rheumatoid arthritis）的治療案例。一名十三歲就染患類風濕性關節炎的女孩，一直受苦到十七歲，才在雷射的幫忙下有了很大的進步。經過二十八次雷射治療後，她那久已不能運用，變形得像香腸一樣的手指終於變回正常的手，可以運用自如了。更令人驚異的是，椎間盤突出（herniated disc）的病患，竟然也靠雷射治療痊癒了，身體不知怎的，重新推回了突出的椎間盤。雷射也對各式各樣的疼痛症候群和纖維肌痛症（fibromyalgia）大有助益，有些人的免疫系統糟到使他們的腳感染了看起來很像花椰菜梗的疣（warts），雷射也治得好。此外，各色運動傷害，如膝蓋、臀部和肩膀，以及重複性的拉傷、撕裂傷，雷射都幫得上忙，使許多病人避免了膝蓋和臀部開刀。康恩說，包括創傷性的腦傷、一些精神病症和神經受傷等，現在也出現了很多正向的雷射醫療報告。

康恩演講時，坐在我後面的蓋比一直動來動去，還時而站起來走動，進進出出了好幾次。她沒有辦法一直仰著頭看講台，也好像很懼怕周邊的聲音，覺得那些聲音就要把她淹沒了。她也受不了那些沒有癒合傷口的圖片，後來我才知道原來她並不是醫生，所以很不習慣血淋淋的圖片。

第二位演講者是索馬克（Anita Saltmarche），他的演講內容聚焦在腦傷、中風和憂鬱症的光療法上。索馬克是名有研究背景的註冊護士，當她在安大略雷射公司做事時，對光療法產生了興趣。曾有一位整骨師（chiropractor）來上她講授的光療訓練課程，和她談起一個個案：一名智商超高（Mensa-level IQ）的女教授，七年前發生車禍。她停在十字路口等紅燈時，被一輛車以將近九十公里時速從後衝撞，她的膝蓋因為劇烈撞而粉碎，日後導致關節炎，頭部因瞬間往前又向後急盪，造成創傷性腦傷。

她的腦傷症狀十分典型，使她無法集中注意力或順利入眠。光是花二十分鐘在電腦上，就會讓她精疲力竭而無法專注；也由於沒有辦法好好完成一件差事，她最後只好辭職。當她想開口談話時，心中想說的字經常出不了口，也失去說兩種外語的能力，常會因為非常憤怒所失去的一切而爆發脾氣。在第二次嘗試常規的神經復健失敗後，她甚至企圖自殺。

她去找整骨師是為了用雷射來治療關節炎的膝蓋，結果發現很有幫助。於是她很想知道：雷射能不能治療她的腦傷？

整骨師不敢輕率嘗試，所以才在聽了索馬克的課後，請教她用雷射照頭安不安全。「低度雷射治療已有四十年的歷史，都很安全而且沒有副作用。」索馬克說，表示她也認為可以。因為她知道大腦的哪些地方與這位女教授失去的認知功能有關，所以她建議把光源定位在大腦的八個區域。不過，她使用的光並非雷射，而是在紅色和紅外線範圍內的ＬＥＤ光，也有一些與雷射相似的特質。

這位女教授才接受她的第一次治療，回家後便連續睡了十八個小時——自從車禍以來，她從來沒這麼好睡過。然後，她的病況開始有了顯著的進步。首先是可以正常工作，即使一連花幾個小時在電腦前工作也不會疲倦，甚至還自己開起公司來。她的外語能力逐漸回身，憂鬱感也減輕了——雖然在想要一心多用、同時做好幾件事情時還是很容易覺得挫折，這是她唯一還沒挑戰成功的地方。她同時也發現，必須持續接受治療才能維持進步，一旦停止光療（一次是得了重感冒，另一次是跌跤），原先的症狀就又會回來。索馬克說：「很有趣的是，當她度過『光假』後再回來接受光療時，都會剛好從上一次的程度開始進步。」她的醫生承認她有顯著的進步，但不認為是光療的關係。

索馬克告訴我們，目前她正和哈佛、麻省理工學院和波士頓大學的團隊一起做實驗，主持人是奈瑟（Margaret Naeser）教授，成員之一的哈佛教授漢伯林（Michael Hamblin），更是研究光療在細胞層次的世界級專家，目前在麻省總醫院的魏爾曼光醫學中心（Wellman Center for Photomedicine）做研究，專長是用光活化免疫系統來治療癌症和心臟病，最近也延伸到腦傷的治療上。這個波士頓團隊根據實驗室的研究成果，將雷射治療用到頭頂上——跨顱磁雷射治療（transcranial laser therapy）——發現效果很好。奈瑟既是波士頓大學醫學院的研究教授，也曾經用雷射治療中風和癲癇的病人，更是雷射針灸——把雷射光打在穴道上——的開拓者。

幾千年來的中國人一直認為，我們身體中有許多名喚「經絡」的能量通道，可以通到內臟器官。另外，中國人也認為身體表面有許多穴道，也就是「針灸點」（acupuncture points），可以用細針刺激它們來治療各種疾病。這些穴道都會對壓力和熱起反應，所以最近幾年，研究者已發現電流和雷射都可以透過穴道影響經絡，達成療效。雷射更是無害又不痛，純粹只是把光打進身體中。奈瑟很驚訝地發現中國幾千年來就是用針灸在治療中風後，於一九八五年遠赴中國學習針灸。在那裡她看到許多中醫已不再用針而改用雷射來治療因中風癱瘓的病人。回到美國再做研究後，她更發現，如果用雷射打到因中風而癱瘓的病人臉上和其他部位的穴道，就可以顯著改善他們的動作能力；大腦掃描顯示，假如病人被破壞的運動神經迴路不到一半的話，這種治療就能取得效果。

波士頓團隊的病人中有一位高階女性軍官，由於打橄欖球和跳傘意外，遭受了雙重腦震盪傷害。核磁共振的圖片顯示，她有一部分大腦因為受傷而萎縮；但在經過四個月的光療後，已經能重回工作崗位——前提是她得繼續接受光療，一旦停止光療情況就會惡化。索馬克的團隊目前正在美國進行的一個大型研究發現，他們的中風和腦傷病人在接受治療後認知功能都有改進，睡得較安穩，能夠控制情緒，不像一般腦傷的病人那樣情緒常會突然強烈爆發，造成別人的困擾。

蓋比的光療之旅

演溝結束後，蓋比便起身去找索馬克，告訴她自己在神經上和認知上遇到的困難，表明參加波士頓團隊這個大型計畫的意願。

由於康恩演講時並未說明，我只好跟著別人一起排隊，等著問他會在哪些腦傷上應用雷射療法。

可當我還在排隊等待時，蓋比已帶了一位年長的紳士走過來找我；她說那是她的父親，波拉德醫生。戴著眼鏡的波拉德醫生口音有濃重的英國腔，原來是年輕時在劍橋讀醫的關係，他現年八十一，只比康恩小一歲。

波拉德醫生說，他認出我就是蓋比在讀的那本書的作者，蓋比也才想通，為什麼她會覺得我的臉孔很熟悉，原來就是因為書上有我的照片。「沒出事前，我對面孔的記憶力很好。」她說，然後就告訴我她是怎麼失去心智能力的。

出事前蓋比已經離婚了，自己一個人住，當家教幫助有學習障礙的學童來養活自己；不但以音樂為生活的中心，也是合唱團的一員。二〇〇〇年時，她開始感到聽力衰退，於是去做電腦斷層掃描（CT scan）和核磁共振，兩者都顯示她的大腦有問題，尤其是後腦；但是她的醫生無法確定是什麼問題，所以決定暫不開刀，持續以核磁共振觀察。那一年，蓋比三十五歲。

到了二〇〇九年，醫生才診斷她是長了腦瘤，但也認為應該是良性的。良性歸良性，腫瘤還是會不斷變大，而且要是長在不對的位置，即使良性腫瘤也會致命。她的腦瘤便是擠進底部連接脊椎的小口，長到大腦外面來；由於這個口很小，腫瘤一塞進來就壓迫到原來的神經，使得神經必須繞過瘤才能到達大腦，而且小腦也逐漸受到壓迫。小腦是掌管手指精細動作、平衡和思想的地方。不用說，脊椎上端的腦幹也一定會受到擠壓，所以被迫移向右邊。她的腫瘤被診斷為「脈絡叢乳頭狀瘤」（choroid plexus papilloma, CPP），這個腫瘤細胞和製造腦脊髓液的細胞是一樣的。

因為瘤的位置，她的手術必須非常精準——這麼小的地方裡聚集了許多與生命有關的神經。「找到神經外科醫生的時候，我已經有可能會死於手術的心理準備。」她告訴我。醫生說她可能會失去一邊的聽力，手術後吞嚥也可能有困難，說不定往後的大半輩子都不能吃、不能喝，也不太可能說話或走路，更可能會中風。醫生說：「你有百分之三到百分之五的機率會很生氣我替你動了這個手術。」但是當她問到假如不動這個手術會怎樣時，醫生的回答是：「你生我氣的機率會升高到百分之百。」這是因為，那個腫瘤一定會繼續長大，最後勒住她的呼吸中心，使她死亡；不過，醫生也告訴她，手術後的她也有可能過得比過去十年都好。

她在二〇〇九年十一月動手術，結果是救了自己一命。腫瘤果然是良性的，她也很高興手術後四肢都有感覺了；但是沒多久她就感到吃和吞嚥都有困難，而且一直反胃想吐，後來還多了平衡和走路的問題。「整整折騰了一年半，我仍然得依靠助行器（walker）才能行走，頭還是只能垂著，怎麼也抬不起來，而且隨時想吐。」她講話口齒不清，無法發出正常的音量，「所以我說話別人幾乎都聽不見，」她說：「但是最恐怖的經驗是失去心智功能——我的認知能力和記憶。我可以想得出一個東西的圖像，卻記不起它叫什麼。我想說叉子時，脫口而出的卻是刀子，我知道錯了，卻拿它沒辦法；另外，我也不再能一次做兩件事。」

她失去了短期記憶能力，一秒鐘以前才剛放下的東西，一秒鐘之後就忘記放在哪裡了；有時候她遍尋不得的東西其實就在她的手裡，因為她已經忘記剛剛才拿在手上。只是很平常地隨手摘下眼鏡，她就可能得花上兩個小時去找——儘管她的公寓只有一千五百平方英尺（約四十二坪）大。當別人跟她說話時，她都得央請對方重複好幾次，因為聽到後面就已經忘記前面講了什麼（譯註：語音的短期記憶大約二十秒長）。「我認不得物件，」她說：「而且只看得見眼前正中央的東西。媽媽會帶我去超市，假如我想買柳橙汁來幫朋友做水果沙拉，要是眼前的柳橙汁是二公升裝的，我知道這樣太多，我用不完，卻無法看到它的左邊或右邊有沒有一公升裝的柳橙汁。有一次，我把兩條黑色的運動褲擺放在電腦鍵盤旁邊，之後又在上頭放了個比褲子小得多的東西，結果是花了三個星期才找到這兩條褲子，雖然它就在我每天都要使用的鍵盤旁邊，但我只能看到表層的小東西，看不到它下面的黑色運動褲。」

她也無法再用眼睛追蹤物體了。「我一輩子都在讀樂譜，也一直都可以邊看邊彈或邊看邊唱。但是，手術後第一次回到合唱團去時，樂譜上的音符不但全都失去意義，看完這一行後我甚至不知道應該接著看下一行。」

就像所有腦傷患者一樣，聲音尤其讓她困擾。她對聲音異常敏感，一般人聽來普通的音量對她來說是難以忍受的噪音，大賣場那種一再重播的音樂更會使她抓狂。音樂曾經是她生命的喜悅，以往她每天都唱歌，現在卻成生命不可承受之重。不管處在任何團體中，要是同時有兩個以上的人在說話，她就受不了。她的平衡感更糟到必須扶著牆壁才能走路。

她已經精疲力竭了。

「我是很堅強的人，」蓋比告訴我：「曾經有過很多艱難的生活經驗，但我有很強的宗教信仰，總覺得自己並不孤單，不管是多大的困難，我都覺得有它美好的另一面。」

她開始從經驗中學習，希望這些經驗不會白費，最少也能對別人有點幫助。她研究自己為什麼會這麼容易心智疲倦和能量的狀況。「手術後，我覺得每一個細胞中的能量都被吸走了。」她說。這種情形持續了十個月，哪怕只是最輕微的活動，都必須休息一陣子，有時一休息就是好幾天。她的身體儲存不了任何備用能量。

「我以前一直認為大腦是我思想的所在，從來沒把它想成是一個肉體的、掌管所有我做的事的器官，也就沒意識到必須用一份能量同時支持大腦和身體。假如我把能量用來處理心智上的活動，就沒有說話的能量，也走不動或甚至站不起來。

「我知道這是該去買無線電話機的時候了，躺在沙發上時，如果電話鈴響起，我就會覺得好像身在無人島上，沒有力氣挪動四肢，讓自己從沙發爬起來接電話。我覺得，自己就像電力耗盡的電池。

「每一次復健時，只要一到達某個新的技能程度，我就沒有能量可以做其他的事了，因為我的能量已經在建立新技能和將它納入生活中時耗盡，再也沒有任何力氣了。要是碰上挫敗，就要花上兩個星期才能從動彈不得到做一點小運動，往下一個層次前進一點。」

聽眾慢慢散去時，蓋比又告訴我一件她覺得很奇怪的事：看東西時，某些圖案她特別不能忍受。「當復健科的工作人員穿著有深藍和黑色條紋的襯衫時，我就會覺得那種平行線的強烈對比像一種視覺的尖叫，我只好請她在襯衫外面披上一條毛巾。」

聽到這裡，我已經大略知道她的病情了。蓋比所有的問題，幾乎都可以用腦幹受損和功能不良來解釋；腦幹處理絕大部分的顱內神經所傳遞的訊息，從掌管臉到頭的訊號都是它在處理（譯註：所以腦幹又叫「生命的中樞」），顱內神經共有十二條，其中一條控制著平衡系統接受從內耳半規管送過來的訊息。「腦幹受傷」四個字，就可以解釋她走路時小心翼翼的樣子和她的平衡問題。

她對聲音的超級敏感，也可以歸因到腦幹上。我們的耳朵可以專注在某個頻率上，遮掉其他的頻率；如果這個系統受損，聽到的就會是巨大、混雜的聲音，因為耳朵的調控機制損壞了（我會在第八章中詳細討論）。因此，蓋比不能夠忍受大賣場的噪音、回音，以及餐廳、咖啡館的輕音樂，喜歡一次只聽一個人講話。

大腦一旦受傷，往往就不再能綜合各處送進來的感官訊息，例如保持平衡需要綜合內耳半規管的訊息（告訴你位置）、眼睛送進來的訊息（追蹤環境中的地平線，這有一部分也是腦幹的功能），以及腳底送過來的訊息。當這些系統不能同步時，那個人就會失去方向感，不知自己身在何處，也就是有我們常說的「感覺統合問題」（sensory integration problem）。

有關蓋比所經驗到的視覺尖叫（不能忍受條紋襯衫），我當下的揣測是因為當她處在不平衡的狀況下，大腦拚命想找地平線來定位她在空間的位置；另外，她的視覺系統的發射也有問題，因為有一部分屬於受損傷的平衡系統，兩者疊加起來就有了她的症狀。當大腦感覺的部件因受損而出狀況時，很容易隨便就發射訊號，我們也就覺得感覺負荷過量了。

感覺系統有兩種神經元，一種由外在的感覺所興奮，另一種則是抑制的神經元，會降低感覺、使大腦不會衝過頭，只讓恰到好處的刺激量進入（如當鬧鐘響的時候，大腦就會因為興奮的神經元在發射而大受刺激；但是，假如刺激太強，負責抑制的神經元就會降低音量，使我們不至於受到過度的刺激）。當專責抑制的神經元受損時，病人就會感受到感覺負荷過量，有的時候，這種感覺還會造成傷害。當我告訴蓋比這些感覺統合問題時，她說：「哇！原來我的這些症狀是這個原因。」立刻鬆了一口氣。

聊著聊著，蓋比的父親看到康恩醫生有空了，便走過去和他說話。蓋比的父親知道，她手術後的那兩年間，也一直為毛囊炎（folliculitis）——一種慢性的手術後背上毛細胞囊泡發炎——所苦，抗生素或其他醫療方式都束手無策。因為康恩醫生有很多治療皮膚問題的經驗，所以他代女兒去詢問：「雷射會有幫助嗎？」康恩向他保證，邀請他們隨時都可以去他的診所試試。

一起走出門外時，波拉德醫生說要送我回家。他們的車其實就停在我辦公室過去一點的地方，但這一點點距離我們卻走了很久，因為蓋比每一步都走得很艱辛，我們不能不慢下來陪伴她。終於走到車旁後，在開到我家的短短幾分鐘裡，我們簡短交換了對當晚演講的看法。我覺得光療對蓋比應該有效，因為她的手術很可能切過組織，不但因此產生傷疤，還造成了手術附近地方的發炎。我懷疑她有

「嘈雜的大腦」及「習得的不用」，而且不是所有跟腦幹有關的迴路神經元都死掉了，有些可能只是因為受損而送出病理的訊號，也可能有些神經元陷入了冬眠狀態。假如雷射可以癒合發炎，提供比較好的血液循環，多給細胞一些能量的話，她就可能會像其他腦傷病人一樣受益。我們同意保持聯絡。

拜訪康恩的診所

接下來的那幾個星期裡，我常到康恩的診所及實驗室學習雷射如何作用的知識，也透過他的員工學會使用雷射。康恩的診所叫做「醫技」（Meditech），有四十五名員工，大部分是臨床治療師，也有一個設計雷射的實驗室。我去拜訪的目的，其實是想知道雷射如何影響大腦，但在那之前，我必須先知道雷射如何產生作用，看看雷射怎麼治療一般身體的痛苦。

康恩告訴我，在被光療治好肩膀後，他就讀遍了有關雷射的科學論文。過去的他，不但不了解這麼多不同的光波、頻率的治療法，也不知道在不同的疾病上，不同的治療師、醫療機構採用的劑量也各不相同，所以他花了很多時間向俄國的科學家卡魯（Tiina Karu）學習。卡魯是俄國國家科學院（Russian Academy of Science）所屬的雷射與資訊技術研究所（Institute on Laser and Informatic Technologies）旗下的雷射生物學和醫學實驗室（Laboratory of Laser Biology and Medicine）主任，當時已經是雷射癒合組織的世界級專家。一九八九年學成歸國後，康恩便和多倫多里爾森理工研究院（Ryerson

Polytechnical Institute）的工程師聯手，發展出一種可以調整的雷射——他們稱之為「BioFlex 雷射治療系統」。這種雷射可以製造出無限種類的光療方式，也能用在臨床和基礎研究上。緊接著康恩更花了很多年時光，逐一驗證哪種雷射對不同膚色、年齡、體脂組成及疾病種類的病人比較恰當，發展出各式各樣的療程。

雷射的物理學

雷射（Laser）是「激射光波放大」（Light Amplification by Stimulated Emission of Radiation）這個詞的縮寫。早在十七世紀，光就被認為是連續的波——在空間穿行時就像波浪在水中前進（這就是為什麼科學家會用「波長」〔wavelength〕來衡量光）。但是愛因斯坦（Albert Einstein）發現光也可以用粒子（particle）的觀念來理解，亦即所謂的光子（photon）。一個光子就像一小袋的光，甚至比原子還小。

光子如何製造出雷射？可以用兩種關鍵概念來解釋。第一種概念是波耳（Niels Bohr）的原子模式：每一個原子都有一個原子核，外面環繞著軌道離原子核距離不等的電子。軌道離原子核很近的電子能量較低，離原子核越遠的，能量就越高（能量高的意思，就是電子處於「興奮」狀態）；所以，每一個電子的軌道都有著不同的能量狀態。

大多數時候，處於低能量內層軌道（離原子核比較近）的原子，數量都比高能量外軌道層（離原子核較遠）的興奮電子多。當一個電子從高能量的外層軌道落到低能量的內層軌道時，就會釋放出一個叫做「光輻射自發射」（spontaneous emission of light radiation）的光子；這種自發射正常的光（如一般電燈泡發出的光）偶爾也會發生。

然而，假如用外來的能源（例如電流或光束）去轟炸原子的話，我們就可以製造出大部分的電子都在興奮狀態的原子；如此一來，興奮狀態的電子就比在低能量軌道上、處於休息狀態的電子多，這叫做「居量反轉」（population inversion，或稱密數反轉）。這是了解雷射的第一個關鍵概念。

第二個關鍵觀念是刺激。雷射裡的原子，因為受到外來能源的人工刺激——「轟炸」是更恰當的形容詞——才產生居量反轉。

正常情況下，原子被能量轟炸時會釋放出光子，而轟炸原子造成居量反轉會導致大量的光子釋放出來；這些光子又去刺激附近的原子釋放出更多的光子，就像瀑布一樣一層沖激下一層，光子瀑布就被釋放出來了。如果你想強化這個歷程，可以用鏡子包圍釋放光子的原子，光子一被釋放出來就打到鏡子上，反彈回到原子，產生居量反轉，打到更多的原子，又刺激它們釋放出更多的光子。這也就是為什麼，雷射是「激射光波放大」這個詞的縮寫。

目前有很多方法能製造雷射，假如你檢視過教授上課用的雷射筆（或電腦裡光碟機的讀寫頭），你就會發現裡頭有個以電池或電源方式呈現的能源幫浦（energy pump），那就是刺激的電脈衝。你也會發現一個小小的雷射二極管（diode），那便是居量反轉發生所在。為什麼是「二極」管？因為一個典型的雷射二極管裡都像三明治一樣包覆著兩片半導體（semiconductor）。

在這兩片半導體中間有個小縫，一個半導體帶正電子，另一個半導體帶負電子，居量反轉就發生在這兩片半導體中間；當某個頻率的電磁波通過這些半導體去刺激它們時，就激發出一連串的光波放大效應，兩個半導體之間的鏡子抓住和擴大這些光子的一連串光波後，便以雷射光線的方式投射出來。這種輻射光的正確頻率，可以用能源幫浦的頻率調整來控制。

第一束雷射光——一九六一年由梅曼（Theodore H. Maiman）在加州馬里布（Malibu）的休斯研究實驗室（Hughes Research Laboratories）研發出來——是個熱雷射，短短一年之內，這個熱雷射就取代了解剖刀，在外科手術時燒掉組織。到一九六三年時，雷射已被用來摧毀實驗室中動物的腫瘤。一九六四年電影《金手指》（*Goldfinger*）上映後，雷射更是廣為人知；電影中，〇〇七情報員詹姆士・龐德（James Bond）被綁在桌子上，熱雷射從他分開的兩腿之間鋸過去，打算把他切成兩半：

金手指（看不起龐德的高科技車）：「我也有一個新玩具……你現在看到的就是工業用雷射，它能發射出特別的強光、大自然中找不到的強光，可以投射到月球上，也可以在你眼前切斷堅固的金屬，我會表演給你看……」

龐德：「你期待我開口說話嗎？」

金手指（很高興）：「不是，龐德先生，我期待你死。」

雷射如何治癒細胞組織

到了一九六五年時，我們已經知道低強度的雷射具有療效。英國伯明罕（Birmingham）的卡尼（Shirley A. Carney）率先證明，低強度的雷射可以提升皮膚組織中膠原蛋白的生長。膠原蛋白是一種形成我們組織連接的蛋白質，幫助組織成形，是傷口癒合時的必要物質。一九六八年，布達佩斯的麥斯特（Endre Mester）醫生先是發現雷射可以刺激老鼠皮膚的生長，一年以後又發現雷射可以增進傷口的痊癒。一九七〇年代中期時，蘇聯成立四個大型的研究和臨床中心，用雷射來刺激活的組織。到了一九八〇年代，這個技術在共產世界已經很流行了，西方卻還相當少見。一直要等到冷戰結束後，雷射的醫療用途才在西方開始流行；二〇〇二年，美國食品藥物管理局（FDA）才批准第一個低強度的雷射治療。

當光子碰到東西時，會發生下列四種情況之中的一種：從物體上反射回去；穿透它；進入它但在裡面四散；或者以原有形態被吸收。一旦光子被活的組織吸收後，便會啟動細胞內部對光敏感的分子的化學反應。不同的分子吸收不同波長的光，例如，紅血球會吸收所有非紅色的波長，所以我們只看得見剩下的紅色；植物之所以看起來是綠的，就是因為葉綠素吸收了綠色以外的波長。

人類都以為身體對光敏感的分子只存在於眼睛，但事實上它們有四種：視紫質（在視網膜中，吸收光好讓我們看得見），血紅素（hemoglobin）在紅血球中，肌紅素（myoglobin）在肌肉中，最重要的是存在於所有細胞中的細胞色素（cytochrome）。**細胞色素是雷射可以治療這麼多不同病症的原因，因為它會把光能變成細胞可以用的能量**。大部分的光子，都是被細胞內的能源機粒腺體（mitochondria）所吸收。

很令人驚訝的是，我們的粒腺體竟然可以吸收一億五千萬公里以外的能量——太陽的能量——再把它轉變成我們細胞可以用的能量。粒腺體外面包著一層薄膜，裡面是對光敏感的細胞色素，當太陽的光子透過薄膜而接觸裡面的細胞色素時，它們就會被吸收，並刺激產生我們細胞內儲藏能量的分子——腺苷三磷酸（adenosine triphosphate, ATP）。腺苷三磷酸就像一顆萬能電池，提供細胞所有工作的能量，也可以提供能量給免疫系統及細胞修復。

正因為雷射光可以激發腺苷三磷酸的製造，所以能啟動及加速健康新細胞的生長和修復，包括製造軟骨的軟骨細胞（cartilage）、造骨的骨細胞（osteocytes）和連接組織的纖維母細胞（fibroblasts）。

波長稍稍不同的雷射也能增加氧的應用，改善血液循環，刺激新的血管生長，把更多的氧和養分帶到細胞組織——對癒合來說，這部分尤其重要。

康恩會運用四種不同的方法使光進入細胞色素分子。第一種是紅光，產生於一八〇LED（light-emitting diodes），裝在信封大小的軟塑膠環帶上。一般來說，治療師會用紅光帶蓋住病人身體大約二十五分鐘。這紅光會滲入身體一到二公分，而且總是治療的第一步，為的是讓細胞組織做好接受深層治療的準備，並且幫助血液循環。

然後，康恩會用紅外線帶的LED大約二十五分鐘，這種光可以穿透身體五公分，讓癒合的光更深入人體。

LED光有著雷射一樣的性質，但畢竟不是雷射，所以你可以直接對著它看而不會傷到眼睛。

接下來，康恩才會用上真正的雷射，從紅光雷射開始，紅外線雷射緊接在後。雷射比LED強，射出的光線可以走到很深；而當康恩用到雷射光時，病人身體表面的組織已經因紅光和紅外線的LED光子而飽和了，所以雷射就會在組織中製造出像瀑布一樣的光子，最深可以達到身體二十二公分的深處。雷射在身體各點照射的時間很短，依序照過各點的整體治療時間大約只需七分鐘；雷射不可以直接用眼睛看，那很危險，使用時病人和治療師都要戴上特別的眼鏡。雷射的光和強度來自兩個條件：光源所釋放出來的光子量，以及光子的波長（它的顏色）。就如愛因斯坦說的，光的顏色來自它所包含的能量。

在免疫系統上，雷射光可以在必要時激發有用的發炎。有許多疾病的發炎會演變成慢性，好像卡住了，不能動彈，雷射可以鬆開卡住的舊歷程，轉移到正常的運作上，藉以減少發炎、紅腫的疼痛。

許多現代疾病——包括心臟病、憂鬱症、癌症、阿茲海默症及所有的自體免疫疾病（如類風濕性關節炎和紅斑性狼瘡）——之所以會發生，一部分原因是我們的免疫系統製造過多的慢性發炎，使得免疫系統忙著處理發炎，久而久之發生錯亂，甚至開始攻擊身體自己的組織，以為它們是外來的侵入者。引發慢性發炎的原因很多，包括食物和身體中的化學毒物；慢性發炎的身體會產生一種名叫「促炎細胞因子」（pro-inflammatory cytokines）的化學物質，讓我們發炎和疼痛。

幸運的是，雷射可以用增加「抗炎細胞因子」（anti-inflammatory cytokines）的方式來打擊過度發炎。這種抗炎細胞因子不但可以降低嗜中性細胞（neutrophil）的數量以減少慢性發炎，也可以增加巨噬細胞（macrophage）的數量。巨噬細胞是免疫系統中的垃圾處理者，負責清除侵入的異物和受損的細胞。

雷射同時可以減少細胞組織因氧而產生的壓力。身體無時無刻不需要氧，氧化後製造出的自由基分子非常活躍，會和別的分子產生互動；但自由基分子太多時，就會造成細胞的損傷，產生神經退化性的疾病。雷射的特質之一剛好是它偏好受損的細胞，或正掙扎於想要做事但缺乏能量的細胞，或是那些有慢性發炎的、只有數量有限的血液和氧的支援（因為循環不良）的細胞，或努力靠自我複製來癒合自己的細胞，都是對紅光和紅外線低強度雷射最敏感的細胞。例如，有傷口的皮膚比正常的組織對低強度的雷射更敏感；換句話說，**雷射在最需要它的地方功效最好**。

為了癒合，身體一定要製造新的細胞，複製細胞的第一步則是複製ＤＮＡ。雷射可以活化細胞中

DNA和RNA的製造，比如在培養皿中的人類細胞，就會因某個波長的光而製造出比較多的DNA來。大腸桿菌（*E. Coli*）是一種簡單形式的細菌，只會對某些光起反應，而酵母只會對另外的光起反應並生長——也就是說，光的能源有很多種，某些生物細胞只會對某些特定的波長起反應。

但是，雷射是怎麼影響大腦的？即使是正常的陽光，也會影響大腦中的化學物質。血清張素（serotonin）是大腦中的一種神經傳導物質，有些憂鬱症病患身上的血清張素很低，研究發現正常的陽光會使身體分泌血清張素，這便是為什麼，住在遠離赤道地區的人一到有陽光的地方度假都會覺得返老還童，彷彿年輕了許多，心情也好了許多。**雷射光也可以釋放出血清張素，以及其他重要的大腦化學物質，如腦內啡**（endorphins，可以減輕疼痛）**、乙醯膽鹼**（acetylcholine，對學習很重要）**，還可以幫助受傷的大腦重新學習已經失去的心智能力**。康恩、奈瑟和哈佛團隊的人都相信雷射可以影響脊髓液，康恩更認為脊髓液和血液會把光子帶到大腦，讓光子影響大腦細胞。不過，這方面的科學研究目前仍然還在嬰兒期階段，有待後人努力。

為了徹底領會康恩的臨床工作成果，我必須克服過去的偏見。

現在要製造簡單便宜、「一機通用」的雷射儀器一點都不困難了，目前的整骨師和其他醫護專業人員，都已常在整脊治療後追加幾分鐘的雷射。我自己試了一下，覺得沒什麼了不起；康恩聽說時並沒有面露驚異，「你照射的時間太短了，不足以讓雷射發揮治療的效益。」

康恩的雷射機器和坊間大部分的手握型很不一樣。他的某些雷射機造價高達幾萬美元，與精密的電腦直接連結；手下的醫療人員更一直不停研究病人的姿勢及治療的方法。

經過二十年來的努力，康恩和他的同事總共做了幾乎一百萬次雷射治療，才終於確定哪一種治療方式對哪一種病人的某一種病情比較合適。康恩自己仍然診看百分之九十五的病人，也親自追蹤他們的進展。病人的膚色、年齡和身體脂肪厚度及肌肉等，都會影響光的吸收，只要病人有反應，治療師就得調整光脈衝的頻率、波形和能量的強度（光子穿透每一公分細胞組織的數量）。如同漢伯林觀察到的，「每一種病情都有最佳的光劑量，一旦高出或低於最佳劑量，就可能沒有療效。」然而，「有的時候，較低劑量反而比過高劑量效果更好。」

◆ ◆ ◆

我第一次得以了解康恩雷射的效應，是在現場觀察到病人實際的反應。有一名婦人肩膀患有肩迴旋肌袖損傷（rotator cuff injury），按摩、整脊多年也只小有改善，但才經過四次雷射治療，她的疼痛就消失了，肌肉的強度和韌性也都正常。

六十六歲的人類學家和社會學家列維特教授（Cyril Levitt）因為膝蓋和臀部都有骨關節炎，光是走路就很困難，而且已經持續六年，腳後跟的肌腱後來也受了傷。通常醫生會勸這樣的病人換人工關節，但是在四次雷射治療後，即使都不吃藥，他的膝蓋和臀部也不再感到疼痛，可以自由上下樓梯；

再接受了幾個月的治療後，不只骨關節炎完全康復，腳跟的肌腱也是，好幾處坐骨神經痛、足踝的問題和帶狀疱疹都痊癒了。一位肩膀肌腱完全斷裂的醫生原本打算開刀，但因為恢復得很好，取消了手術。另一個患有慢性鼻竇炎的病人則發現，雷射治療後不但鼻竇炎改善了，連聽力都有進步，耳鳴也減低了。以上這些症狀的改善都是永久性的，所以他們不必一直重回醫院複診。雖然也有幾個病人的病情並沒有獲得改善，原因是他們都只在一開始來了幾次就半途而廢了。

我在《改變是大腦的天性》一書中提到過的神經可塑性專家楊（Barbara Arrowsmith Young），用大腦運動的方式治癒了學習障礙。她也向康恩醫生求診過，因為她年輕時患有嚴重的子宮內膜異位症（endometriosis），不但使得她無法生育，還會疼痛與出血。由於多次的手術在她的腹部留下許多傷疤（即術後沾連〔postsurgical adhesions〕），每讓醫生多處理一次，這些傷疤就更糟一些。這樣受苦了幾十年後，才從一項檢驗中發現她之所以特別容易留下傷疤，是因為基因上的不正常。

這些傷疤和手術帶給她慢性疼痛症候群，雖然莫斯科維茲和高登都曾幫她減輕過疼痛，但始終解決不了嚴重的腸阻塞，而這有時會讓人喪命。

我知道低強度的雷射可以幫助傷疤癒合，所以推介她去找康恩醫生接受雷射治療。照過幾次雷射後，她的情況就大有改善，腸阻塞比較沒有那麼頻繁，過去平均一個月一次，現在一年才幾次，而且發作時也不像以前那麼嚴重，使她可以放心去旅行。康恩在子宮內膜異位症的治療上也很有成績，有的病人甚至恢復到可以取消手術。楊歷經了這麼多痛苦讓我很歉疚——假如我能早一點知道雷射的效用就好了。

康恩要我看看他臉上幾乎看不出來的傷痕，老人家常有、因為太陽曬太多造成的傷痕。「小時候在農場，」他告訴我：「在戶外工作時都沒穿上衣、戴帽子或塗防曬油。」現在他在付代價了，皮膚科醫生告訴他，他染患日光性角化症（actinic keratosis），正是皮膚癌的前身。這些傷可以用熱雷射燒掉或切除，但是康恩並沒有使用熱雷射，而是用低強度的雷射來使皮膚回歸正常。他告訴我，許多像是基底細胞癌（basal cell cancer）之類的皮膚癌，也都可以用低強度的雷射來治療。

我現在確信，透過康恩和同事的高強本事，雷射可以快速療癒很多本來不能療癒的病——軟骨、嚴重撕裂的肌腱、韌帶和肌肉。

在我觀察過的病人中，只要做完全部療程的人都大有改善。所以我不禁要想：他的方法對大腦的問題會有什麼樣的幫助？

第二次聚會

再一次聽到蓋比的消息，是我在二月二十四日打開電子信箱時。蓋比在信裡告訴我，她現在很忙，不但和索馬克一直保持聯絡，也已成為索馬克波士頓研究的一部分。索馬克的療程裡包含往她頭頂短暫照射，她也明白，幾週之後的人生裡她每天都必須用光照射十分鐘。與此同時，她也讓康恩治療她的毛囊炎，因為他是皮膚感染和傷口的專家。

蓋比並沒有和康恩討論過她大腦的問題，因為他演講時播放的都是傷口癒合的幻燈片；但是當他聽到她的認知症狀時，卻非常確定那是外科手術的後遺症，因為他自己是外科醫生，很清楚不管醫生多麼小心仔細，開刀一定會流血，尤其是跨顱的手術，因此一定會有傷疤，特別是在腦保護層周圍的腦膜（meninges）。他同時也認為蓋比的大腦細胞一定有受損，才會造成她顯現的症狀。

「當我坐在椅子上，」蓋比告訴我：「做毛囊炎的光療時，他說：『我可以幫助你減輕大腦的症狀，我有許多年的經驗。』他說這話時一副理所當然的樣子，並不覺得自己有啥了不起。你知道的，他就是這樣一個人。」

一九九三年起，康恩就在治療頸椎（cervical spine，頸部上面的那一段）了，也因此意外發現，當病人同時也有中樞神經系統或大腦的問題時，治療頸部後病人的其他症狀也會跟著改善。他的理解是，腦脊髓液在頸部接受光療後會回流到大腦內部，因而改善了大腦的病症。

蓋比問康恩會對她使用什麼樣的治療法時，他說，他會先治療她的毛囊炎，但是可以用另一種光束來照射她的頸子，聚焦在腦幹上；那是低強度的光，但照得稍久一點，會對長出新的細胞組織、減少發炎有幫助，也可以增加血液循環——因為他是血管外科醫生，很清楚血液循環對傷口癒合的重要性。第一次療程會持續超過一小時，但他並不認為蓋比以後一輩子都需要雷射。

第一次治療時，他把光照在她的頸子和脊椎上。雖然她只是坐在椅子上，但做完之後還是非常疲倦，只想睡上一覺。這是大腦開始恢復的反應，癌症病人在照完雷射之後也都疲憊不堪。第三章中有談到，我認為這是因為受傷的大腦本來是處在交感神經的戰或逃狀態，現在進入了副交感神經狀態，關掉了戰或逃，安靜下來自我調控，進入神經放鬆的癒合階段。

第二次治療過後，蓋比就知道自己的人生已經改變了，集中注意力的時間更長久。到了第三個星期結束時，她注意到記憶力進步了，也更有精力，能夠不間斷地刷牙一分鐘。反胃嘔吐感覺消失了，也有打開冰箱門的力氣。

八個星期以後，她寫信給我：

我現在可以記憶、聚焦和一次做幾件事了，心智比先前清楚得多，可以把我的頭轉到左邊再轉回來，可以聽收音機、唱歌、用廚房用具而不覺得刺耳。我可以上館子、去賣場，回到猶太教堂時，誦經聲音也不再干擾我。我回復以前的運動，去游泳；孩童的尖叫聲、吹風機的嘶嘶聲、群眾的嘈雜聲……都已不再是困擾我的問題。在情況好的日子裡，我可以走得比父親快，也比以前強壯很多……但願……很快就能再開車上路。……從往日的任何改變都需要熬上幾個月，到現在每兩、三天就有新的進境，真是令人興奮極了。……我不敢把話說得太滿，但進入二〇一二年以來我的確還沒有嘔吐過一次。

然後，她在信尾加上一個「附註」（P.S.）：

音樂會：貝多芬和你的大腦，列維丁（Daniel Levitin）這個星期六與你相約柯納廳。

謝謝您的關注與協助。

列維丁是專研音樂如何影響大腦的世界級專家之一，那個週六，他要和柯契納—滑鐵盧交響樂團（Kitchener-Waterloo Symphony）和樂團指揮奧華特（Edwin Outwater）同台演奏貝多芬的作品。演奏完畢後，列維丁會解釋音樂如何影響聽眾的大腦。列維丁自己就是個非常有趣的人，既是位音樂家，曾經和史汀（Sting）、梅爾・托美（Mel Tormè）和藍色牡蠣（Blue Oyster）一起演出，也是盲人歌手史提夫・汪達（Stevie Wonder）和史提利・丹合唱團（Steely Dan）的顧問，還是山塔那（Santana）和死之華樂團（Grateful Dead）的錄音工程師；更和康恩一樣生涯中途轉跑道，成了專研音樂如何與大腦互動的心理學家。現在的他是麥吉爾大學（McGill University）音樂知覺、認知實驗室的主任，也是《你聽音樂時的大腦》（*This Is Your Brain on Music*）一書的作者和這方面的專家。我立刻去買了音樂會的票，因為不曾和列維丁見過面，所以我打電話給他在蒙特婁（Montreal）的秘書，邀請他在音樂會前一天晚上到我家共進晚餐。她說列維丁人在洛杉磯，但她會想辦法轉告他。

那天晚上我和朋友一起用餐時，列維丁大駕光臨。用餐時的談話就很熱烈了，始終圍繞著現代的德國和古代的希臘哲學家打轉。吃甜點時，列維丁看到牆角斜倚著兩把吉他，就像兩個渴望有人邀舞的少女。結果是，那天晚上我們又彈又唱，就是沒有一個字提到過大腦。

隔天晚上的音樂會上，列維丁鼓起如簧之舌，滔滔不絕。他和奧華特真是最佳拍檔，兩人肚子裡都有很多的笑話。柯納廳是個非常漂亮的表演廳，從地板到天花板都是美麗的木頭，給人置身在一個非常漂亮的樂器中聽迴音的感覺。

列維丁、奧華特和交響樂團演奏了〈愛格蒙序曲〉（Egmont Overture）、〈貝多芬第九號交響曲〉的第四樂章、〈英雄交響曲〉（Eroica）的第二樂章，還有整首〈第五號交響曲〉。交響樂團演奏貝多芬的樂曲時，底下的聽眾就用小型數位機即時記下樂章帶給他的特殊情緒，最後再由電腦蒐集所有的這些數據。那真是非常有趣的情景：那麼多人一起聽沒有文字的音樂，竟能體驗同樣的哀傷、憂愁或快樂。我們都知道某段音樂聽起來可能會讓人快樂、悲傷或恐懼，但在那兒，你看到的卻是不同的聲音振幅可以在這麼多不同的大腦中產生同樣的影響。列維丁的解釋是，音樂——它的音色（timbre）、音調（pitch）和變化，以及預期的和非預期的抑揚頓挫——影響了我們的大腦，產生這些情緒的反應。音樂會結束時，觀眾掌聲如雷，但是這個晚上還沒有結束，觀眾並沒有急著離去，而是流連在走廊，俯視著種滿樹木的哲學家小徑（Philosopher's Walk），聽一位亞洲來的鋼琴家為大家演奏。

我這時才看到她。我完全料想不到，對聲音敏感、不能忍受音樂的蓋比會來參加這場貝多芬音樂會，因為貝多芬的交響曲都很波瀾壯闊，大腦受傷的人大多難以承受。雖然我已在前一天讀過她的信，知道她的病情大有改善，卻沒想到改善如此之大。她快速穿過大廳走向我，步履從容，臉上展現光采，眼睛炯炯有神。

把我介紹給她的兩位朋友後，她說：「上次我來參加這種音樂會時，根本是來讓聲音轟炸的，音樂會都已經結束了，我還得坐上半個小時才能動。站起來以後——」她指著從我們站著俯視哲學家小徑的位置到大約二十來公尺之外的出口，「我整整花了二十分鐘才走到那兒，而且還是在有人扶著我走的狀況下。」

這個女人的大腦，因光而重新配線了。

康恩卻不覺得那有什麼好驚訝的，四月初時，我和蓋比在康恩的診所見面時，康恩給我看了他把光打在她頭部的哪個地方——靠近腦幹和小腦之處。當光源來到她頭上、所以她撥開頭髮時，我看到她耳後有一道十五公分長的疤——那個手術救了她一命。

後來的八個月裡，我一直跟蓋比保持聯絡。她先是在二〇一一年的十二月做了第一次光療，然後一週兩次，到二〇一二年三月時，她已經只需一週做一次。她覺得自己的長期和短期記憶都回來了，可以一心多用，可以清楚地思考事情尤其意義重大。失去心智功能的恐懼，終於離她而去了。

她做各種運動，包括水上韻律操和打太極拳，對有平衡問題的人來說，太極拳是種絕佳的運動。她從不被動順從，永遠主動配合，是醫生眼中的模範病人。光療癒合了她的組織，但她仍然必須重新學習以前就會的那些動作。她發現有一點她很難對健康的人解釋：每進步一小點就常常要疲倦好幾天。其實那是因為對腦傷病人來講，所謂的「一小步」一點都不小；每一個動作之所以都好像從來沒做過，是因為過去做它的神經元確實已經死了，現在做這個動作的神經元真的是「有生以來」第一次做。不過，開始接受光療後，蓋比就注意到干擾她的事變少了。有位工作人員很愛穿黑白相間的條紋上衣，「現在我可以忍受她了，不需要她披上一條毛巾來蓋住條紋；我還是不喜歡看到這些條紋，但是它對我來說已不再是視覺尖叫了。」

她接著說：「一個星期以前，我的音樂回來了！」音樂不但不再是折磨她的東西，而且會讓她振奮，「這對我意義重大，因為音樂以前是我生活的中心……而且我可以跳舞了！」她興奮的說，因為平衡感也回來了。

「上個星期我遇見一個我在合唱團認識的人，」她說道：「他以前看到的我，走起路來就像糖漿流淌，軟綿綿地，現在他說：『噢！我的天！你在走路了！』我說：『有人注意到我的進步，真好！』他說：『**你沒聽懂我的意思，你這可不只是進步而已，而是來到另一個全新的宇宙。**』」

雷射可以治癒大腦的證據

一路走來，康恩幫助了很多有大腦和神經方面問題的人，如因腦震盪引起的頭痛、血管性失智（因腦血管問題而引起的失智）、偏頭痛、顏面神經麻痺（Bell's palsy）和耳鳴；但他強調，他是依照以色列做的光療研究來治療病人的。

以色列台拉維夫大學（Tel Aviv University）的神經外科醫生洛克康德（Shimon Rochkind），一開始時是用雷射治療周邊神經系統的損傷——除了大腦和脊椎之外，所有的神經都屬於周邊神經系統。這些神經如果受傷了，就會讓感覺或動作出問題。一百年來，大家都認為周邊神經有可塑性，受傷後可以再生；假如受傷沒超過六個月，外科手術通常就能修補這些神經。洛克康德證明，如果正確使用低強度雷射，便可以幫助周邊神經癒合、改進神經細胞的新陳代謝，使神經元之間長出新的連接，強化新神經元軸突的生長（軸突傳導電訊號）和髓鞘（myelin，包覆神經纖維的髓磷脂，使神經訊號可以跑得更快），減少疤痕組織。洛克康德的研也顯示，低強度雷射可以讓受傷的神經停止退化，開始再生。他和美國的團隊一起工作的成果，也顯示顱內神經是可以癒合的。

對洛克康德來說，最重要的問題是：這些新神經的生長，在大腦和脊椎的中樞神經系統也會發生嗎？

所以，他馬上做了脊椎嚴重受損的雷射療法實驗。他們切斷老鼠的脊椎以模擬嚴重的脊椎損傷，然後把幹細胞注射到切口之間的脊椎裡，再用雷射照這個地方，控制組的老鼠則沒有接受雷射治療。結果是，有照雷射的那一組老鼠長出新的神經細胞，切口又連接起來了，開始正常傳送訊息。在另一個研究中，他用雷射去照老鼠胚胎的大腦細胞，使這些細胞長出新的連接，移往大腦可以發揮作用的地方。

更多突破性的研究，也大都來自以色列。台拉維夫大學動物系的歐隆（Uri Oron）教授，就一直從事用雷射使受傷大腦細胞重新生長的研究，二〇〇七年他和同事成功地用低強度雷射刺激人類神經祖細胞（neural progenitor cells，或稱前驅細胞）製造出腺苷三磷酸；所謂神經祖細胞，是還沒有發展成人類神經元的嬰兒期神經元。在另一個實驗中，歐隆夫婦（Uri and Amir Oron）和他們在美國、以色列的同事，也用同樣的低強度雷射治療大腦創傷的老鼠（以重物擊中頭部製造創傷）；受傷四個小時後，研究者才開始用低強度雷射照射，控制組則完全不照。剛開始時，兩組老鼠看不出任何差別，但是五天以後，雷射組的老鼠神經上的缺陷就已顯著減少，而且沒再變壞過；一個月後研究者檢視這些老鼠的大腦時，發現雷射組老鼠大腦受傷的區域縮小了很多。

歐隆和以色列、美國的團隊接著做中風老鼠的實驗，他們阻塞老鼠的一條血管，造成很像人類中風的腦傷；二十四小時後，中風的老鼠有一組得到雷射照射，另一組沒有。實驗結果發現，得到雷射幫助的老鼠神經細胞死亡數量遠比控制組少，新出生的神經細胞也比較多。

我個人覺得，每一間急診室都應該有一部可以幫助腦傷和中風病人的低強度雷射機。對腦傷的病人來說，這種治療真是太重要了，因為目前仍然沒有任何有效的藥物可以對付腦傷。歐隆同時證明，低強度的雷射可以減少心臟病發作動物的傷疤形成，或許雷射也可以用在急診室治療心臟病患。

八年前，康恩醫生曾因冠狀動脈血管窄化導致的早期心臟病發作而胸痛，經過急診室急救後，他用低強度的雷射照射自己的心臟，後來的核磁共振掃描發現，他原來變窄的心臟血管恢復正常了；現在的他已經不需服用心臟藥物，而且沒有再出現任何症狀。自此以後，他發現雷射可以幫助很多冠狀動脈有問題的病人，通常只需六個月，症狀就會消失，而且可以維持好幾年。

用雷射對付其他大腦問題

我定期拜訪康恩診所，以觀察有腦傷的病人。通常康恩診所的主任——四十歲的金醫生（Slava Kim）——會陪我一起觀察，跟我講解。他是來自哈薩克（Kazakhstan）的外科醫生，有一半韓國血統、一半烏克蘭血統，拿到過跆拳道比賽的冠軍，很熟悉東方的傳統氣功——這種東方的能量醫學，就是是韓國人帶進俄國的。哈薩克醫生手術搭配雷射治療，已是普遍的現象，因為最先把低強度雷射用在照射血液上的，就是俄國的研究者梅沙爾金和謝爾吉耶夫斯基（Meshalkin & Sergievskii），那時西方世界還從來沒有聽過這個東西。一九八一年，他們開始把雷射光用在心臟血管病患身上。

金醫生第一次看到雷射光的應用，是在一名敗血症（septicemia）病人身上，當時的情況嚴重到最強的抗生素都起不了作用，可以說已經走到死神家的門口了。因為知道光會幫助身體自我癒合，醫生於是把一個六三二奈米波長的雷射光纖插入他的靜脈血管；這項先進的技術是莫斯科的卡魯發明的，康恩也曾經特地去莫斯科向他學習。當金醫生檢查這個病人的血液報告時，他發現白血球數量急劇下降，顯示敗血症已被控制，而且突然之間，原來無效的抗生素現在發揮效用了。這個病人後來完全康復，當時的金醫生難以想像，注入靜脈的竟然不是藥而是光。

在哈薩克時，金醫生常常在病人腹部開刀完後，要他做靜脈的雷射來預防發炎並加速傷口癒合；他發現，因為雷射對免疫系統的支持，所以使用雷射就可以縮短病人住院的天數。當他自己因壓力而發展出潰瘍、內出血時，他的腸胃科醫生透過內視鏡，發現他的十二指腸有很大的潰瘍，胃酸隨時都可能燒透過去，進入他的小腸壁。一般來說，這種情況必須立刻動緊急手術，但是那位女醫生卻只用內視鏡送入一個低強度的雷射，照射潰瘍的地方。經過八次這種治療以後，他痊癒了，沒有開刀、沒有疤痕，保住了他的消化系統；這種方式比開刀好得太多，因此他從此全心全意相信雷射的治療效力。我在診所裡還看到一部安大略製造的鼻腔低強度雷射機，可以把光打到鼻子中，快速治癒失眠症（鼻子是進入大腦的一道門，而且血管離表層和大腦都很近，動手術相當困難）。

跟著金醫生和康恩，我看到了很多令人驚異、但通常一開始並不是為了治療大腦的復原案例。其中有位老人家漢納佛（Allan Hannaford），不但患有頸骨關節炎，同時有視力問題，因為多年前視覺皮質區域中風，破壞了他一部分的視野。經過雷射治療後，漢納佛的頸子好了很多，但更讓他驚訝的是，他的視野竟也跟著變大了，因為視覺皮質就在後腦，所以照他頸子的光離他的視覺皮質很近，視力便因此而變好，而且沒再惡化回去。

為了幫助一名非裔加拿大人蓋瑞，康恩和金醫生又把這種雷射治療帶到了一個全新的境界。蓋瑞二十二歲時得了腦膜炎（meningitis），腦膜的腫脹和發炎壓迫大腦，引起不可逆轉的大腦和視神經損害，使他失明又失聰。當我們見到他時，他已經三十二歲了，有著甜美的臉龐和一頭短髮，穿著藍色的襯衫和夾克，個性溫暖熱情，經常像盲眼歌手史蒂夫・汪達那樣搖頭晃腦，但是右眼好像卡住了，不會動，老是朝向天花板。

陪他來看診的是他的老朋友蘇珊娜，很巧的是，蘇珊娜正好是個雷射治療師，有一天突然想到：雷射也許可以幫助蓋瑞。金醫生和康恩便讓她和另外一名同事共同治療蓋瑞。一開始他們先照射蓋瑞頸後，蓋瑞耳朵附近的觸覺很快就回復了，更說他臉部肌肉有感到脈搏的跳動；繼續治療兩個月後，驚人的事發生了：他的視力回來了一些。

因為蓋瑞又聾又瞎，所以我唯一能跟他溝通的方法，就是請蘇珊娜在他的手掌心寫字；我提出問題，蘇珊娜很快地一字字寫在他的手心，再由他回答我。

「你在雷射治療之前，可以看得見任何東西嗎？」我問。

「我以前什麼都看不見，一片黑暗。」

「連明暗都看不出來？」

「對。」

「雷射之後呢？」我問。

「雷射治療之後，我感覺得到明暗了，但只是隱隱約約、若有似無。例如，照過雷射之後，有一天在廚房時，我可以看見媽媽和姪兒站在窗邊的身體輪廓。」照進窗戶的光，使他十年來第一次看到人的側影。「我看不見臉，」他說：「但是我可以看見他們正在移動的棕色身體輪廓，但只維持了一下下。」

這就夠蓋瑞興奮的了，因為他早就不敢想像有一天視力可以回復。聽到這個消息後，康恩叫蘇珊娜把雷射機罩住蓋瑞的頭，使大腦的四個腦葉都能接受到雷射。當我們第二次見面時，他已經做過好幾次這種頭部雷射了，蘇珊娜說，蓋瑞已經聽得到他的姪女在耳邊說話。我請蓋瑞說得詳細一點。

「姪女陪我上樓時，因為她貼近來擁抱我，她的臉就在我的臉旁邊，所以我對她說了些什麼，她便回了我一句話，讓我不禁『啊！』了一聲，因為我聽到一個很大的聲音進入我的耳朵。所以我問：『妳剛剛說什麼？』她便再把她的臉貼近我，又說了一遍，讓我感受到一個高頻率的聲音；她才一開口說話，就好像有什麼東西穿過我的耳朵，讓我驚呼出『啊！』來。」

無論有多模糊，這都是他耳聾之後第一次聽到人類的聲音。他也說，如今的他已經開始聯結身體感受到的震動與體驗得到的聲音。

最初，所有的聲音都只能進入一隻耳朵，但約莫一個月後，兩邊耳朵都聽得見了，雖然他還是聽不出來別人說的是什麼，卻已經可以知道有幾個字了。他聽到聲音時會痛——我知道，那是因為大腦剛從習得的不用中甦醒過來，還不能調控接收到的感官訊息。他的痛是系統太過敏感的象徵，可以用我會在第八章中講到的神經可塑性的練習來處理。

接下來的那幾個月裡，我又看到了許多類似的、令人驚異的案例。我遇到的那六名腦傷病人，分別因為摔跤、運動傷害和車禍而傷到了大腦，大多有像蓋比那樣的症狀：大腦像籠罩著一團濃霧，記憶喪失、疲倦、失去平衡、動作緩慢、視力模糊，也都會頭痛。直到接受雷射治療之前，這些人都已經當了好幾年的殘障人士；但治療之後，也幾乎全都復原到可以過正常的生活，沒能達到百分之百復原的人也說：「我找回我的生活了。」有的人是情緒改善了，有個本來頸子痛的人發現不但頸子已經不痛，就連憂鬱症也減輕了，所以藥量得以減少；大腦測驗成績的進步，尤其讓他不敢置信（這些認知功能上的進步，德州大學奧斯汀校區的研究上也都有出現）。另一個人——憂鬱症嚴重到整整一年無法工作——也發現雷射減輕了他的憂鬱，現在已經回去上班了。最新的研究顯示，有些憂鬱症的起因是大腦慢性發炎，這也難怪雷射有效，因為它可以消炎。

這讓我們不能不談談新近開發、和低雷射很有關聯的治療領域：最常見的失智性疾病阿茲海默症。阿茲海默症患者的大腦也會發炎，由於粒腺體失功能而顯現出老化的「氧化壓力」（oxidative stress），正是一種分子的「生鏽」（rusting）。因為光可以增進大腦細胞的功能，所以可以改善三種情況——發炎、粒腺體問題和氧化壓力。阿茲海默症最顯著的病徵，就是神經元上堆積了過多的變形蛋白質，這些T蛋白（tau protein）和澱粉樣蛋白（amyloid protein）會結塊蓋在神經元上，使神經退化。

澳洲雪梨的一支研究團隊，就用低強度的光減少了這些蛋白質的沉積。他們把和阿茲海默症有關的人類基因植入老鼠的DNA中，使這些老鼠發展出不正常的T蛋白和澱粉沉積塊，然後在離老鼠頭上一到二公分處用低強度雷射治療這些老鼠一個月。結果降低了阿茲海默症大腦區域百分之七十病理性的T蛋白和澱粉塊，生鏽的徵兆從此減少，也改進了粒腺體這個細胞的發電機功能。

第二個動物實驗，則顯示光療改進了阿茲海默症神經元之間的連接，因為光可以增加大腦中的神經生長因子 BDNF。我們迫切需要這種方法的人體實驗。在這同時，我們已經看到低強度雷射是個增進大腦神經細胞健康強而有力的好方法。如果能和第二章所說的技術相結合，再加上第三章保存大腦能量的方式，令人聞之喪膽的失智症便不會再是絕症了。

沉浸於雷射治療效果的期間，我也注意到，很多人剝奪了自己接觸自然光、享受自然光效益的機會。醫院對光療的效果似乎漠不關心——現在的醫院裡，不再有南丁格爾在克里米亞戰爭時所講的有陽光的天井，死於醫院的病人也比野戰醫院多，因為野戰醫院的傷兵更常接觸陽光和新鮮的空氣。受到南丁格爾影響的醫院，會把病床安排成使病人能夠接觸到最多的陽光——就叫「南丁格爾病房」。

最近的研究發現，光療不但能加速癒合，也會由於維他命D濃度的增加而減少病人疼痛、改善睡眠。光也可以減少罹癌的機率。今天的病人如果有個靠窗、陽光得以直射的床位，就是一種幸運；在人們待上很多時間的密閉空間裡，如汽車、公寓、學校教室和辦公大樓的窗戶，都貼上了擋住陽光的遮陽紙以節省冷氣費，室內的光源更都是省電的冷白色日光燈，這種非自然光，會讓有些敏感的病人不舒服。

回顧歷史，這不是第一次節能政策傷害到公眾的健康。工業革命後，大量的燒煤污染了歐洲和美洲的城市，二十世紀初期，從沙利比（Caleb Williams Saleeby，譯注：愛丁堡醫學院畢業的婦產科醫生，主張優生學）到一般老百姓，數以百萬計的「都會人」都生活在不見天日的污染中；傳染病大肆流行時，醫生們認為部分原因是缺乏陽光——不只是人口密度過高。一九〇五年立法禁止燒煤後，紐約的肺病感染就降低了。

新趨勢於是降臨了。波士頓通過〈藍天法〉（blue sky law），把有結核病（TB）的孩子放在醫療船上，讓他們在甲板曬太陽。瑞士的羅利爾（Auguste Rollier）醫生則帶病人到阿爾卑斯山曬太陽、呼吸新鮮空氣，因此得到令人驚訝的痊癒率。這個決勝因素不只是新鮮的高山空氣，也因為山高所以涼爽，人們可以在戶外停留得久一點，曬到比較多的太陽。在一九三〇年抗生素發明以前，大家都用陽光治療法讓病人增強自己的免疫系統來治療感染症；但這些早已被遺忘了，現在的我們只知濫用抗生素，使有機體產生抗藥性。我們，也許必須重新學習以前陽光治療法的老技術。

我們的天空可能還會再藍一些，但是我們的室內空間比以前更缺乏自然光；我們所使用的人工光源，通常沒有自然光光譜中所有能夠增進健康的頻率。人每天的生活都需要包含所有頻率的自然光，缺乏自然光的護佑，對我們的傷害是一時看不見的，但每次從人造光的室內走到陽光普照的室外時，我們都會感到由衷的愉悅，這就是告訴我們，有自然光我們才能欣欣向榮。

◆ ◆ ◆

二○一二年十月七日，蓋比寫信給我：「三年來，我第一次自己開車……我現在沒有無法轉頭的問題了，手眼協調也正常了……雖然現在只敢在街上開，不用多久我就會試著開上高速公路。」

她又寫道：「有志者事不成（All the Will and No WAY）真是件很奇怪的事。生病以前，我都相信有志者事竟成（there's a will there's a way），但在生病以後，我學會的卻是，即使有堅強的意志，有時也是無路可走的。假如你的大腦在做某件事時不能運作，你就完成不了那件事。現在的我有時還會覺得不可思議……

「很抱歉延誤回信……很不幸的，我父親最近身體不太好。」

蓋比又開始做家庭教師了，開車，唱歌，過正常的生活。長期依賴父母的痛苦生活終於過去了，現在的她，很高興自己可以照顧八十多歲的父親和母親，家庭的緊密關係又回復了。與此同時，五十年行醫生涯中從未休息過一天的康恩現在也八十五歲了，卻還有很多事情要做。

第五章

黑帶高手和療癒者

以心智對動作的覺識療癒嚴重的大腦問題

帶著兩只皮箱逃亡

一九四〇年六月，一名年輕的猶太人從納粹佔領的巴黎展開逃亡，時間就在納粹的秘密警察蓋世太保（Gestapo）來抓他的幾個小時前。他只帶上兩口皮箱，一個裝滿了法國的科學秘密和材料，包括二公升最新發現、可以用來製造核能和武器的重要物質「重水」（heavy water），以及一份製作燃燒彈的計畫。他的任務是要防止它們落入德國人手裡，希望能將東西送到英國。他雖然精壯結實，但只有一六三公分高，曾經是知名的運動員；踢足球造成的膝蓋傷害，使得他十年來都不良於行。

這個人是摩謝・費爾敦克拉斯（Moshe Feldenkrais），當時才三十六歲，是位物理學家，法國巴黎索邦大學（Sorbonne）博士。他在居禮夫人的女兒伊蓮・約里奧—居禮（Irène Joliot-Curie）夫婦的實驗室（伊蓮和她先生佛雷德里克〔Frédéric〕是一九三五年諾貝爾化學獎的得主）替法國做原子彈的研究。一九三九年三月，這個實驗室領先全世界，第一個製造出可以產生核動力（nuclear power）的加速器（accelerator）。就在同一年，愛因斯坦寫信給美國總統羅斯福（Franklin D. Roosevelt）說，由於法國約里奧的研究，一種新的炸彈即將問世；他警告美國總統，納粹正在緊密追蹤這項研究，而且已經開始收集鈾了。

就在他一九四〇年六月啟程逃亡的幾天前，摩謝發現他過去受傷的膝蓋又開始痛起來了，腫到讓他幾乎無法下床工作。沒錯，那些日子以來的精神壓力可以說沉重到了極點，但他還是搞不懂為什麼大腦的忙碌會牽涉到膝蓋，讓他腫得那麼厲害。納粹進入巴黎幾個小時後，蓋世太保應該就會來搜索約里奧—居禮實驗室，也大概會強迫所有人員下去到院子裡，然後區分出猶太人、共產黨，送他們到集中營去。佛雷德里克告訴摩謝，因為他是猶太人，留在那裡很危險；佛雷德里克很快地就幫摩謝從法國政府那裡拿到出境的文件。

摩謝於是和他的太太耶娜（Yonah）帶著兩口皮箱開始逃亡，想搭船去英國。但是他們開車經過一個又一個港口時已然發現，港口要不是遭封鎖，就是最後一艘船已經開走了。路上擠滿了逃難的車子，因為火車已經停駛；納粹的飛機更是到處轟炸道路，沒多久，馬路就都被炸得無法通行。摩謝和耶娜只好棄車步行，但不只摩謝的膝蓋有舊傷，耶娜的臀部更有天生殘疾，當她再也無法行走時，摩謝設法弄到一部載土的獨輪車（wheelbarrow），一路靠意志力推著耶娜走，最後終於趕上盟軍的撤退行動。這個撤退計畫的指揮官，就是後來創造出〇〇七情報員龐德的佛萊明（Ian Fleming）。佛萊明護送他們到英國驅逐艦埃特里克號（HMS Ettrick）上，這是最後一艘離開被德軍佔領的法國的船艦。因為船上太擠了，摩謝只好把他的行李丟到行李堆中，打算到岸後再去領回。

當他們在一九四〇年六月的最後一個星期抵達英國時，行李箱只剩一個，他把它交給了英國海軍部。但是他現在有一個新的問題：他的姓氏費爾敦克拉斯一聽就覺得是德國人，英國怕他是潛伏在難民群中的納粹間諜，就扣留他，送到位在英格蘭和愛爾蘭之間的曼島（Isle of Man）拘留營。

當時英國最重要的科學家之一巴諾（J. D. Bernal），所肩負的政府交辦任務就是尋找他國科學家來協助軍事研究。他曾經拜訪過約里奧—居禮的實驗室，一聽說摩謝逃出來了，正在拘留營裡，就把他弄出拘留營，請他協助英國對付讓英國損傷慘重的納粹潛水艇。摩謝在法國時曾做過聲納的研究，所以在英國成立聲納研究室後，摩謝就被送到蘇格蘭西岸一個孤立的小村莊費爾利（Fairlie），和各有專長的科學家一起研究。幾天之內，他便從被懷疑是臥底的間諜一下子變成海軍部的軍官，白天做最機密的研究，晚上教授同事柔道。

在巴黎時，摩謝曾經協助成立法國柔道俱樂部，也是最早的西方黑帶高手之一，還寫過幾本柔道專書，用物理公式解釋為什麼個子小的人可以摔倒一個大塊頭。一位上過他課的司令請他訓練士兵，他的名聲於是一傳十、十傳百，很快就被調去訓練英國傘兵部隊如何在手無寸鐵的情況下與敵人搏鬥——因為他們正在準備諾曼地登陸。

「費爾敦克拉斯療法」的源頭

費爾敦克拉斯很小的時候就顯現出他超異常的獨立心智和意志力。他在一九〇四年五月六日出生於現在的烏克蘭，當時叫斯拉武塔（Slavuta）。一九一二年和家人搬到巴拉諾維契（Baranovichi），也就是現在的白俄羅斯（Belarus）。幾十年來，在俄羅斯帝國的淫威之下，猶太人一直是種族歧視的受害者。一九一七年，英國因應國內外猶太人的要求，頒佈〈巴爾福宣言〉（Balfour Declaration）：「英皇陛下政府支持巴勒斯坦為猶太人之國家，並會盡力促進這個宣言的實現。」摩謝十四歲時，徒步從白俄羅斯走到巴勒斯坦，靴子裡藏了一把手槍，背包裡有一本數學課本，沒帶任何官方文件就出發了。一九一八到一九年的那個冬天，他在攝氏零下四十度的天候裡穿過沼澤地，走出了俄羅斯的邊界。他走過的一個又一個村莊，都有猶太裔的孩子受他吸引，加入他的旅程。為了生存，他們還曾經加入一個巡迴馬戲團，在那裡摩謝學會了翻跟斗時如何落地才不會受傷，這個技術後來也在柔道上發揮得淋漓盡致。當他到達波蘭的克拉科夫（Cracow）時，已經有五十個孩子要追隨他去巴勒斯坦，而且越來越多，後來超過了兩百人。最後，連大人也加入他的隊伍，從中歐到義大利再到亞得里亞海，大夥就在那裡上船，一九一九年夏末到達巴勒斯坦。

就和許多新移民一樣，摩謝身上一文不名，只能出賣勞力，睡在帳蓬裡，直到一九二三年才有能力上高中。因為學費是靠教別人教不來的孩子賺來的，所以他很早就發展出幫助別人克服學習障礙的能力。

一九二〇年代時，阿拉伯人經常攻擊英國統治的猶太村落和城市，摩謝的一位表兄弟便死於攻擊中。猶太人於是向英國請求，要不就給他們更多保護，要不就讓他們配備武器。但英國人拒絕了，所以摩謝就開始研究怎麼在沒有武器的情況下保護自己。阿拉伯人通常是用大刀從上往下砍，許多猶太人都死於這種砍殺法，摩謝因此教導同胞如何徒手奪刀；但是他的學生抵抗不了自然的本能，也就是舉起手臂保護頭臉，或者只想快快轉身逃走，因此摩謝設計了一種不跟神經的自然反應對立，而是順勢借力使力的方法。他這麼教導他的學生：受到攻擊時，先順著本能反應保護頭臉，再轉守為攻地把這個動作轉換為奪刀；他還拍下被攻擊的各個角度，研究如何把驚嚇的自然反應轉變成有效的防衛。這個方法不但證明有效，後來更變成他對待神經系統的方式：因勢利導，而不是一味抵抗。

一九二九年，他出版希伯來文的《柔術與自我防衛》（*Jiu-Jitsu and Self-Defense*），教人如何徒手搏鬥；這是他許多著作中的第一本，也是剛剛建國的以色列用來教育軍隊的第一本攻防手冊。這一年他傷了膝蓋，休養期間開始對潛意識和身心醫學感興趣。替《自我暗示》（*Autosuggestion*）這本書寫了兩個章節，內文包括翻譯艾彌兒・庫（Émile Coué）的催眠論。一九三〇年他搬到巴黎，在那裡拿到工程學位和物理學博士，指導教授正是佛雷德里克。

一九三三年的某一天，他聽說了柔道創始人嘉納治五郎（Jigoro Kano）要到巴黎演講的消息。治五郎個子矮小，小時候常被大孩子欺負；所以他改良柔術（jujitsu），重點在借力打力。柔道（Judo）意味「柔之道」（the gentle way），同時也是一種生活的藝術，不但是身體上的，也是精神上的。摩謝讓嘉納治五郎看了他有關徒手戰術的著作。

「你從哪裡學到這個的？」治五郎問，指著摩謝自創的、利用人自發的緊急神經反應保護自己的圖片。

「我自己想出來的。」摩謝說。

「我不相信。」治五郎說。所以摩謝就請治五郎持刀攻擊他，治五郎一出手，刀子就脫手飛出。

嘉納治五郎仔細研究了那本書好幾個月後，對摩謝說，他會把摩謝訓練到能和他最優秀的學生比肩的程度，無論治五郎怎麼把他摔拋出去，他都能以雙腳穩穩落地。治五郎很快就發現，他終於找到一個可以使柔道在歐洲發揚光大的人了。兩年後，摩謝便成立了法國柔道俱樂部，以教授佛雷德里克和其他物理學家柔道賺錢，念完博士學位。

在法國的這段期間，他的膝蓋問題卻越來越嚴重，狀況不好的日子裡根本無法下床工作，有時還一連好幾週都如此。他先是察覺有些時候的情況不知為何就是比其他時候好，不禁很想知道，為什麼身體狀況會因為心理壓力而惡化。很明顯地，他膝蓋的問題不是什麼身心病，而且傷勢還嚴重到大腿的肌肉日趨衰弱。X光顯示，他膝關節的半月板（meniscus）——膝蓋裡的軟骨——嚴重撕裂，膝蓋肌腱更已完全毀掉。最後，他只好去看一位資深的外科醫生；醫生告訴他，不動手術的話他的那隻腳就註定要報廢了。摩謝問：「手術有可能失敗嗎？」醫生回答：「當然，機率是五十五十。」而且，即使手術成功了，他的膝蓋也永遠都不可能靈活如初。摩謝說：「再見，我不會接受這種手術。」

然後，有一天他碰上了一件怪事。那天他獨自外出，靠著完好的那條腿半跳半走，一不小心踩到一塊油布，竟把好的那條腿也摔壞了。他掙扎著回到家後，心想往後可能連走路都別妄想了，頹然上床後，卻睡了一場好覺。醒來時讓他更驚訝的是，他居然可以用膝蓋受傷的那條腿支撐身體。「我想我一定是瘋了，怎麼可能用膝蓋受傷的那條腿站起來？這個膝蓋明明已經讓我好幾個月都站不住，怎麼突然變得可以站、而且還不痛了？」他的神經科學知識很快讓他明白：他的大腦和神經系統是這個奇蹟的創造者。他那條「好腿」的受傷，使得大腦必須抑制運動皮質區的大腦地圖來保護它，免得傷勢加大；但是，當這一邊的大腦被抑制住時，通常另一邊的大腦就會接手這部分的功能。也就是說，大腦對原本是好腿的運動皮質區地圖的抑制，使得先前就受損的那條腿的運動皮質區大腦地圖「發動」了還殘留活力的肌肉。這個經驗使他了解，**原來主控他行動能力的不只是有問題的膝蓋，還包括他的大腦**。

之後，由於在蘇格蘭從事反潛艇研究時，經常得站在濕滑的甲板上，他的膝蓋因此腫痛難消，他只好自求多福，努力尋求那個促使他的大腦和膝蓋決定哪個日子是「壞日子」的因素。

從其他哺乳類動物通常一生下來就會走路，只有人類要花很多的時間學走路這一點來看，他認為這就表示，走路這回事是透過經驗「設定」（wired-in）在我們的神經系統中的，需要一些已成習慣的動作——而他現在得試著扭轉的就是這個習慣。因此，他開始發展一種動感覺識（kinesthetic awareness），努力去知覺自己走路時如何運用膝蓋。動感覺識是一種身體回饋系統，會告訴一個人他的身體在哪裡、四肢在空間的什麼地方，如果開始走動又會有什麼感覺；摩謝從柔道和神經科學的文獻得知，當一個人站立時，會有一組肌肉——背部的抗重力肌（antigravity muscles）和四頭肌（quadriceps）——來使這個人挺直。

每個人都有他獨特的、習得的站立習慣，每一次我們站立時，都會潛意識地用這個習慣。既然不好的站立習慣會惡化摩謝的膝蓋，使那一天變成他的壞日子，所以摩謝決定躺下來觀察，排除地心引力對身體的作用，使他不必動用抗重力肌和依從站立的習慣。於是，他花了很多小時躺著慢慢挪動膝蓋，無數次地一寸寸抬起他的腿，試著找出痛是從哪裡出來的，限制他動的肌肉又是哪一塊。他後來告訴他的學生瑞斯（Mark Reese），他是透觀察自己「來讓自己體會每一個細微的潛意識聯結」。

「身體沒有任何一個地方可以獨自移動而不影響其他部位。」他後來寫道（譯註：這就是古人說的「牽一髮而動全身」）。因為骨頭、肌肉和連接的組織形成一個整體，所以我們不可能移動一個部位而不牽動其他部位。從伸出手臂到舉起一根指頭，即使是這種微不足道的動作，也需要手臂的肌肉伸縮、用背後的肌肉穩定前臂的肌肉，觸動神經系統的反應，使身體得以預期這個小動作會如何改變身體的整體平衡。在正常的情況下，即使似乎處於「放鬆」狀態，每一塊肌肉也都有「肌緊張」（muscle tonus），不過這個肌緊張是醫學上的名詞，和我們一般所說的肌肉張力（muscle tone）有點不同，專指肌肉收縮的狀態，可以從很強到很弱。改變任何一塊肌肉的緊張狀態都會影響其他肌肉；例如，要收縮二頭肌（biceps）就必須放鬆三頭肌（triceps）。

摩謝運用他對肌緊張的動感覺識，把走路分解成很小的動作後，現在已經可以一連幾個星期都不受膝蓋舊傷的干擾。「比起這個動作是『什麼』，我更想知道我是『如何』做一個動作。」他這麼寫道，描述他如何不間斷地透過對動作的心智覺識給自己回饋，改變自己的大腦。

在分析自己的步伐時，他同時也發現，這些年來因為膝蓋出狀況，所以他做了很多調整讓自己可以走路；但是，這些改變也使他忘了受傷以前的他可以做的動作，不知不覺中讓自己的動作庫越來越小。也就是說，他的許多動作上的限制並不是來自身體上的限制，而是源自他動作的習慣和感知的習慣。他從嘉納治五郎那裡學到，柔道是一種融合了身心教育的形式，因為身和心永遠是彼此相關、密不可分的。「我認為**身心的合一是一種客觀真實**（objective reality）**，身與心並不是彼此相關的部件，而是功能上不可分割的整體**。」

這個領悟使他了解，為什麼他的膝蓋會剛好在納粹佔領巴黎時腫痛起來。只因為擁有猶太血統，在蘇維埃政府的排猶、阿拉伯人攻擊巴勒斯坦之後，他的生命第三次受到嚴重威脅。他從中看出了，精神的壓力會使身體情況變糟，恐懼的經驗和記憶會觸發身心整體的神經系統、生化和肌肉反應——甚至他膝蓋的紅腫。

戰爭期間，他寫了一本論及佛洛伊德理論的書，因為他非常尊敬佛洛伊德；不同於他那個時代的治療師，佛洛伊德強調身和心永遠互相影響。但是，正如摩謝在《身體和成熟行為》（*Body and Mature Behavior*）一書裡所強調的，佛洛伊德的治療——談話治療法——很少聚焦在焦慮或是其他的情緒，在身體和姿態上如何表現出來，也從來不曾建議在分析心理問題時也同時分析身體上的問題。摩謝認為，沒有什麼純粹地「精神的」（psychic）——也就是心智上的——經驗，「兩種人生——身體上的和精神上——的概念已經……過時了，沒有用了。」大腦會不斷地使思想、情感具體化，從而具體表現出來（embodied），而我們的主觀經驗永遠會摻雜身體的成分，就像所有的身體經驗一定都有心智的成分在內一樣。

二戰結束後，他發現大部分的親戚都被納粹屠殺了，父母和妹妹卻很幸運地存活下來。但回到法國就發現，只因為他是猶太人，柔道俱樂部裡的一個法國人和一個日本人便勾結納粹，把他從柔道俱樂部除名了，這可是他創立的俱樂部呢！所以他後來選擇定居倫敦，寫了另外一本柔道的書《高等柔道》（*Higher Judo*），之後再寫《有力的自我》（*The Potent Self*）。在《有力的自我》這本書中，他敘述了用來幫助同事和朋友的痊癒理論和方法。因為本身就是物理學家，所以他會晤過當時最偉大的物理學家，包括愛因斯坦、波耳、費米（Enrico Fermi）和海森堡（Werner Heisenberg）。但他也因為自己的多才多藝而深受困擾，不知該以何者做為一生的志業：是應該繼續核子物理的研究呢，還是因為從自己身上悟出心身關係而追求療癒之道？最後，他選擇了療癒世人。他的母親就曾半開玩笑地說，本來可以拿個諾貝爾物理獎的他，現在變成一名按摩師了。

但是，就連只想安定下來、追求他的療癒研究的心願也被打斷了。一九四八年聯合國把巴勒斯坦分成兩半，一邊是猶太人的以色列，另一邊是阿拉伯人的巴勒斯坦。之後的幾個小時內，六個武器裝精良的阿拉伯國家軍隊接連進攻以色列；許多以色列的科學家因此陸續到倫敦遊說摩謝，希望他能回以色列共赴國難。一九五一年他回到以色列，肩負軍隊電子部門一個最高機密等級的專案，直到一九五三年才卸下重擔，去做他一直想做的事。在以色列時，他和化學家班尼爾（Avraham Baniel）惺惺相惜，結成終身好友。班尼爾說服他，每週四晚上去他們夫妻所住的公寓上課，說：「我們可以當你的實驗品。」

核心原則

在掌控膝蓋的問題和書寫《身體和成熟行為》的過程中，摩謝把形成新方法的理論精緻化，也開始幫人看診。他的方法很類似我在第三章中所講的神經區辨，正是神經可塑性療癒的關鍵階段。

1. **心智設定大腦的功能**。我們出生時，身上就有一些「與生俱來」（hardwired）的反射反應，但是人類是所有動物中「學徒期最長」的一種動物，而在學徒期裡最重要的事就只有學習。「人類出生時，神經有很大一部分是沒有連接、不成形態的，所以，每一個人都會依他生在什麼樣的環境來組織大腦、適應環境的需求。」摩謝寫道。早在一九四九年，摩謝就認為大腦可以形成新的神經迴路，比如在《身體和成熟行為》的第五章，就指出了神經的可塑性；一九七七年，他的學生艾琳介紹她的先生、神經可塑性領域的先驅保羅・巴基瑞塔（Paul Bach-y-Rita）和他認識（請見第七章），摩謝在讀了保羅的研究報告後，因為感覺和他自己的觀念非常契合，便開始納入保羅的觀念；二〇〇四年，保羅展開一個研究以摩謝方式治療腦傷病人功效的專案，卻在專案結束前就過世了。一九八一年，摩謝寫道：「心智會在按部就班地發展後，開始設定大腦的功能；我認為，心智和身體是以很微妙的『重新設定』（rewire）方式，使整體人類的結構功能更上層樓，也就是說，結構要能組合到可以做這個人想做的事。每個個體都可以自行選擇要怎麼設定他所想要的大腦結構和功能。」當我們經驗到各種事物時，他寫道：「神經會做修剪，大腦會重組。」他的學生翟馬赫—柏辛（David Zemach-Bersin）指出，摩謝常說，當神經發生損傷時，大腦的其他部位會把受損部位的功能接過來做。因此，摩謝也可以說是第一位神經可塑性專家。

2.沒有運作功能（motor function）**大腦就無法思考**。摩謝寫道：「我基本的觀念是身心的結合是客觀真實，兩者不只是彼此相關，而且是不可分離的——更清楚一點的說：我認為沒有運作功能，大腦就無法思考。」

即使僅在腦海中想像一個動作，就算只是隱隱約約的念頭，都會激發那個動作。當他叫學生想像某個動作時，便發現學生的相關肌緊張增加了：想像自己正在清點計數，就會觸發喉頭聲帶的輕微震動；有些人雖然被固定住的是手，卻因此不太能說話。每一種情緒都影響臉部的肌肉和姿勢：憤怒會讓人握緊拳頭、咬牙切齒；恐懼會使腹肌和屈肌（flexors）緊縮，屏住呼吸；快樂會使人手舞足蹈。人們可能以為自己可以做純粹的思考，但事實是，即使是在深層放鬆的時候，每一個思緒也都會導致肌肉的改變。

每一次我們用上大腦，就會觸發四個部件：動作、思想、感覺和情緒。在正常的情況下，我們不可能只經驗到其中一個而感覺不到其他三個。

3.動作的覺識是改進動作的關鍵。摩謝認為，我們的感官系統和動作系統是緊密結合的；感官的目的是使我們知道自己身在何處，指導我們行動，幫助我們控制平衡、協調眼手，使一個動作得以成功執行。在動作的成功與否上，身體的動感覺識扮演著重要的角色，它負責把身體和四肢在空間的位置立刻回報給大腦。覺識自己的動作是「費爾敦克拉斯療法」的理論基礎，他稱呼自己的課程為「由動作引發覺識」（Awareness Through Movement lessons, ATMs）。乍聽之下好像魔法一樣不可思議，但他堅信，動作的問題——尤其是那些有嚴重腦傷的人——可以用覺識自己的動作來改善、解決。之所以看起來像魔法，主要是因為以前的科學家都認為身體是部機器，由許多部件組合而成，感官的功能與動作的功能是完全分開的。

這個聚焦在自我覺識和監控自己經驗的看法，主要是來自摩謝曾經接觸過東方的武術。現今西方世界很迷正念冥想（mindfulness meditation），其實早在五十年前摩謝就預見了這個趨勢。摩謝的觀察，後來被神經科學家莫山尼克所證實；他的實驗顯示，人類或動物很注意學習時，神經就會有長效的改變。他繪製了猴子在學習之前和之後的大腦功能圖，當猴子做對一件事就自動會有葡萄乾掉下來的報酬時，因為牠們不必再注意，大腦的功能圖就改變了，但只是暫時的改變。

4.區辨——找出動作之間最小的感覺可能差異——並建構大腦地圖。摩謝發現，初生嬰兒的動作都是很大、很粗糙、很原始的反射反應，一次用到很多的肌肉，例如反射性地伸出整隻手臂。嬰兒通常不能區別手指，但在漸漸長大之後，就學會小而精準的動作，不過要到達真正精準的程度，還是得等到孩子可以用覺識區分每一個動作之間的微小差異之後。摩謝認為區辨是幫助許多中風病人、腦性麻痺兒童，甚至自閉症患者的關鍵。

摩謝一再發現，當身體的某部分受傷時，這個部分在大腦地圖上的表徵就會變小甚至消失。加拿大的神經外科醫生潘菲爾（Wilder Penfield），是最早發現身體的每一個部分在大腦中都有表徵、顯現在大腦地圖上的人。但是，這些表徵在大腦地圖上的大小和實際的大小並沒有直接的關係，而是和它有多常用、使用時必須多準確有關。假如這個地方只有一個功能，例如大腿，那麼它的表徵區域就不會有多大；如果是手指，因為用得很多又很需要精準，那麼它在大腦地圖上佔的地方就相對大上很多。摩謝也知道大腦是用進廢退的，假如某個部件受傷、不再能常用了，那麼它在大腦中的表徵便會縮小。假如他訓練這個地方去作精細的區辨，也就是必須很注意才區辨得出，那麼它們的區辨力會越來越強，佔據大腦地圖中越來越大的位置。

5. 刺激很小時，最容易區辨。在《由動作引發覺識》（*Awareness Through Movement*）一書中，摩謝寫道：「假如我手上拿著的是一根鐵棍，那麼，我一定感覺不到有沒有蒼蠅停在上面；但要是我拿著的是一根羽毛，那麼我馬上就會知道有沒有蒼蠅飛到上頭。同樣的道理也適用於所有的感官，包括聽覺、視覺、嗅覺、味覺和溫差。」假如一個感覺刺激很巨大（比如很響亮的音樂聲），那麼，改變就要非常明顯我們才會注意到刺激程度有所不同；假如刺激本身很微小，非常小的改變我們都可以察覺（這個現象叫做「韋伯—費希納的生理定律」〔Weber-Fechner Law in physiology〕）。在 ATM 的課堂上，摩謝訓練學生用很小的動作刺激自己的感官，好讓這些小刺激劇烈地加強他們的敏感度，再讓這個敏感度回過頭來改善他們的動作。

舉例來說，他會請學員平躺，然後很輕微地向上和向下傾斜頭部二十次（有時更多），這種差異盡可能小——一次移動〇．〇三公分——的動作，會讓他們只覺知到這個動作對身體左邊的頭、頸、肩膀、骨盆和其他部位的影響。用心觀察這個改變，就會引導整個身體左側的肌緊張減低（雖然頭部有動作時，身體的兩邊都會跟著動）。這個改變之所以出現，是因為覺識本身會幫助我們重組運動皮質區和神經系統。假如在練習的前後掃描他的身體，就會發現在心智上，左邊的身體影像會比右邊輕一些、長一些、大一些、放鬆一些（原因是左邊的大腦地圖練習之後比較有區辨力，能更精細地展現身體的變化。這個改變身體張力和大腦地圖的技術很有用，因為許多動作問題都來自身體在大腦地圖的表徵不夠精確。）

6. 慢動作是覺識的關鍵，而覺識是學習的關鍵。摩謝寫道：「思想到動作之間的延遲是覺識的基礎。」假如跳得太快，就不可能看清楚後再起跳。這個放慢動作來增強覺識和學習的原則，是直接從東方武術擷取來的；譬如打太極拳的人動作就非常慢，看起來毫不費力。在他早期柔道的書，例如《徒手搏鬥教戰手冊》（*Practical Unarmed Combat*）當中，他就已經強調緩慢、平靜地做一個動作的重要性，提醒讀者快速動作不利學習。

放慢動作使你能觀察到細微的變化、找出其中的差別，改變也才能發生。由於大腦同步發射的神經元會聯結在一起（neurons that fire together wire together；譯註：此謂海伯定律〔Hebbian law〕），當兩個感覺或動作同時在大腦中重複發生時，就會被聯結在一起，它們在大腦中的地圖也就合而為一了。我曾在《改變是大腦的天性》書中描述過莫山尼克的實驗：當兩個動作同步重複多次以後，它們的大腦地圖就變成一個了。莫山尼克把猴子的中指和無名指縫在一起，所以每當中指動時無名指也會跟著動；三個月後，他把縫線拆掉，可是它們已經變成一根指頭了，中指和無名指的邊界消失，彼此相互牽動，所以猴子變成只有四根指頭而不是五根。

這在人類身上也會發生。如果音樂家演奏時太常同時使用某兩根手指頭，他大腦地圖中這兩根指頭的地圖就會融合成一個，動其中一根，另一根也會跟著動；這時的他已經掉入了大腦的陷阱中，越是想分別使用，這兩根指頭就越是一起動作，造成局部肌張力不足（focal dystonia）。其實我們都有這種經驗，只是沒這麼戲劇化罷了。例如我們坐在電腦前面打字時，都會不自覺抬高某一邊的肩膀，過一陣子後，我們就會發覺，這個肩膀在不需要抬高時也抬高了；所以打字打久了頸子就會痠，處理方式是學會重新區辨提升肩膀的肌肉，也就是讓肩膀的肌肉和打字的肌肉分離開來。要做到這一點，首先需要覺識到抬肩膀和打字這兩個不同的動作是同步在做的，才能有效解決問題。

7. 盡可能減少用力。用力與覺識是此消彼長的，越緊張就越學不到東西，**所以我們應該遵循的原則並不是「沒有痛苦就沒有收穫」**（no pain, no gain）**，而是「不能放鬆就沒有收穫」**（if strain, no gain）。摩謝認為意志力（別忘了他多有意志力）對發展覺識沒有助益，強迫性的驅動力也沒有用，因為那會增加肌肉緊張，而強迫性的用力只會導致無目標的、自動化的動作，變成習慣性行為後，更不會對情境的改變起反應。強迫性的行為是個問題，不是解決問題的方法。經由自我覺識，我們才能明白自己有多常不經意地用了很多不該用的肌肉去做一個動作；他把這種過多而不必要的動作稱之為「寄生」（parasitic）。

8.錯誤很重要，動作沒有什麼正確不正確，只有比較好或比較不好。摩謝既不會糾正學生的錯誤也不會「調整修理」（fix）學生，他強調：「別太在意，也別急著避開任何不對的動作。從動作中得來的覺識應該是種很愉快的感覺，一旦快樂變少了，覺識也會跟著變少……錯誤在所難免。」他教學生把過去的習慣丟到腦後，鼓勵他們隨便挪動身體，直到找到一個最適合他們的動作；他鼓勵學生注意微小動作之間的差異，而不是改正他們的動作；堅持學生只會從他們自己的動作中——而不是從他身上——學到東西。在ATM課堂中，他鼓勵學生：「決定該怎麼動作的不是你，而是你的神經系統。因為它有幾百萬年的資歷。」換句話說，他是要學生去做精神分析的自由聯想，只不過用的是動作而不是文字；他要用這個方法使他們的「自發運動」（spontaneous movement）浮現出來。

9.隨意的動作帶來的各種變化會讓人突破發展瓶頸。摩謝發現，一個人走路的姿勢與步伐並不是由機械運動所造成的，相反地，是由隨意的動作所造成的。孩子學習翻滾、爬、坐、走，都是透過實驗；例如大部分的嬰兒會用眼睛帶動身體去追隨感興趣的東西，一直追到突然間東西跑得太遠了，他們失去平衡，造成身體的翻滾，也就是因意外而習得翻滾，起因正是一個隨意的動作。嬰兒學坐並不是因為他們想要坐，其實是想把腳放入嘴巴裡。嬰兒沒有經過任何訓練就會站和走是個重大的突破，而這個學習也得在他們已經準備好了、透過「嘗試錯誤」（trial and error）才會發生。

摩謝發現這件事多年後，世界著名的動作發展（motor development）專家瑟倫（Esther Thelen）證明，**每個嬰兒學習走路的方法不一樣，卻都是用嘗試錯誤的方法，而不是如過去所以為的，應用大腦中天生就設定好的程式**。當她發現摩謝老早就這樣說過時「非常震驚」，不禁對摩謝的學生說：「我認為，跟你們已知的、直覺的、實務的大腦知識比起來……科學相當粗糙。」於是她接受訓練，成為費爾敦克拉斯療法的實踐者。

這些先進的看法和傳統的物理治療很不一樣，也和藉助機器復健不一樣，全都在告訴病人，這個「生物機械的問題」需要重複的練習，因為人本來就有搬運東西、走路、從坐姿站起來的標準動作，所以要繼續練習正確的動作。摩謝不喜歡他的 ATM 班被叫做練習班，因為他認為，機械性的重複某個動作正是使人養成壞習慣的根本原因。

10. 即使是最小的動作，都會牽涉整個身體。對一個能夠做出很有效率、很優雅的動作的人來說，不管動作多麼微小，他的整個身體都在有組織地運作。請思考一下這個矛盾：我們可以很輕易地舉起一根手指，可以很優雅地伸手與人相握或舉杯同祝，當我們說話時潛意識的聳肩也同樣輕而易舉，然而，這些動作的難易程度明明各不相同，為什麼我們做起來似乎同樣容易呢？一根手指頭比手臂或手掌輕了許多，而手掌和手臂又比整條肩臂輕了許多，之所以做起來同等容易，是因為我們動用的不只是手指、手掌、手臂或肩臂，而是整個身體；當身體組織得很好，肌肉張力調配得很好，動作的重量就會由所有肌肉、骨骼和連接的組織共同承擔。摩謝從嘉納治五郎處學會柔道大師永遠保持放鬆，而且「動作正確時，身體沒有任何一塊肌肉會比其他肌肉更緊縮——正確動作的感覺，應該是輕鬆又不費力」。柔道高手並不需要比他的對手更強壯，只要他的身體整體協調性更好，或如摩謝後來說的「更有組織」，就可以打敗對手。

11. 許多動作上的問題和動作的疼痛都來自習得的習慣，而不是結構的不正常。一般的治療觀念都認為，功能的強弱要看身體的結構和它的限制，摩謝卻發現，學生的困難其實來自大腦學會了去適應身體結構的不正常，就像他當年以為他的膝蓋有多糟一樣。一開始，對受傷膝蓋的適應使他能夠在生活上自理，但是當他學到更好的走路新方法——這個新方法拯救了他的下半生——之後，他就永遠不需要外科手術了。行動上有什麼不方便，大腦中就一定有相對應的部件。

摩謝第一次傳授當年柔道教會他的原則，就是在他的 ATM 課堂上。參加的學生有各種問題——頸子痠、頭痛、坐骨神經痛、椎間盤突出、五十肩、手術後肢體僵硬等，摩謝要他們躺在柔道墊上，放鬆抗重力肌——背部的伸肌（extensors）和大腿肌肉——和拋開所有舊習慣，尤其是「對抗」地心引力、使你能站立的那些肌肉。他要他們專心掃描自己的身體，努力覺識身體的哪一部分接觸到柔道墊，感覺如何。他也會提醒他們注意呼吸，因為學生通常一碰上有難度的動作就會不由自主地閉氣。

接下來，他會要學員探索某一邊身體的微小動作，感受每一個微小動作的細微差異，這個時候，摩謝的催眠知識就派上用場了。他用近似催眠的那種語調建議學生用最少的力氣做出動作，用最大程度的放鬆來使動作感覺很輕。他所選擇的動作都是人生發展初期的關鍵動作，比如抬頭、翻身，用最簡單的方式回到坐姿。「身為一個老師，我可以加速你們的學習，」他寫道：「我用的方法就是大腦最初在學習時所用的方法。」他可能會花上十五分鐘讓他的學員把頭輕輕轉向一邊，感受那個感覺，再請學員想像轉頭這件事，同時注意全身的感覺。通常他們的肌肉會收縮，就像平常動念要做這個動作時一樣。

然後，一些奇怪的事發生了。課程接近尾聲時，他請學員閉上眼睛，再一次掃描自己的身體。剛剛做練習的那一邊身體因為更貼近柔道墊一些，感覺比較長也比較大；身體的意象也跟著改變了，頭可以轉得更遠一點，緊張的肌肉放鬆了。在課堂最後的一小段時間，他們轉而專注於另一邊的身體，馬上發現先前學習的那側身體的收穫，許多都轉移過來了。

摩謝通常會請學生把大部分的上課時間用在聚焦於身體傷痛較輕的那一邊，因為那樣才更容易找出運動的方法。然後，學員們就自然會發現，這個如何優雅動作的覺識會自動轉移到受損的那一邊身體。摩謝也常說，身體的受損部位不是向他學習改善，而是向可以輕鬆移動的那一邊身體。

假如有學員上課時覺得身體受到限制，做不出某個動作，那也只要多留意，不必往壞的方面想，不需要「努力克服」或試圖「改正」這個錯誤，只要好好探索這些不同的動作，看看哪一種最優雅、最有效。「這不是排除錯誤的問題，」摩謝會這麼說：「而是學習的問題。」如果從錯誤和負面的觀點來想，會使學員的身和心都進入一個緊張的狀態，那對學習沒有幫助。學員的目標是探索、學習新的移動身體的方法，然後做出動作。在這過程中他們會重新組織大腦和神經系統，而不是去「修補」它（譯註：摩謝不認為身體有病，所以不需要「修補」，這是他理論的一個重點）。

這些課程非常放鬆，所以學員上完課後都會覺得疼痛減輕很多，動作的範圍也擴大很多。很快地人們就蜂擁而來，請求摩謝一對一地幫忙減輕他們頸子、膝蓋和背部的疼痛，或是改正他們的姿勢和手術後的動作困難。他也很成功地運用同樣的原理，一對一地讓學員們慢慢在桌子上移動身體，而不只是叫他們這樣做或那樣做。

◆ ◆ ◆

摩謝的團隊每次半小時、一對一在桌子上的治療，目標是使學生在任何結構基礎的問題中都能順利動作，使心智和所有的身體部件都能找到一種嶄新的功能統合，所以叫做「功能整合」（Functional Integration）。因為他自己就是在學習中悟出這個方法的，所以他稱呼他的病人「學生」。但在進行功能整合時，除了一開始必須詢問病人問題在哪裡，他不會像在 ATMs 中那樣要學生去做各種動作，而是幾乎都不講話。

剛開始時，摩謝會讓學員躺在桌子上，以一種最舒適、放鬆、支持和有安全感的方式降低身體的張力。學生通常會習慣性地「掌握」身體的某一部分，而且完全沒有自覺。如果要降低腰部的肌肉張力，他就會放一個小小的滾輪在學生頭、膝蓋或身體的其他地方下面。只要身體有一點點緊張，肌肉張力就會增加，使這個人很難偵測到動作的細微改變，而這個偵測對學習新的動作卻很重要；所以，當學生覺得很舒服、肌肉張力很低時，他的大腦也最適合學習。

摩謝會坐在學生旁邊，用觸摸來和學生的神經系統溝通。這個觸摸是為了和大腦溝通，所以一開始他只會用很小的動作，使學生的大腦和心智能夠很快地學會區辨；假如學生的身體移動了，他也會跟著一起移動，但只是隨勢而為，絕對不用多過必要的力氣來移動。他不會像理療院的按摩師那樣，搓揉或用力按壓肌肉，也很少直接處理學生會痛的地方，因為這樣做只會徒然增加肌肉的緊張；相反地，他大多會從離學生覺得痛的地方最遠的角落開始療程，可能是輕輕移動遠離會痛的上半身的一根腳趾頭，一旦感覺到抗拒，也從來不勉強，他知道，大腦不但可以感受腳趾頭的放鬆，還會讓這個人浸淫在放鬆動作的意象中，很快就把這感覺擴散到全身，這個人就感到放鬆了。

和一般的身體治療法相比，摩謝的治療方式在方法和目的上都有差別，因為一般的身體治療都聚焦在身體的特定部位，所以注重的是「問題所在」。例如有些物理治療會運用機器，使身體的某個部位伸展和收縮，這個方法雖然也很有用，卻是把身體看成許多部件的總和，是比較機械性的看法——如果某個部位有問題，就用某種機器來幫助它。摩謝說：「這種治療法不符合我的原則，我並沒有現成的、可以治療所有人的套裝模式，而是在每一堂課中搜尋問題，找出解除困難的方法，我會……慢慢地、逐漸地改善身體的每一個功能。」

摩謝的名氣越來越大，引起了班尼爾的一位朋友、對神經可塑性曾經有重大貢獻的科學家卡茲爾（Aharon Katzir）的關注，還把這個訊息告訴當時的以色列總理班—顧立安（David Ben-Gurion），一九五七年，摩謝接受班—顧立安成為他的學生。時年七十一的班—顧立安為坐骨神經痛和腰痛所苦，而且嚴重到幾乎沒有辦法站著在國會演講；但在上了幾堂課後，班—顧立安居然就可以跳上坦克車對士兵演講了。因為摩謝的房子在海邊，所以這位以色列總理每天都一早先去游泳，再到摩謝家上課。有一次，因為摩謝要總理倒立，那張年紀老大的總理在台拉維夫海邊倒立的相片後來就被當作選舉的宣傳品，全世界都看到了。很快地，摩謝就展開全球巡迴演講、四處教授他的功能整合，他的學生包括小提琴家曼紐因（Yehudi Menuhin）和英國導演布魯克（Peter Brook）。

治療更多的學生，摩謝更確信他「與大腦共舞」（dancing with the brain）的方式可以幫助許多嚴重腦傷的病人，包括中風、腦性麻痺、嚴重神經受損、多發性硬化症、某類型脊椎損傷、學習障礙，甚至缺少一部分大腦的病人。

偵探的工作：理解中風

摩謝常被邀請去瑞士，有一次走訪時遇到一位女士：六十多歲、左腦中風的諾拉（Nora）。後來他在書中詳細地描述了他的治療法。

中風有兩種，一是血栓，一是腦溢血，都會切斷血液被送到神經細胞處，使它們因缺氧而死。因為諾拉中風的是左腦，所以講話很慢、口齒不清、身體僵硬，雖然並沒有癱瘓，但是肌肉會抽搐，抽搐的原因則是肌肉張力太強、收縮得太快。這是因為大腦中抑制肌肉收縮的神經元受損了，只剩下興奮的神經元在發射，肌肉張力就過緊了；這種症狀，也是神經系統調節失常的典型現象。

中風一年後，諾拉的口語表達才小有進步，但還是無法讀或寫她自己的名字。兩年後，她仍然需要有人二十四小時照護，因為她常出門後就找不到回家的路。因為失去過往的心智功能，她感到極度沮喪。

摩謝第一次見到諾拉時，已經是她中風後的第三年了，完全不知道怎麼改善她的情況。每一個中風病人的認知功能缺失都不一樣，找出大腦有哪些功能受損更常需要偵探級的功力。他知道她的閱讀有問題，而學習的歷程需要把大腦很多不同地方的功能結合起來才會有成效；他也了解當中風影響了這個迴路中的某個環節時，功能就會消失，卻不代表整個功能網絡都受到損傷。**「當一種技能表現不出來時，受損的很可能只有與其最相關的神經細胞。」可以招募其他的神經元來做同樣的事。**

摩謝趕在回以色列之前幫諾拉上了幾堂課，但她的家人覺得，既然一般的治療法都幫不了諾拉，她應該和摩謝一起到以色列繼續接受他的治療。

剛開始時摩謝既想找出為什麼諾拉不能讀和寫的原因，也很納悶她為什麼會一直撞到東西。她對自己身體的覺識顯然有問題，坐下時通常只坐在椅子的邊緣；起身離開房間時，如果房門不只一扇，她也常會選錯門。在結束半個小時的課程後，他只不過鞋尖朝著諾拉地把她上課前脫下來的鞋子交給她，她就無法區辨哪隻是左腳、哪隻是右腳了，花了五、六分鐘才總算搞定。這個現象讓摩謝知道，諾拉大腦的損傷使她無法區辨左右，當然也就會干擾她的閱讀能力（譯註：b和d、p和q都是左右的不同），所以他必須先處理左和右的問題。小朋友剛開始學習閱讀時，也都得先能區分左邊和右邊的不同，老師才教得下去。

但在處理諾拉的方向問題前，他必須先使她的大腦安靜下來。他之所以知道她有這方面的問題，是因為當他抬起她的手臂時總是無法使她屈臂；諾拉的手臂肌肉張力很強，彎不起來。於是他請她平躺在桌子上，臉朝上，再把包著海綿的滾輪放在她的頸子和膝蓋下，這會減輕她痙攣身體的肌緊張。然後他才開始來來回回地輕輕移動她的頭，動作越來越輕，她的身體漸漸放鬆下來，大腦和神經系統也就跟著放鬆，使她得以進入覺識的狀態——因為送進大腦的刺激很微弱，所以大腦就得努力學習區辨很小的感覺差異。接著只用手指輕觸她的右耳，笑著告訴她：「這是你的右耳。」

當她平躺著時，她看到桌子右邊有張沙發。摩謝碰觸她的右肩，然後說：「這是你的右肩。」接下來連續好幾天他只觸摸她的右邊，絕口不提左邊。在下一階段課程裡，他要她面朝下躺，但還是碰觸她的右邊，可是現在她分不清左右了，因為她仰躺時已把「右邊」和房間的擺設連在一起，那時沙發是在她的「右邊」，當她面朝下躺，沙發就變得不是在她「右邊」了（我們忘記年紀還小時就必須學會這個區別）。他花了好幾節課來教她，當她處在不同位置時右邊在哪裡。這就是摩謝最天才的地方：他看出方向這種看似簡單的概念其實是非常複雜的。

然後他再進一步，要她把右腿交叉疊到左腿上，她照做後，卻以為她的右腿是左腿了，因為左腿明明就在右邊。前後花了兩個月時間，摩謝才終於教會她左右之別。在這段期間裡，她的大腦便是在描繪新的身體地圖以覺識左和右的差別。偶爾碰上她又回到原點時，只好又從頭教起；但是慢慢的，復發的情況越來越少見了。

直到這個地步，他才能開始認字的課程。諾拉說她「看」不見字，但送她去看眼科時，眼科醫生卻認為她的眼睛沒有問題；可見不能閱讀的原因是在大腦，不在眼睛。摩謝給她一本超大版本的書，她禁不住哆嗦；他給她一副眼鏡，但是她不知道怎麼弄才能戴到臉上。「我很生自己的氣，」摩謝寫道：「竟然沒有想到要讓身體覺識到外在事物的方向也需要訓練。」當嬰兒抓著父母的眼鏡要把它戴到自己臉上時，也有同樣的問題，所以他先教會她左邊的鏡片要在左眼上，右邊的鏡片要在右眼上。

因為她說她看不見，所以摩謝先不教她讀（免得引發壓力），只要她看過一頁後便閉上眼睛，再問她有沒有想起什麼東西——也就是說，讓她做佛洛伊德式的自由聯想。當她說完她腦海中出現的字後，摩謝便回頭搜尋那一頁上所有的字，發現諾拉想得起來的字都在頁面左邊靠近底部的地方，通常是一行裡的最後三個字。他說：「我好興奮，她其實可以讀字，只是不知道自己是在哪裡讀到這些字的。」

諾拉對摩謝說的是「我看不見」（I cannot see），而不是「我不能讀」（I cannot read）。他開始了解她的意思了，於是他拿來一根吸管，一端放在她嘴唇之間，另一端放在她手指尖之間，再用指尖指著書上的某一個字，讓她用來說話的嘴和用來看的眼可以產生直接的連結。結果是，她看得見吸管終端的字但就是讀不出來。不過，大約這麼練習了二十次之後，她便很自然地說出了吸管終端的字——就像孩子初學閱讀時，往往得用手指著一個字才能讀出來一樣。諾拉可以閱讀了。摩謝常常坐在諾拉左邊，右手放在她的左臂之下，握著她的左手腕幫她扶著書，另一隻手則用來幫助諾拉扶著吸管。透過這個方法，他可以感覺到她身體最輕微的改變、最輕微的暫停呼吸，一有狀況他就知道這時應該停止移動吸管，直到她的神經系統可以重組。這好像共生的兩個身體：「我感受得到她情緒的任何改變，而她感受到的則是我堅決的、非強制性的、和平的力量。我不會催促她，可是一旦我感到她覺得焦慮，身體僵硬起來，就會立刻大聲讀出那個字。慢慢的，我越來越不需要替她讀出來了。」

摩謝幫助受損大腦去學習的最重要方法之一，是用他自己的身體去感覺、配合、認同學生的神經系統。對他來說觸摸永遠是重要的，因為他認為，當他的神經系統和別人的神經系統連接在一起時，彼此就會形成一個系統。「一個新的整體……一個新的實體……透過連接的手，觸摸的人和被觸摸的人可以感受到彼此的感覺，就算不相互了解也沒關係，被觸摸的人還是感受得到觸摸他的人的感覺，雖然不清楚那是什麼，一樣可以跟隨另一個人要他做什麼事的感覺。觸摸時我對被觸摸者一無所求……只去感受被觸摸的人的需求，不管他知不知道自己的需求是什麼，那時我能做的就是使他覺得好過一點。」

他用兩個人在跳舞來描述這種共生的神經系統的概念，因為我們是隨著舞伴的舞步而跳，而不是聽從「現在後退一步，現在……」的正式指導語；這種「跳舞」就像現實中的跳舞，重點是兩個人之間的溝通。摩謝碰觸他的學生時，通常都是在做非語言的溝通，暗示著她的身體可以做什麼，讓她感受到受限制的肢體其實做得到的新動作。這對那些年紀大的學生特別重要，因為他們已經依靠習慣動作太久，神經的可塑性強化了這些動作的模式，使得他們忽略了其他的動作形態，讓那些動作形態的迴路失去功能。因為大腦是用進廢退的，所以摩謝是在提醒學生以前有過、但如今已經失去的動作。

三個月以後，他才開始教諾拉握筆寫字這種更精巧的技能。直到課程結束、回到瑞士之前，她每天都有進步。

一年後摩謝去瑞士時，看見諾拉走在蘇黎世火車站附近，看起來很有自信。讓摩謝更開心的是，兩人對話時已不再是師徒的關係，取而代之的，是兩個老朋友久別重逢的喜悅與熱情。

摩謝同意幫助諾拉時，並沒有因為她失去了一部分的大腦結構而大驚小怪，因為他知道大腦具有可塑性。在耐心教她重新創造方向感，教她讀和寫時，他其實並不知道她能學會多少；她會復原得那麼好，是因為他能看出她缺少的是哪些大腦功能，再據此教她去做感覺分辨。當她的心智——也就是她的覺識——注意到這些不同時，這些不同就被組合進大腦地圖，她也就能夠去做更細緻的區辨了。

這兩位老人家坐在一起，真是一幅非常美的景像。摩謝那時大約七十歲，坐在諾拉身旁教她如何閱讀，兩人的神經系統緊密交織調和，他從她身上學到的可以說和她一樣多。在描述諾拉的個案時，摩謝的用詞非常謹慎，刻意避開「復原」（recovery）一詞，「那不能說是復原，」他說：「因為原本運動皮質區用來寫字的部位已經不像以前一樣可用了，所以，比較恰當的用語應該是『重新創造』（recreating）出寫字的能力。」那是因為大腦地圖上本來處理讀和寫的迴路已經被中風破壞了，如今是由別的神經元取代那些功能。儘管大多數人都會說他「治癒」（cure）了諾拉，但他自己並不使用這個字眼，而更偏好「改進」（improvement）；**在他看來，「改進」是慢慢變好，沒有上限，「治癒」則只是回到先前其實並不怎麼美好的狀態**。對某些一出生大腦就受傷而沒有「良好功能」的孩子來說，改善、進步就比治癒神奇得多。

腦性麻痺的孩子們

摩謝治療更多的中風病人之後，就越想幫助不幸罹患腦性麻痺的孩子。許多嬰兒還在子宮中時就中風了，有些則因為出生時缺氧，往往一生下來就像中風的大人那樣，不能控制舌頭和嘴唇來說話。這些腦性麻痺孩子也常會常發展出僵硬或痙攣的四肢，肌肉張力緊到無法正常的移動手腳。

對一個孩子來說，僵硬會製造出很多嚴重的問題。剛出生時，我們並沒有發展和分化得很好的大腦地圖，讓我們做出細緻的特定動作，所以剛出生的健康嬰兒會把整個拳頭塞進嘴裡吸；一天天長大後，他才會慢慢區分出手指和整隻手的不同，開始吸吮個別的指頭，最後更只吸吮大拇指。當他玩著他的手的同時，大腦地圖也正在分化，劃分每一根手指頭的區域，讓每根指頭都可以做個別的動作、有個別的感覺。但是，腦性麻痺孩子的四肢和身體卻不能做出細緻、個別的動作，因為他們的四肢因僵硬而痙攣，手掌通常都緊握成拳，所以根本沒有辦法訓練他的大腦地圖，發展和分化出個別手指的不同動作和獨立的區域。

另一個常見的腦性麻痺孩童症狀，是他們的腳後跟無法著地，所以站起來時都要有大人扶著，原因則是小腿肌把腳後跟拉得縮起來，阿基里斯腱永遠是緊繃的。此外，因為他們大腿內側的內收肌（adductor）也很緊，緊到讓兩個膝蓋老是碰在一起——而這兩種情況都會帶來巨痛。

主流的治療法是開刀，讓外科醫生切斷、放長阿基里斯腱，腳跟就能碰到地面了；有些醫生則會注射肉毒桿菌（botox）來麻痺肌肉，以解除肌肉張力。但是肌肉的收縮幾乎無時或停，所以就必須不斷地動手術，不斷地注射肉毒桿菌。同理，醫生也可以用切斷內收肌的手段來使膝蓋不會碰在一起；但是這一切都只能治標，無法解除症狀背後的原因——肌肉之所以會收縮，其實是因為大腦下了收縮的指令。其他的治療法還包括讓孩子去做伸展運動，因為確實是肌肉和組織太緊了才會造成他們的症狀，所以這是對的，但是伸展運動會帶給腦性麻痺孩童極大的痛楚，也並沒有就「這是大腦的問題」對症下藥，所以往往既痛苦效果又不好。

摩謝認為，腦性麻痺孩童的這種痙攣症狀不只源自大腦的受損，還包括大腦不懂得調控感覺和運動的行為；因為他們的大腦沒有接受過這種分化的刺激，也就並不「知道」該在什麼時候停止運動皮質區神經元的發射。

有一次，當摩謝到多倫多主持工作坊時，見到了腦性麻痺的孩子艾佛倫（Ephram），艾佛倫完全無法正常走路，沒有那具帶有輪子的走路輔助器就無法行動，身體非常僵硬，四肢痙攣，腳跟不能著地，所以只好用腳尖著地的方式走路。但是，他最大的問題還是膝蓋緊鎖在一起，無法分離。摩謝見到他時，他的父母已經替他訂好了手術日期，要切開他大腿內側的內收肌，好讓膝蓋可以分開。

摩謝從他的用腳尖走路著手。他讓艾佛倫躺下，輕觸他的腳、腿，幫助他的大腦地圖藉由分化學會區辨他的四肢。在很短的時間之內，艾佛倫就能夠放鬆，呼吸也比較輕鬆了。摩謝是透過艾佛倫的腳、腿神經元把訊息送到大腦，有了這些輸入後，他的大腦便開始區辨腳趾頭和肌肉、小腿和大腿的肌肉，以及所有這些肌肉可以做的動作。只有當大腦能夠區辨這些肌肉和動作時，它才可以恰當地調控運動皮質區神經元的發射，也才能調整肌肉張力，使這些肌肉不會太緊繃。

在功能整合的課堂上，摩謝發覺某個人的肌肉「放不開」且太緊，就知道那是神經系統工作過度的緣故。他機敏的工作人員金士伯格（Carl Ginsburg）說，摩謝通常不是叫學生別讓自己那麼「放不開」，而是替學生抓緊，**「摩謝知道使這個人緊繃的是習慣，所以他不會去和習慣對抗，而是直接把這個動作接手過來、順應這個人的這個習慣。他發現，一旦學生覺得有人接手，就會放掉已成習慣的動作。」**

以艾佛倫為例，摩謝的做法就是讓艾佛倫交叉膝蓋，把一條腿放在另一條腿上，也就是讓兩個膝蓋「做過頭」，這種方法可以教會艾佛倫的神經系統不需要工作得那麼辛苦；果然，不過幾分鐘後，艾佛倫痙攣的大腿肌肉就在摩謝毫不施力的情況下放鬆了。等艾佛倫的膝蓋稍稍分離，摩謝就把自己的拳頭塞進艾佛倫的兩個膝蓋之間，要他盡全力用大腿內側肌肉擠壓摩謝的拳頭。這麼一來，艾佛倫的肌肉就完全放鬆了，膝蓋也就自然打開。「你看，把膝蓋打開很容易吧？」摩謝對他說：「把它們併起來才費力呢。」他就是這樣用艾佛倫的身體重設他的大腦。二〇〇六年一個包含三十三名受試者的實驗，證實「由動作引發覺識」的課程也能同時伸展肌肉，這一點運動員不妨做為出賽前的參考。

失落了部分小腦的女孩

摩謝的方法甚至可以改變天生只有一部分大腦的人。我親自訪談過的伊莉莎白（Elizabeth），生下來就只有三分之二的小腦，然而，小腦和我們的眼手協調、平衡、思考及注意力都有很大的關係，沒有小腦的人很難控制這些心智功能。小腦只有桃子那麼大，位在大腦後端；雖然體積只佔整個大腦半球的十分之一，卻擁有百分之八十的大腦神經元。至於伊莉莎白的情況，醫學上叫做「小腦發育不全症」（cerebellar hypoplasia），無藥可治。

還在子宮中時，她的母親就覺得有些不對勁，因為伊莉莎白幾乎沒有胎動；出生後的她眼睛既不能移動也不能聚焦，兩眼各朝不同的方向看；一個月大還不會追蹤會動的物體，嚇壞了她的父母，很擔心她不能正常地看東西。隨著她的成長發育，醫生更很清楚地看出她有肌緊張的問題：有的時候，她只有很少或幾乎沒有肌肉張力，所以走路會仆倒；有時肌肉張力又太強，使她痙攣，無法做那些探索性的、自發性的動作。她接受了常規的物理治療和職能治療（occupational therapy），但每個療程對她來說都苦不堪言。

伊莉莎白四個月大時，就有家大型醫學中心小兒神經科的主任檢測過她的腦波，然後告訴她的父母：「她的大腦從出生後就沒有再發展過，所以也別指望往後會發展。」大部分的這種孩子都只能一輩子與天生缺陷為伍，更何況當時一般也認為小腦是沒有什麼可塑性的。醫生告訴她的父母，伊莉莎白的情況就和腦性麻痺如出一轍，他預測她永遠沒有辦法坐，會失禁，必須送到療養院去。她的母親後來回憶：「我記得他說，我們所能冀望的最好狀況就是重度發展遲緩（profound retardation）。」她的醫生所形容的確實是一般治療法的結果，遺憾的是，很多醫生也只知道這種治療法。

幸好她的父母不放棄，持續尋求幫助。有一天，一位知道摩謝療法的骨科醫生朋友對她父母說：「這個人能做別人都做不到的事。」當他們聽說摩謝要從以色列到他們居住地附近訓練治療師時（這是他在一九七〇年代的主要工作），便趕緊前去見摩謝。

摩謝第一次看到伊莉莎白時，她已經十三個月大了，卻還無法爬行，甚至不能像蛇一樣腹部貼著地面、靠著伸縮身體向前進（這種蠕動〔creeping〕通常被認為是爬行〔crawling〕的前驅），唯一能做的自發性動作是向某一邊翻滾。她在第一堂功能整合課上從頭哭到尾，因為她有太多痛苦的經驗——那些治療師都只會強迫她去做她做不來的動作；例如許多治療師一味地要她坐，但那是做不到的事，所以一次又一次地倒下去。身體痙攣的孩子做這種動作會很痛，也難怪她會哭個不停。

摩謝的看法則是，這種趕鴨子上架的方法大錯特錯，因為沒有哪個人是用走路來學會走路的；每個孩子學會走路以前，都必須先有很多先備的技術和能力——雖然我們大人都知道，但要不是早就忘得一乾二淨，就是完全沒往這方面著想。例如你要先能弓起背、抬起頭才有可能爬，會爬了才會走。摩謝很快就發現，伊莉莎白面朝下躺時的表情很痛苦，而且只要是趴著頭就完全抬不起來。

他也注意到她整個左邊身體始終處於痙攣狀態，造成手腳僵硬。她的頸子非常緊繃，導致疼痛，左邊身體的痙攣表示她左邊的大腦地圖完全沒有分化，所以不同的動作動用到的都是同一大片大腦區域。

摩謝觸摸她的阿基里斯腱時，即便已經非常輕柔了，她還是深受痛苦，所以他知道**第一步是先解除她的痛苦：除非先處理好她的大腦，要不然她就無法學習**。

「摩謝檢查過她以後，」她的父親回憶：「就對我說：『她有問題，但是我幫得上忙。』語氣帶著自信。我太太請他稍作說明，他便托起我們女兒的足踝，讓它彎曲起來，再抓著我的手指說：『摸一下這裡。』讓我直接感受她小腿肌肉的糾結。他說：『她之所以不會爬，是因為腿一彎就痛，只要能讓這些肌肉鬆開，你就會看到她可以彎腿，一旦我們可以使她的肌肉變軟，她的所有行為都會改變』事情果然如他所料，之後的一天還是兩天她就開始爬了。」

摩謝第二次看到伊莉莎白時，他的一名學生安娜特・班尼爾（Anat Baniel）——是一位臨床心理師，也是他好朋友班尼爾的女兒——正巧在一旁，摩謝請安娜特在整個治療的過程中抱著伊莉莎白，然後他再輕觸伊莉莎白，教她如何區辨簡單的動作，伊莉莎白因此變得很感興趣，很專注，最重要的是不再哭泣，感到快樂。

摩謝輕輕扶起她的頭，再溫柔又緩慢地往前拉來伸展她的脊椎。通常這個動作會使背弓起來、骨盆往前移——假如這個人是站著的，那麼這個效應會自然發生。治療腦性麻痺的孩子時，他通常都會用這個方法來使骨盆反射反應地移動，但是當他用在伊莉莎白身上時，安娜特卻感覺不到她的骨盆有移動；所以安娜特決定，下一次摩謝拉動伊莉莎白的頭時，她會同時輕輕轉動她的骨盆。

突然間，伊莉莎白痙攣、僵硬的身體有了動靜，於是他們一次又一次輕輕撫動她的脊椎，然後又試了各種略有不同的動作。

治療結束、安娜特把伊莉莎白抱還給她父親時，以往伊莉莎白都會趴在他身上，因為她控制不了自己的頭，但是這一次卻弓起了的背、頭往後仰，然後再使自己向前面對父親。也就是說，摩謝和安娜特在她脊椎和頸子上所做的輕微動作，成功喚醒了這個動作的意念，設定到她的大腦中了。現在伊莉莎白已經會動用脊椎和背部的大肌肉，還動得很開心。

然而還有很多問題得操心：伊莉莎白仍舊是被診斷為重度殘疾的孩子，摩謝看得出她的父母顯然非常擔憂她的未來。每逢遇到這種況狀時，摩謝通常不會給父母不切實際的希望，但他的判斷是，**重要的不是這個孩子的大腦在發展階段落後了多少，而是怎麼給予大腦恰當的刺激，以及這孩子可不可能學得會**。「她是一個伶俐的女孩，」他說：「她會在自己的婚禮上翩翩起舞。」

摩謝返回以色列後，接下來的那幾年裡，伊莉莎白的父母一再排除萬難，帶伊莉莎白去找他；如果摩謝到美國或加拿大來，就更方便了，他們會帶她去摩謝下榻的旅館。他們先後去了以色列三次，每次停留二到四週，每天都去摩謝的辦公室；無法讓摩謝看診的時候，伊莉莎白就靠每天練習來維持進步。

摩謝七十七歲那年到瑞士旅行時，在一個瑞士小鎮病倒了，失去意識，醫生檢查後發現他是腦溢血：血液集中在他的腦膜和大腦內，壓迫到大腦組織。更不幸的是，當地唯一的神經外科醫生那個週末出城了，所以開刀解除因硬膜下出血造成壓力的必要手術也被迫延誤。

摩謝的同事說，他過去因摔人、被摔這些柔道運動所造成的腦震盪，終於要讓他付出代價了，因為使他硬膜下出血的就是累積的舊傷。他在法國休養到復原，但或許是因為開刀延誤，大腦受到的某些損傷還是讓他相當痛苦。即便如此，他還是很快就繼續上功能整合的課程——由於深感來日無多，他更是盡量多收學生，希望能在有生之年盡傳所知。

回到以色列後，他又中風了一次，影響到他的語言能力；這一回，換成他的學生每天幫他上功能整合課程了。他年事已高又生病，於是將越來越多的孩子轉介給安娜特。為了慢慢接手伊莉莎白的個案，安娜特讓伊莉莎白搭機到她那兒待了三個星期，每天幫她上課，後來還斷斷續續照顧了伊莉莎白很多年，她的進步也越來越快。

今天的伊莉莎白，已經是個三十多歲、擁有雙碩士學位的女士了，個子嬌小，只有一百五十公分高，卻有著甜美的聲音，走路和動作都很輕盈。不知情的人絕對不可能知道她曾經被診斷為一輩子不能走路，只能在療養院中度過人生，還會有嚴重的智能障礙。她告訴我：「摩謝那時曾對我父親說：『等到她十八歲時，沒有人會看得出來過去曾經發生過什麼事。』他是對的。」她還記得一些去以色列的事，「我有點記得摩謝：一頭白髮，藍色的襯衫，到處都是菸味。」——摩謝抽菸，上課時也不例外。「他會在我耳朵旁邊悄聲說話，讓我平靜下來。」

她的兩個碩士都得自主要大學（譯註：即非野雞學校），一個是近東猶太研究，另一個是社會工作，而且還取得社工師證照。雖然她還是有一些小腦發育不良症的症狀，比如對數字的學習有困難，所以數學和科學對她來說是很難克服的領域，但是除此之外，她喜歡學習，也很聰明，所以讀了很多書——莎士比亞的所有作品，大部分的托爾斯泰作品和其他文學經典。今天的她有個小小的事業，而且結了婚，生活美滿幸福。

是的，她在她的婚禮上翩然起舞。

學得會翻滾，就學得會說話

過去的五年裡，我追蹤了許多安娜特的「學生」，她的診所在加州的聖拉菲爾；那些有特殊需求的孩子都有嚴重的大腦問題，而我目睹了許多出人意料之外的進步。安娜特累積了非常多腦傷和神經系統受損的治療經驗——那些孩子不是唐氏症、中風、自閉症、語言遲緩、失用症（apraxia，或稱運用失能症）的受害者，就是罹患腦性麻痺和神經損傷。

我也觀察過安娜特治療另一個出生就沒有部分小腦、無法說話的女孩。當她母親懷孕十七週時，超音波就已顯示這個胎兒完全沒有小腦蚓部（vermis），剩下的小腦部分則是不規則、沒有組織的形狀。神經科醫生說，即使她存活下來也會像是自閉症，而且無法走路。這個女孩——霍普（Hope，化名）——來看安娜特時二歲四個月大了，但既不能動、不能坐，也無法抬起頭部或身體；眼睛是鬥雞眼，不能追蹤會動的東西，發不出聲音，完全不和家人互動。傳統物理治療只帶給她痛苦，而且全無療效。

「第一次來看安娜特後，」她父親說：「十天之內她就學會了爬。」安娜特用輕柔的動作、看起來和說話無關的訓練教會了她說話，觸摸她的腳和腰，輕搖她的膝蓋，撫動她的骨盆、脊椎和肋骨。只有當大腦可以像控制嘴唇、舌頭、嘴巴那樣地控制呼吸時，語言才會出現，所以安娜特會觸摸她的肋骨、脊椎、腹部的肌肉。安娜特把牙牙學語當作遊戲一般，讓霍普不會感到有人「期待」她說話的壓力。（這和語言治療師的方式完全不同，語言治療師會讓她練習發音，要她重複嘗試，使她焦慮，因為她尚未發展到那個地步，想做也做不到。安娜特把這叫做「練習失敗」〔practicing failure〕，因為「孩子學的是經驗，不見得是我們要他學的那些東西」，所以往往立意良好的事情到孩子身上可能就適得其反）。

運用遊戲、玩耍的方式，安娜特打開了霍普的學習開關，幫助她了解：不管多不完美，任何她所發出的聲音都是溝通的一種。所以每次上課時霍普都會笑，偶爾還會說「不要！」。上過四堂課後，霍普就開始「呀呀學語」了；今天，七歲半的她已經能說些短句。

霍普的左視野（left visual field；譯註：即兩個眼睛的右邊所投射出去的視野）抓不到影像，所以安娜特以讓她全身合而為一的方式幫她追隨物體的移動到左邊去。很有趣的是，這個追蹤眼球運動的方式居然影響了霍普眼鏡的度數，讓她從+8變成-1；最後，她甚至不需要眼鏡就看得清楚了。霍普有鬥雞眼，通常會請外科醫生切斷眼球的肌肉，好讓兩隻眼睛可以聚焦，但這種方法雖然表面上校正了眼睛，實質上眼睛卻並沒有改變。摩謝的療法讓很多孩子得以校正視力又避免開刀。

我在安娜特處所觀察到的另一個孩子——希尼（Sidney，化名）——一出生就感染了腦膜炎，所以在新生兒加護病房住了很久。電腦斷層掃描顯示，他因細菌感染而中風，除了細胞被破壞，腦膜炎還使大腦腫脹，阻擋了脊髓液流出。脊髓液積在腦中就會產生壓力，使頭部變大，有時甚至腫脹到原來的兩倍大——這種情況叫水腦症（hydrocephalus）。為了挽救希尼的性命，神經外科醫生裝了個分流器（shunt）以減少大腦的壓力，很不幸的是這個引流手術失敗了，所以希尼必須再開一次刀。

第一次被家人抱到安娜特的中心來時，希尼五個月大，全身痙攣，沒有辦法翻身，也像很多中風的人一樣拳頭緊握、打不開，手臂彎起來擋在胸前，動也不動。安娜特說：「他的手臂僵得很嚴重，如果硬要快速掰開，就會折斷他的手。」醫生告訴他的父母，希尼一輩子都不會走路，也無法像常人那樣轉頭——醫學上稱之為斜頸症（torticollis）。但是剛上完第一堂課，他兩隻手的拳頭就鬆開了；每多上一次課，他都進步很多，最後還學會了翻滾。安娜特告訴他的父母：「這個大腦既然學得會翻滾、坐起來，也就學得會說話。」

在安娜特的幫助下，二十七個月大的時候，希尼會走路了。知道他可以學，所以雖然他的語言發展還是落後，他的父母還是決定讓他學三種語言：除了英語之外，他母親對他說義大利語，送他去義大利語的環境，讓他浸淫在該語言中，他的保母則對他說西班牙話。

接受治療的頭兩年，希尼每週都來看安娜特四次到五次，每次三十分鐘。安娜特已發現，功能整合密集上課的效果比較好。

到希尼五歲時，一年只須去看安娜特幾次。雖然他沒有同齡孩子那麼活躍，跑步的姿勢也還是很僵硬，但現年九歲的他活得非常充實。一個本來不應該會走路、會說話的孩子，現在不但可以盡情奔跑，而且三種語言都非常流利——他可以用英文、西班牙文和義大利文讀和寫！

「我行我素」的一生

一九七七年，摩謝創設了現今的北美費爾敦克拉斯協會（Feldenkrais Guild of North America），正式訓練採用他的療法的治療師並頒發證書，它和國際費爾敦克拉斯聯邦（International Feldenkrais Federation）有關係，目前全世界都有接受過這個協會深度訓練的治療師。

在他長大成人後的一生中，摩謝始終認為基因只是決定智慧的因素之一而已，大部分對我們來說很重要的學習都是在教室外完成的，比如學習如何走路（和對抗地心引力），比如他如何學習物理（大多是在約里奧—居禮的實驗室中學得）和學習柔道。終身學習是他的家族傳統，所以他八十四歲的母親學了柔道後還能把他摔過肩，他深感驕傲；他跟其他的武術老師開玩笑說，那個過肩摔「一定是假的，因為太令人不敢置信了……當她看到別人可以用柔道把對手甩來摔去，就說『我也做得到』，而且只花了十分鐘便學會過肩摔。」

摩謝從嘉納治五郎和柔道中學會的最重要的事，就是了解反向（reversibility；編按：指從A到B到C，變成從C到B到A）：**動作要被看懂、要合理化，必須在任何時候都能停下來而且反向——轉向反方向**。秘訣在於永遠不強迫地做動作或過生活，因為這跟分化正好相反；強迫性行為總是用同樣的方法，而且諷刺的是還很花心智資源，通常也很機械性，沒有什麼覺識在內。

他在《高等柔道》一書中寫道：「對柔道來說，對任何事情太執著都不是好事，因為這會使你在必要時改變不了心智。」生活就像柔道，永遠不能被鎖住——被習慣、思考方式或態度鎖住。在柔道場上，即使已經被人壓制在地，他寫道：「你應該永遠記住，『固鎖』（immobilization）和『壓制』（holding）所形容的並不是事情的實際狀態——只傳達了不存在於動作中的最終和固定性的概念。『固鎖』不但應該是動態的，還得不停變化；一旦你不再先發制人、推測他的下一步，你的對手就會掙脫你的固鎖。」

只有一個方向是我們無法逆轉的：人一定會走向死亡。但我們雖然改變不了這個宿命，卻可以改變走向死亡的方式——可以有覺識，也可以沒有覺識地走向死亡。當班尼爾（安娜特的父親）在一九八四年去摩謝在台拉維夫的公寓看他時，他發現摩謝似乎就像往日聆聽別人的身體那樣，正在傾聽自己的身體。因為他知道這個老朋友的好奇心很強，生命力也很強，所以班尼爾便問他：「摩謝，你感覺到什麼了嗎？」

摩謝的臉因腫脹而看不出表情，但在班尼爾看來，他的心正在微笑。

他緩慢地回答：「我正等著傾聽自己的下一個呼吸。」

第六章

盲人學會看

費爾敦克拉斯療法、佛教古法和其他神經可塑療法

眼睛靜止時也還是不斷在動。

——法國解剖學家勞倫提斯（Andreas Laurentius），《視力保健》（*A Discourse of the Preservation of the Sight*），一五九九年

身材修長、說話溫和的大衛・韋伯（David Webber），正坐在我診所裡。他從四十三歲以後就看不見了，但是在採用費爾敦克拉斯療法、從大腦和心智著手後，現在已經治癒他自己。多年來他一直都得服藥，眼睛也動過很多次手術，但手術都失敗了，他仍然看不見；然而，今天坐在我對面的他，卻不必吃藥就看得見了。過去的疾病對他眼睛的蹂躪明顯可見：他的右眼外翻，瞳孔過大，右邊的虹膜（iris）是比左邊虹膜暗的綠棕色。雖然他現在看得見了，但走動時還是得很小心，每個動作都必須像盲人一樣，先以覺識確認自己的身體在空間的哪個位置才開始行動。

我們第一次見面是在二〇〇九年，那時他五十五歲，遠從希臘的克里特島（Crete）來訪；他其實出生在加拿大，是眼睛失明並失業後，才搬到克里特島去的，住在一間十五世紀時建造、可以俯瞰愛琴海的房子裡。搬到克里特島之前，眼睛的治療已經頗有進展，但還是看不見東西；希望能過著比較不緊張、比較沒有壓力的生活，這才選擇了步調沒那麼快、到處都是橄欖樹的克里特島，希望島上的陽光和新鮮的空氣對他有所幫助。在克里特島上，他可以用有限的儲蓄過簡單的日子，不必再因為加拿大的冬天而擔心暴風雪來臨或在冰上走路時摔跤。

對談之後我們才發現，其實彼此的人生道路已交叉過好幾次。我們上的是同一所高中，大學裡的哲學老師也是同一位，都影響我們很深，但因為年級不同，所以互不相識。一九六〇年代，年輕的韋伯先是成了討海人，後來才追隨我們共同的哲學老師研究柏拉圖，欣賞古希臘人的智慧。然後他又進入一間非常古老的佛教學校，接受南傳小乘佛教（Theravada）的訓練。佛教對生命的探索，正是他一開始被柏拉圖和蘇格拉底吸引的原因。他向兩位老師求教了許多年，其中一位後來更在他的療癒上扮演了重要的角色：南傑仁波切（Namgyal Rinpoche），他教韋伯靜坐禪修和修習上古文獻。另一位是緬甸的希拉汪塔尊者（Venerable U Thila Wunta），韋伯和他一起修練時，一天有時要打坐二十小時，只睡四小時。

然後他結婚、有個兒子，在找工作養家時發現自己很適合電腦工程師所需要的系統化思考方式。一九九〇年代初期，他的工作是電腦網路的整合，負責處理美國電報電話公司（AT&T）的加拿大帳戶，也是最早發展出網際網路商業化硬體的幾名國際成員之一。

一九九六年的一天，當時他四十三歲，在一場大型展覽會上有人跟他說：「你的眼睛好紅。」看過眼科醫生的結果，發現是葡萄膜炎（uveitis）——一種自體免疫的疾病，由於身體的抗體攻擊自己的眼睛而導致發炎；美國的失明者中，有百分之十是由於葡萄膜炎的侵襲。這個發炎很快地使他的虹膜和水晶體產生病變，他就逐漸變瞎了。自體免疫系統接著攻擊他的甲狀腺，逼得他只好開刀割除。

因為自體免疫出狀況，視網膜後面的液體過多，使得位在視網膜中心的黃斑（macular，幫我們視野中心表現細節的部位）腫脹，他失去辨識細節的能力，連看個錶都做不到，得靠他周邊的視覺才能知道手腕上有一個像錶一樣的東西，也只能模糊地知道它的顏色，卻沒有辦法得到足夠建構影像的資訊。

接下來的五年裡，醫生不斷幫他的眼睛注射類固醇，也口服類固醇來抗發炎，但是治療趕不上疾病的惡化速度，發炎而死亡的細胞終於充滿他的眼睛，阻擋了他的視力。手術還帶來兩個其他的眼睛問題：眼壓的升高使他罹患導致失明的青光眼以及嚴重的白內障，所以，最後他兩隻眼睛的水晶體都摘除了，必須戴上很厚的眼鏡來取代水晶體——但厚鏡片又阻擋了他僅存的周邊視力。

他很怕必須依靠別人才有辦法過日子，所以常常不戴那副厚厚的眼鏡就強迫自己去搭乘地鐵或逛市集，在人群中練習如何生存。雖然他所能看到的僅是模糊的一片，但是他說：「我不但學會了如何用模糊的視力生活，還活得相當安穩。我發現，視力其實不僅僅是看得見東西而已……我是用整個我在看，不是眼睛。」

後來追加的兩次手術（叫做「玻璃體切割術」〔vitrectomy〕），目的是打開他的眼球、吸出裡面的玻璃體液；因為玻璃體中有很多死去的組織，這個手術稍微改進了他的視力。但在另一次摘除白內障時，術後感染傷害了他大部分的右眼，而且嚴重到眼科醫生都告訴他基本上右眼已經「死亡」；果然，右眼開始在眼眶之中逐漸萎縮。二〇〇二年，他僅存的左眼需要施行青光眼手術，鑽洞讓液體流出，但很不幸地，手術也不成功。也就是說，他經歷了五次眼睛手術卻都沒能改善視力。對於伸在他面前的手，他的一隻眼睛僅能辨識有五根指頭，另外一隻眼睛則完全看不出來那是什麼；另外，他還一直覺得左眼內有東西在刺激他。痛苦伴隨著他很多年，也讓他經常離不開病床。

「其實，」他告訴我說：「我還有情緒上的痛苦。那一大段時間整個就是恐怖，我過著極端焦慮的惡劣人生，感覺一天比一天糟。」本來冷靜的聲音，說到這裡時開始顫抖：「在家中，我失去了打理生活的能力，甚至連牙膏都無法擠在牙刷上；在便條紙上留字時，每個字都有兩、三公分高。工作上，我的事業不斷走下坡，原本已經爬到很高的位階，而且下一波的升遷本該是我，但是我的老闆告訴我，因為我看不清電腦上的字，出了很多紕漏，所以那個帳戶不再歸我所管。失明已經夠痛苦了，失去事業更讓我痛不欲生，因為我知道，往後再也沒有那麼好的機會：當時網際網路正在快速擴張。沒有辦法留在那艘船上真是令人心碎，更別說我還得申請殘障手冊，靠著所剩不多的視力和還未置我於死地的免疫系統活下去。」

服用類固醇的目的，是希望能讓他的眼睛不再繼續惡化下去，本來他也一直都遵從醫囑，但是類固醇使他臉孔腫大、心跳加快、體重增加、無故顫抖、情緒起伏不定、心智混亂，而且健忘。他覺得這種藥物是在毒害他而不是救他，心中一直有個揮之不去的疑問：究竟是類固醇會保住他的眼睛，還是眼內的壓力和發炎最後會傷害到視神經？他的憂慮果然不幸成真，所以他現在有另一個眼睛的疾病——視神經病變。他的眼科醫生作了測試之後，說他已經是法律定義上的盲人了。

一般所謂的 20/20 完美視力，是指站在二十英尺（約六公尺）外可以看得見「史內倫標準視力測驗表」（Snellen eye chart），視力在20/200以上的算是法定盲人。韋伯是20/800，表示他在二十英尺外可以看見的東西，正常人在八百英尺之外就看得見了；因為他只能看見眼前五根指頭的模糊影像，所有的醫生都說他的下半生只能摸黑過日子。

他的人生拐了個大彎，除了家人和一些很親密的朋友，其他人都放棄他了。「事業上的夥伴避不見面，過去經常有求於我的人也都不再上門，因為我對他們已經沒有用了。」他的婚姻早在他眼睛出問題之前便破裂了，現在的他，一個四十多歲、沒有工作的盲人，怎麼生活才好呢？他只好搬回父母家。晚上作夢時，夢見自己看得見了，醒來後才知道，過去自己看得見是一件多麼幸福的事。

白天，他去了當地的盲人協會，有人給他一根白手杖，還教他怎麼區辨零錢。他曾經嗜讀如命，如今卻完全無法看書，簡直是墜入「不可想像的地獄」。大部分的挫折來自因為不能閱讀，而無法研究如何對治眼睛的毛病。在還沒有完全失明之前，他喜歡「像個餓鬼地在多倫多的舊書店裡遊盪」，拿著放大鏡對著開本夠大、封面反差較強的書，一個字一個字地猜出書名，「我會依據書名買下來，但只是要把它帶回家、放在我的書架上，希望終有一天我能夠閱讀它們。」

「這個希望背後的驅力是什麼？」我問他。

「盲人的信心（編按：原文blind faith本是指盲目的信仰，此處應為雙關語），」他回答說：「而且，我不但想看得到兒子，還想看著他長大。」

一線生機

有一天，一直關注他的治療、也知道病情會如何惡化的全科醫生給了他一份資料，是早年紐約一位眼科醫生所寫的另類療法。這位貝茲醫生（William Bates, 1860-1931）曾經很成功地治癒過很多常見的眼疾，偶爾甚至治癒失明的病人。他治療眼疾的方法和摩謝治療行動問題的方法很像：他認為**視覺不是被動的感官歷程，而是需要主動為之的運動，眼睛運動的習慣會影響視力**。

貝茲醫生是哥倫比亞和康乃爾大學訓練出來的醫生，早在一八九四年，他就已經是腎上腺素在醫療上使用的先鋒了，而腎上腺素與戰或逃反應、壓力和恐懼都很有關聯，所以他遠比醫界同儕更明白壓力會影響身體、肌肉和肌肉張力，眼睛也不例外（腎上腺素會使瞳孔放大，影響循環，增加內在的壓力）。貝茲測量過成千上萬個人的眼睛，知道視力會隨著壓力而改變，緊張會導致視力模糊。當他發現有些病人的視力會「自發性復原」（spontaneous recovery）後，便不禁要想，他能不能透過某種訓練讓視力欠佳的人變好呢？他後來的名聞遐邇，就是因為幫助了很多人拋掉眼鏡而能看得更清楚。

一般普遍的看法——可以追溯到亥姆霍茲（Hermann Von Helmholtz, 1821-1894）這位了不起的德國科學家對視覺的研究——都認為，眼睛能夠看不同距離的東西是因為水晶體會改變形狀，所以亥姆霍茲就用一個叫「視網膜鏡」（retinoscope）的儀器來研究水晶體的改變；他認為，水晶體的形狀會改變是因為水晶體旁的小肌肉的收縮。這個看法很快就變成教科書上的教條，直到現在也還這樣教。

然而，貝茲卻不這麼想，他有一些病人因白內障的緣故摘除了水晶體，戴上特製（如韋伯所戴）的眼鏡後仍然可以調節他們的焦聚。這個現象經常出現於文獻中，卻始終進不了教科書。貝茲於是乾脆重做亥姆霍茲的實驗，用視網膜鏡去觀察魚、兔子、貓和狗，結果發現聚焦時不只水晶體會改變形狀，因為眼球外面有六條肌肉會牽動眼球，所以整個眼球的形狀也都會改變。以前醫學界一直認為，這六條肌肉只是讓眼睛可以追蹤會移動的物體而已，貝茲卻發現，這些肌肉會用拉長或縮短眼球的方式來聚焦，當他切斷這些肌肉後，實驗動物便不能改變焦距了。

這個發現非常重要。一八六四年，荷蘭的眼科醫生當德斯（Franciscus Cornelis Donders）便已觀察到，近視的人眼球比較長。眼球太長時，影像會超越水晶體，所以還沒到達視網膜影像就模糊了。貝茲認為，有些人之所以視力模糊，是因為近視後外在的肌肉常常處於高度張力的情境下，影響了眼球的形狀。近視眼的人常常會覺得眼睛很酸，也會不經意地壓抑這個感覺，但假如閉上眼睛去體會一下，他們就會注意到那個感覺。

貝茲尤其強調，**眼睛的動作和清楚的視力大有關係**。視網膜中央的黃斑使我們可以看見細節，即使只是掃描一個字或甚至一個字母，都在不停地移動。眼睛有兩種叫做眼球跳動（saccade）的運動，有些眼球跳動旁人可以觀察得到：如果有人正在環顧室內，想從人群中發現朋友，我們就能看出他眼球的快速移動。但是，另一種眼球跳動就小到很難看得出來。達爾文的父親羅伯（Robert Darwin）便曾發現，即使眼睛看起來好像靜止不動，其實還是不自主地在動；現在我們已經知道，因為這種「微跳視」（microsaccade）的速度實在太快，不借助儀器不可能偵測得到。當我們被藥物麻痺了眼球的肌肉時微跳視受到抑制，我們就看不見了，因此，眼球跳動對能不能看得見非常重要。

那麼微跳視如何促進視力？根據最新的視覺神經科學理論，視網膜和與它有關的神經元只能註冊極短暫的訊息，才剛註冊，訊息就開始褪去了。當我們注視一個靜物時，我們的眼睛就會拍下「這東西的大量快照」，接著它們會移動到一個位置之後暫停下來，使影像能把它的光投射到視網膜上對光敏感的感受體，讓它們發射這個影像的新版本。然後，因為影像很快會褪去，所以就會有一個微跳視讓眼球非常細微地跳動一下，刺激附近的感受體發射第二次的「快照」。即使我們盯著一個物體看、陷入沉思時，眼睛還是不斷在微跳視中，把影像的不同快照版本送往大腦（觸覺上也有同樣的情形：當我們剛剛穿上一件衣服時，都會感覺布料摩擦到皮膚，但是這個感覺很快就會褪去，除非我們移動了、又感覺到新的接觸印象；要感受到一塊布料的質感，我們通常會用手指觸摸布表，再「掃描」一次，以確認剛剛的感受）。

眼睛不是被動的感覺器官，再平常不過的觀看也需要眼睛運動。早在一五九九年，解剖學家勞倫提斯就寫道：「眼睛靜止時也還是不斷在動。」要能看得見，就需要眼睛完整、主動運作感覺神經迴路，這表示大腦必須能夠移動眼睛，感受到這個動作如何影響視覺，才能用這個回饋去移動眼睛到另一個新的位置上。**失明常常不只是被動感覺上的缺失，因為看得見並非僅只感受的活動，而是一個結合感覺和動作的活動，所以，失明往往和動作的問題有關。**

正因為貝茲認為眼睛的疲勞和高度的張力會抑制視覺，所以他發展出一套放鬆眼睛的練習法。他發現，做了這個練習的病人眼鏡度數可以減輕，許多人甚至不必再戴眼鏡。雖然他的關注焦點好像都只是眼睛，但是他也知道，任何改變肌肉張力和視覺的方法都一定會牽涉到大腦。

所以，他發展出一個為什麼人會有近視、遠視、鬥雞眼這些問題的理論：他認為，這一切全都來自我們使用眼睛的習慣；他更相信，文化和我們的視覺關係匪淺。一八六七年，德國的眼科醫生柯恩（Herman Cohn）從一萬名兒童的研究中觀察到，兒童在學校的年級數越高鏡片的度數也越高，因為學校要求他們讀更多書，做更貼近眼睛的工作（例如寫作業，最常看到的眼睛不正常便是寫太多作業造成的近視眼）。在以色列，正統猶太教的男孩很小就得讀猶太法典《塔木德經》（*Talmud*）和《舊約聖經》（*Torah*），所以以色列的男生幾乎都戴眼鏡。在亞洲國家，一百年前幾乎沒有人戴眼鏡，但是到了近代以後，學業的壓力迫使孩子很小就必須大量閱讀，戴眼鏡的人數就上升了，以至於現在已經約有百分之七十的亞洲人患有近視。雖然大部分的醫學院仍然把近視眼解釋為基因的關係，但是這種改變實在太快了，不能單用基因來解釋；正因為現代人用眼睛的方法和前人很不一樣，這些改變，應該大部分都源於大腦神經可塑性。

戴眼鏡之所以能夠校正視力，是因為眼鏡能讓穿過它的光產生折射，落在視網膜的正確位置上。但眼鏡雖然可以馬上校正視力，卻不能治癒內在的問題，眼睛疲勞和近視的威脅仍在，而且越來越嚴重（所以大部分人的近視度數才會與時俱增）。貝茲認為，不能逆轉近視只會帶來更多的問題，因為嚴重的近視會造成視網膜剝離、青光眼、黃斑部病變（macular degeneration）和白內障，而且每一種病變都會導致失明。對貝茲來說，減輕近視、去除對眼鏡的需求絕對不是美容，而是預防醫學。

貝茲的名氣也引來世界各國的追隨者，他的學生都自稱「自然視力改進教育者」（natural eyesight improvement educator）。他的研究對摩謝有很大的影響，但是紐約當地的眼科醫生和驗光師卻因為飽受威脅而給他戴帽子、貼標籤，說他是騙子，強迫他放棄紐約醫學院（New York Post-Graduate Medical School）的教職。我們只能為他的生不逢時慨嘆——在主流醫學還沒有接受神經可塑性時，就用心智經驗去訓練視力。（我和他太太曾經去參加這種自然視力的課程，我們兩人的視力都回復到可以戴十五年前的舊眼鏡；當一個人因被催眠而回到童年時，視力也會回到童年時的清晰，我認為那是童年時眼球肌肉大量放鬆的緣故。）

南傑仁波切的四個方法

韋伯在一九九七年首度聽說了貝茲的研究後，就開始探索這個可能性，雖然那時他的眼睛發炎得太厲害，不認為適合貝茲的療法；但他還是繼續打聽各種治療法，因此聽說了以色列人施耐德（Meir Schneider）的故事。施耐德天生失明，父母又失聰，卻靠著貝茲的療法恢復視力。因為基因的關係，施耐德一生下來就有白內障和青光眼，也曾經歷五次失敗的手術，使得眼睛充滿了疤痕，因而被宣告永久失明。十七歲時，他的視力是20/2000，有個年紀比他小的男孩用貝茲的方式改善了視力，便教他怎麼做這個練習。本來這個方法一天只要做一個小時，施耐德一做就是十三個小時。不久之後，他便注意到明暗對比產生變化：亮的更亮，黑的更黑；慢慢地，他開始看得到一點物體的輪廓。練習六個月以後，他已經看得出物體，還可以用高達20屈光度的鏡片認出字母；練習十八個月後，甚至不戴眼鏡就可以閱讀。今天的施耐德不但在加州教授自我療癒，我去看他時，他還秀出無限制駕駛執照給我看。目前他的視力是20/60，也就是說，從只剩百分之一視力進步到正常視力的百分之七十。

韋伯看到的也正是：施耐德的情況和他一樣嚴重，卻在使用貝茲的方法後進步了這麼多。然而，施耐德的故事雖然激勵了他，但是他病得太厲害，心情非常沮喪，類固醇的毒也中得太深，太受所有醫生診斷的影響，沒有遠赴加州的力氣。

雖然對東方的思想很有興趣，韋伯卻把希望全都放在西醫上，直到他的眼科醫生講白了自己無能為力，再也幫不上什麼忙後，他才去加拿大安大略省的金蒙特（Kinmount）找教他靜坐參禪的老師南傑仁波切。看到他紅腫發炎的眼睛後，仁波切說：「我教你四個古代喇嘛自我治療眼疾的方法好了，應該對你有用。」

那時已是一九九九年春，在所有的高科技治療都無效的現實下，這四個方法看起來都太簡單、太原始、太幼稚。總之，這個口耳相傳下來的方法一如下述：

第一，南傑仁波切告訴他：「**每天去參悟藍黑色幾個小時，因為這是半夜天空的顏色，也是唯一**

可以完全放鬆眼睛肌肉的顏色，而放鬆是最重要的事；在古代，這個方法甚至連已經損壞的眼睛都治得好。試著平躺在地板上，膝蓋朝向天花板，手輕放在肚子上。」這個姿勢會減少下背部的緊張、放鬆你的頸子，同時也可以使呼吸更自然。在做這個練習時，韋伯把手掌放到眼睛上，使眼睛更加放鬆。但是，重點只是在「達到一個平靜、寬闊的心靈。」韋伯說。

第二，南傑仁波切要他「**把眼睛轉上、轉下、轉左、轉右、轉圓圈和對角線。**」

第三，他說韋伯一定要「**常常眨眼睛**」。

第四，他說：「**要讓你的眼睛曬太陽**。坐在面對太陽四十五度角的地方，只要是早上或傍晚太陽較低的時候都可以。閉上眼睛，讓太陽的溫暖和光芒穿透眼睛所有的細胞組織，就像讓眼睛洗個溫水澡，每天十到二十分鐘。」

就這樣。南傑仁波切並未解釋這些動作如何可以幫助他的眼睛，只強調深層的放鬆非常重要。這些技術卻很類似貝茲用在症狀較輕微病人身上的技術。例如，貝茲也強調用手掌覆蓋眼睛來放鬆眼睛、眨眼、閉著眼睛曬太陽（韋伯告訴我，他後來才從貝茲的學生處聽說，貝茲就是從古代東方的傳統治療法中學到用手掌覆蓋眼睛）。

韋伯其實並不知道拿這些低階技術的建議怎麼辦，揮之不去的痛苦讓他深受折磨，左眼總覺得好像隨時都會被壓爆。

雖然這些練習看起來都很簡單，他還是有心無力，才剛開始做藍黑練習，就只覺得更添焦慮。「

我甚至連幾分鐘都熬不過去，受損的視神經一直在我視野中央丟出白色和灰色光的『噪音』。」（聽他陳述時，我猜想這應該是他嘈雜、調控失常的神經系統在作怪，感覺受損的病人也常有這種症狀。那是因為視神經是整個身體中大腦組織向前伸得最遠的神經，如果受損就會干擾整個視覺迴路。）即使簡單到只用手掌覆眼也會使他焦慮，沒有任何一種佛教的打坐方式可以使他平靜下來、或讓眼睛放鬆個幾分鐘，更不要說幾個小時了。

蓋住眼睛，看見希望

很巧的是，摩謝的學生哈里斯（Marion Harris）的住處離韋伯長大的地方很近，只隔了幾條街，哈里斯邀請韋伯去上 ATM 的課，但只是希望能幫他放鬆，並沒有說 ATM 會對視力有幫助。一九九九年起，他開始每週去上哈里斯的 ATM 課，「我想我唯一能做的就只剩在地上打滾了，而我還真的很喜歡滾來滾去呢！」上過一陣子課後，他發現 ATM 的確可以幫助他減低焦慮和整個身體的緊張。一年後，他決定追隨摩謝的腳步，也去教導別人，因為這個工作只需和病人說話、輕輕移動他們的四肢，不需要用到眼睛。也因為視力越來越退化，他的觸覺發展越來越靈敏，可以感知細微的觸摸變化——這正是常見的神經可塑性的適應。

接受治療師的訓練時，韋伯才知道，摩謝留下了一千種以上的 ATM 課程，而從他在台拉維夫每週的課程裡，韋伯找到了一個小時「蓋住眼睛」的課；於是他找出錄音帶，開始仔細聆聽。這個課程的設計不是為了治癒失明，而是透過一序列練習來改進視力；而且學生先要躺在地板上以減少地心引力，既如同所有的 ATM 課程，也一如南傑仁波切所言。

他躺在地板上仔細傾聽，很快就了解摩謝和貝茲的做法都非常接近佛教的練習。「才剛開始做這個練習，我馬上感覺到眼睛有了改變。」他說：「我知道我終於找到使神經系統完全放鬆的方法了，這個方法可以放鬆我的眼睛，進而治癒我的神經和免疫系統。多做幾次之後，我感覺到眼球在眼窩中的重量和形狀，還感受得到眼窩背後的眼外肌（extraocular muscle）在動：左、右、上、下和繞圈。這個歷程自動解除了潛意識綁住我眼睛的肌緊張。休息時，我的眼睛覺得好像飄浮在半空中，又像溫水池中的花朵。雖然課程只有一小時，但是眼睛的轉動就已能變得很平順而潤滑，移動頸和背時也有同樣的感受，心智很平靜、很開闊、很警覺。我很開心：我找到鑰匙了，確信自己一定會痊癒。」

上課時，韋伯會一次一部分地掃描自己的全身；這樣的掃描可以讓他找出緊張、不放鬆的地方，再用溫和平順的呼吸來克服。雖然課程針對的是眼睛，但是任何一個動作都會影響整個身體，錄音帶裡的聲音更鼓勵他不要使力，完全聽從指示去做。

接著他把手指放在額頭上，讓手掌覆蓋住眼睛，但並不直接碰觸眼睛。這個動作非常重要，因為大部分人的眼睛問題，都出自視覺系統已經很疲勞了還掙扎著接收訊息。**手掌覆眼阻止光線進入眼睛（這種方式擋下的光，遠比閉上眼睛、只靠眼皮遮擋多得多），讓視覺神經可以真正得到休息。手掌**

覆眼，可以同時慢慢減少眼睛的動作和整體的肌肉張力。

接下來的指示，正暗合韋伯心中所思所想：

請注意，雖然你的手蓋住了眼睛，你還是看得見宛如萬花筒裡各式各樣的形狀和色彩；這是因為你的視覺神經還處在興奮狀態，但除了顏色和形狀就再也登錄不了任何訊息，顯示你的整個系統還沒進入安靜狀態。……可以的話，請慢慢地設法在眼睛的背景中找到比周遭更黑、更深色的一點。只要你肯尋找，就一定會慢慢地看出那個黑點。請注視、放大這個黑點，直到它完全蓋住你眼睛的整個背景。

在我看來，這個興奮的視神經和摩謝所形容的不安靜系統，就是大腦不能調控神經元的發射，所以大腦才會嘈雜得不得了。大腦一定要安靜下來，才能使神經元的興奮得到抑制，回復原來的平衡。

接下來，韋伯就得休息一下。在停頓了一段很長的時間後，那個聲音才又說：

現在手掌可以挪開了，但是眼睛還是閉著。很專注地慢慢移動你的眼睛（請注意，不是移動你的頭），但只往右移。在不移動頭部之下盡量朝右看，好像你是想看看你的右耳。要好像你的眼睛很重似的，慢慢地、一點一點地做這個動作，先往前看，再很慢、很慢地把眼睛轉向右邊，直到你心靈的眼睛可以看到右耳為止，然後再很慢地把眼睛轉回朝前。

只轉動眼球而不轉動頭，是標準的摩謝式策略。一般來說，當一個人朝右看時，同時也會轉動頭部和脊椎，好像它們是和眼睛鎖在一起的；摩謝的做法就是要他的學生區分眼睛和頭、頸移動時的差別，使他覺識到可以獨立移動眼球而不必花費很多力氣。

韋伯再一次休息後，那個聲音問道：「哪裡是『前面』？很多人都覺得這個問題有點奇怪。一個人就算稍微往左或往右移動眼睛，還是會覺得他的眼睛『在前面』。視力清晰的人很難理解這個問題的意思，但你可以用自己的感覺清楚指出『前面』的位置。」

摩謝的目的，是要處理貝茲所發現的、有視覺問題的人的通病——貝茲稱之為不恰當的「中央凝視」（central fixation）。視力良好的人，只需視網膜中央那六公厘大的黃斑就能看得見細節，但視網膜可不等同照相機裡的底片；照相機所用的每一張底片、每一個地方都對光敏感，我們的眼睛卻並非如此，只有黃斑上排列的錐細胞（cones）才偵察得到細節。所以眼睛要看得清楚，物體一定要落在黃斑所在。但貝茲卻發現，因為現代生活習慣的影響，人們無法正確的對準焦距，所以影像往往落在黃斑之外，那裡的感受體叫桿細胞（rods），不能偵察細節，因此影像才會模糊。

人類視力的演化，是為了能看遠也能看近：打獵時要能老遠就看到獵物，採集時要能看到很小的種子。現代人的時間多半花在電腦前面快速閱讀，只看掠過眼前的東西，而且大多只是「瀏覽」，並沒有把每一個字都看得一清二楚。重複過幾千次這個動作之後，我們就會把這個習慣設定在大腦中，從此便不精準地使用中央凝視，忽略距離和周邊視覺。

貝茲發現，凡是有中央凝視問題的病人，測試視力時都有很奇怪的結果。因為無法對準中央小窩的黃斑處，他們都會說正在看的字母很模糊，可是旁邊的字母反而不模糊；**用摩謝的術語來說，也就是他們「不知道前面在哪裡」。只要能學會對準目標到眼睛視網膜中對細節敏感的地方，他們的視力都會馬上得到改善。**

錄音帶中的聲音緊接著說：

把心思放在讓你的動作有相同的步調和保持平靜，確定你能不讓眼睛一下子跳得太遠。這可不簡單，因為每隻眼睛都有它自己習慣看東西的角度，停在某處時看得很清楚，停在別的地方就會比較模糊，這個「別的地方」就是你的眼睛會跳開或省略的地方。假如你能養成讓眼睛慢慢移動的習慣，眼睛就不會有看不到的角度，視力也就會改善。一般來說，你的眼睛從來沒有靜止不動過，就是因為一直都在小幅地動，你才能看得見。

摩謝說的就是本章前面提到的「眼球跳動」和「微跳視」。眼睛一定要動才看得見，但是假如想讓物體都正確落在黃斑上，眼球就一定要平順的動；而肌肉張力太高時，眼球就沒有辦法平順的動，所以要放鬆眼動肌肉。

他的下一個指令所強調的，則是比較不尋常、一般人不大習慣的眼睛動作，得先慢慢練習，然後再加快。肌肉張力降下來後，錄音帶便指示韋伯掃描身體，看看神經系統有沒有放鬆。假如有，那麼他就能看到黑色了：

再一次用你的手掌覆蓋眼睛，看看你是否能見到更大塊一些的黑。你可能會看到一個比旁邊的顏色更黑的黑點，不妨把眼簾內部想像成一塊黑色的濕天鵝絨，如果你的視神經已經安靜下來，沒有做任何動作或接受任何刺激時，就應該是這種黑色。這是人類所能見到最黑的黑色。

錄音帶接下來繼續描述的其他不同動作和應該看到的東西，韋伯都還記得；但是，課程基本的架構就是我曾經提過的、使嘈雜的大腦安靜下來的那個神經可塑性療癒的階段。

第一，用手覆蓋眼睛。這會啟動副交感神經系統，使神經系統安定下來，放鬆、休息。這個神經放鬆階段使神經系統得以休息，為後面的學習和區辨補充必要的能量。

第二，調整興奮和抑制之間的不平衡。韋伯第一次感受到興奮的訊號，是當他注意到有明亮顏色的光芒閃動的時候，然後藉著那個覺識，他也注意到和視覺系統的抑制部分有關的、比較黑的區塊；再用他的心智想像擴大黑色區域，慢慢調控神經系統，重新找回興奮和抑制之間的平衡。

第三，一旦達到調控的情境，就可以開始一序列的細部分化區辨。只要能讓自己處在安定的狀態下，這些區辨就一點都不困難。一定要很輕鬆地做，但也必須比大腦先前能做的難度再高一點。達成這個區辨的方法之一，便是做很慢、很平順的眼球動作，教會眼睛盡量不要跳過或省略任何一個點。

最後，一旦學會了區辨，整個神經系統的改變效應會明顯可見、意識得到，還會讓人樂在其中。

這一點很重要，因為它讓你覺識到改變是可能的，是愉快的，會鼓勵大腦去固化這個帶來改變的、全新的神經網絡和活動。

韋伯做完這個非習慣性的眼球動作後，的確領會到不在預期之中的愉快經驗：現在的他感覺得到他的眼球就在眼窩之中了。這個課程的「目的是要透過對身體部件的直接感覺，把眼睛帶回我的自我意象中。這一點，對已經『死亡』的右眼來說尤其重要。」在他失明的過程中，那種感覺已經從他的身體意象中消失了。身體意象有心智的部分（我們對自己身體主觀的覺識）和大腦的部分（在大腦地圖的神經元中），因為大腦的用進廢退本質，當感覺的功能被擾亂後，與其相關的身體部分便停止發送訊息給大腦，韋伯也就不再有眼睛在他頭上的感覺。一如我們所見，摩謝認為，這麼一來心智要不就終止這個沒有在使用的身體部分的表徵，要不就是改變它的表徵，縮小它在大腦地圖中的部位。所以他才能早早就預期到後來神經可塑性專家莫山尼克的實驗結果：當猴子的中指被切除，使得原來中指的大腦地圖再也收不到訊息後，這個部分就萎縮掉或是重新分配以代理其他的身體部件了。

問題來了：為什麼如果沒有經過摩謝的修正，貝茲和佛教的練習對韋伯就沒有效用？韋伯的看法是：「我覺得我沒有足以靜坐放鬆的技術或能量，需要一些更有效的方法來重新組織我的神經肌肉系統。」因為他曾經受過很多的痛苦，眼睛發炎得很厲害，外科手術也在他眼睛裡留下很多傷疤，他因此發展出各種各樣的反射反應，來使眼睛固鎖在高肌肉張力的狀態下。摩謝用的是非習慣化的、區辨式的動作，它的慢節奏和設定好休息時間，也能防止韋伯再使用過去習慣性、強迫性的反射反應。「摩謝的課程似乎使我的防衛繳了械，整個課程持續地、令人驚訝地轉換我的注意力，特意要我注意區辨，使我警覺、保持興致地投身這個歷程中。我已經準備好要改變了。」摩謝的動作訓練為韋伯舖了路，使他的冥想靜坐技巧有了用武之地。

為什麼視像化藍黑色可以放鬆系統？

視像化藍黑色能夠放鬆眼睛和視覺系統肌肉張力的原因，以及為什麼這種視像化會特別有效，最近已經有好幾個研究提供了答案。大腦掃描顯示，當我們第一次看到某個東西或有某種經驗時，大腦的神經元會活化起來同步發射；在大腦中，不管是想像一個動作或實際做動作，活化的都是同樣的大腦區域，並沒有如我們想像的有那麼大的區別。我在《改變是大腦的天性》第八章「想像力」中就曾詳細說明，當人們閉起眼睛想像一個簡單的物體如字母a時，大腦的主要視覺皮質區就會活化起來，就像這個人真的看到了字母a。

因為視像化動用到記憶和想像力，會活化與我們實際看到那個東西相同的神經元，所以，視像化的負面經驗或記憶也會促發我們有關原始經驗的所有負面情緒反應，使它們更緊密地配備到我們的大腦中。但是同樣的，視像化、想像或回憶愉悅的經驗，也會活化跟這個美好經驗同樣的感覺、運動、情緒和認知迴路。這正是為什麼，催眠可以使一個原本很焦慮的人經由想像一個很愉快的場景，便很快地進入完全放鬆的狀態；這也是為什麼，視覺化在運動上或音樂上的表現會讓這個人下一次表現得更好。就如我在《改變是大腦的天性》第八章中所寫道，當人們做心智練習時只要想像他在彈奏，他真正彈奏時就會進步。大腦掃描也顯示，一個人做「心智練習」時，大腦所活化的地方基本上就和「實際練習」一樣。

經由閉起眼睛來視像化藍黑色，摩謝和貝茲的目的就是讓視覺系統進入宛如沒有光線的狀態，好讓眼睛休息和恢復能量。但是，難道不能只是閉上眼睛或睡覺嗎？不行，因為只是閉上眼睛光還是會進入；更重要的是，想像情境或閉上眼睛作白日夢都會活化視覺系統，所以，以掌覆眼會比睡覺更能使視覺系統放鬆。這正是為什麼，以掌覆眼和視像化藍黑色的靜坐技巧在療癒韋伯的視覺系統和眼睛上極其重要。

挽回視力：眼手的連接

他的視力開始回復了。隨著緩慢、持續的進步和每天都做所有的練習，他逐漸擺脫了對類固醇的依賴；還加上自己發明的方式，輕揉外眼肌肉來刺激眼睛排出死亡的細胞，降低眼壓。二〇〇九年七月，他再去看眼科醫生時，戴上眼鏡後的左眼視力已經恢復到 20/40（因為水晶體已被手術摘除了，所以他必須戴眼鏡），右眼也從20/800進步到20/200。

他開始把摩謝的其他練習稍加修改，運用另一個摩謝的概念把自己的視力提升到一個新的層次。

摩謝過世之前，就對眼手的連接很感興趣了；還記得嗎，他曾叫學生盡可能輕柔、不花力氣地移動她的頭，而且把心思放在這個動作對左邊身體的影響上，因而很快就減輕了頸部的肌肉張力，使她整個左邊身體的肌肉張力也大大降低。只要有意識地做這個小小的動作，就能很快放鬆整個身體、降低焦慮，因為它抑制了運動皮質區的過度活化。

摩謝也因此開始研究，當一個人只是若有似無地張開、合上他的手時又會怎麼樣。於是，他請一名學生想像：先是放鬆手掌，然後再輕輕的張開、合上手指，把手拉近、推遠，但速度要非常慢，大約每次只移動半公分，假如手指很僵硬的話距離還得更短，然後注意這些細微的動作對身體其他部位的影響。這個動作可以幾乎完全不花力氣，因為當我們吸氣時，手和手指本來就會張開一點點，然後收縮、吐氣。他把這個練習叫做「鐘型手」（The Bell Hand），強調手的形狀要像個鐘，打開和合上時動作也都要小到好像一座鐘在微微震動。

只是覺識到動作以及任何手的肌肉張力，竟然不但能減輕手肌的張力，還會帶動同一邊的身體、讓全身的肌肉張力都減低。這是因為，手在運動皮質區所佔的表徵地圖很大，而手地圖的旁邊就是臉和眼睛，也許那是因為孩童看到一樣東西時常會同時伸手去摸，而讓同步發射的神經迴路連接在一起所致。韋伯說：「在大腦中，手眼的連接就像一條超級高速公路；而我因此推想，我們應該可以利用這個連接，從代表手的神經元直接傳送學習到大腦運動皮質區的神經元，以抑制肌肉張力來控制眼球的動作。」

所以韋伯開始每天定時練習張合他的手，一等手的肌肉張力減低了，他就把手掌覆蓋到眼睛上。眼睛的肌肉張力和眼球的快速跳動，因此和手的放鬆狀態形成強烈的對比；他的大腦在觀察到這個感覺上的差異後，開始慢慢放鬆眼球的張力。他說：「有如我的眼睛因為在完全放鬆的手掌保護之下而覺得安全，眼睛的壓力就慢慢溶解到手的空無中了。」

這種放鬆是自然而然、毫不費力的。的確，勉強釋放肌肉張力常會適得其反；對一個過度緊張的神經系統來說，如果能給予正確的訊息——提醒它放鬆和緊張的差別——通常就會讓緊張的身體部位由於配合放鬆的身體部位也放鬆下來。簡單的覺識就可以是造成改變的媒介，當一個人意識到他因緊張而屏住呼吸時，這個意識就會馬上使他自動地放鬆下來。

韋伯發現，他也可以運用「鐘型手」來關掉交感神經的戰或逃系統，造成副交感神經可以學習的狀態，「這個狀態既能大大抑制感覺和運動皮質區的雜音，也可以廣泛散佈到眼睛和其他的系統。」由此領悟他可以利用鐘型手的練習，使已經有覺識的身體部件（他的手）去教還沒有覺識的身體部件（他的眼睛），如何動作、如何釋放肌肉張力，獲得改善。

當眼睛的肌肉張力正常化後，血液循環就改善了，眼睛的動作範圍與平滑度也跟著增加，使他能蒐集、傳送更多的資訊到視覺皮質區。從此，他每天都做鐘型手的練習一到二個小時，大約六個星期之後再到眼科醫生那兒回診時，他的左眼戴上眼鏡的視力是20/20。他問和他一樣開心的醫生這個進步究竟從何而來時，醫生思考了一下才說：「一定是認知的關係。」意思是大腦有了改變。現在的韋伯，只有在從事少數活動時才需要戴上眼鏡。

克里特島似乎是一個理想的休養地，而且韋伯年輕時就住在那裡過，當時他所種下的橄欖樹現在已經成熟結子了。他喜歡那裡的新鮮食物和休養步調，便在二〇〇六年搬回去住；海洋、空氣和爬山給了他很大的能量，用摩謝的話來說，就是讓自己脫離多倫多的慣性生活，擺脫過去的習慣，也許神經系統就能自我重組。就這點來看，他的回到克里特島休養正是古代醫生的忠告；有的時候，最好的復原方式就是劇烈改變周遭的環境，以長時間、深沉、持續的休息來強化身體。

剛開始時韋伯很為寂寞所苦，但沒多久便找到了一個社群；他發現，做為唯一曾經失明過的人，他比常人都更能不那麼依賴視覺。他的大腦已經在他失明的時候重新組織過了，「越是能不依賴眼睛組織我的世界，我的心智就越來越清晰，越來越平靜。」他希望他的地中海式生活可以讓神經系統更安定，說不定便能讓免疫系統不再攻擊他的器官。雖然教科書上都說，神經系統和免疫系統是完全不同的兩回事，但就如現在的新科學領域「神經免疫學」（neuroimmunology）所揭櫫的，在我們的身體裡，神經系統和免疫系統其實息息相關。壓力會引發免疫系統的反應，所以他希望，可以藉由安定神經免疫系統來改善視力和預防復發。

他偶爾還是會回多倫多探望他的醫生。有一次回去時，他看到候診的病人若不是面臨逐漸失明的威脅，就是有嚴重的視力問題，不禁想到四處都有這樣的眼科候診室，「充滿了束手無策的人們，我在想，假如有一天我能脫離這個苦海，一定要去幫助其他的人。」

現在，他覺得自己可能有幫得上這些人忙的工具了。在某場費爾敦克拉斯研討會上，他遇見摩謝最早的學生、住在德國的金士伯格。金士伯格聽了韋伯的故事後，很想向他學習，就邀請韋伯一起參加他在緬因茲（Mainz）、巴伐利亞（Bavaria）和維也納的工作坊。金士伯格自己也在幾年前傷到角膜（cornea），受苦受難了好一陣子，才由摩謝很親近的助理雅隆（Gaby Yaron）治癒了他。

之前韋伯都是自己應用 ATM 療法，現在金士伯格還幫他上功能整合的課程了，因為多年來都在沒有視力的情況下走路和行動，他現在必須重組身體來適應他新得到的視力。

大部分上過功能整合課程的人，都無法用語言來描述所有的細微動作，韋伯卻可以回憶出來。除了少數很有效的精神分析或心理治療個案，他所經歷過的身體和情緒的整體重組非常少見。

在金士伯格七次課程的前幾次裡，韋伯探索兩邊身體的差異後發現，他站立時如果把重心放在右腳會不太穩定，原因是右小腿上有個結節。但在一層層的肌肉張力開始解除後，他就比較能夠感受到深層的肌肉張力，包括眼球後面、頸子、骨盆、背脊和小腿這些還沒有重組過的地方。「從體內來的壓力，讓我呼吸時常感到是在推一面與我的背脊平行而上的牆，但是當我繼續練習放鬆後，就看出這面牆是焦慮和恐懼的結合體了；同時我也覺得它是個結構，是我的眼球背後的肌肉、橫膈膜和骨盆統統糾結在一起，像棵老樹在多岩地表盤根錯節。我所感到的恐懼是真實的，但奇妙的是，體驗這個恐懼卻消除了我應該對恐懼感到害怕的需求，反而覺得可以很安全地呼吸。」

現在，他從坐姿站起來時覺得比較平衡了。「以前當我走動時，明顯地感到這面牆——恐懼製造的牆——是個過去我所不知道的身體部件，而且和我的眼睛有關，在過去這麼多年都影響著我的姿勢。」現在當他走動時，那種恐懼變得比較透明，時近時遠，然後「就像煙霧一樣地飄散了」。以心智重組他所揹負的這面肌肉緊張造成的牆，就足以使他的神經系統放鬆緊張，包括與它連動的情緒。

在一次戲劇化的課程中，韋伯平躺在桌上，金士伯格輕輕抬起他的頭。韋伯說：「當他讓我的頭骨做很小、很輕微的動作時，我的頭骨、耳朵就好像一顆纏得很緊的線團逐漸鬆解，呼吸也變深了；他把他的大拇指貼在我太陽穴上時，我突然覺得自己又失明了，一個人蜷縮在無盡的悲哀中。在我心裡，我看見右眼球掉出我的頭，消失在我的耳朵和地板之間。我感到視覺的死亡，悲傷和懊惱有如大浪般席捲全身。但金士伯格對我的關注穩住了我，讓我覺得安全，漸漸又能夠呼吸了。我讓這個非常強烈、非常困難的感覺、思想和記憶隨著大浪打過全身，我感到背後的肌肉放開了，一陣暖流沖入骨盆，我覺識到右眼回來了，可以感受到它的重量和圓潤的形狀。它在眼窩中央找到了新的休息處。」

韋伯覺得，這個經驗重新組合到他的新自我中了，因此，當他移動身體時脊椎、頸子和骨盆都做了必要的調整，使他的行動一變而為輕鬆容易的動作。他經歷了一般人難以承受的心理創傷，從再經歷一次將要失去視覺到像夢一樣的幻覺（他的右眼球掉出來），到經過潛意識的幻想、恐懼和姿勢的意識後，一個新的身體和心智的重組才得以浮現，而這個重組後的心智和身體使他感到自由。課程結束時，金士伯格注意到韋伯的臉孔改變了：右邊整個拉長了。

神經的可塑性確實存在

二〇一〇年，維也納的眼科醫生多雷索（Christine Dolezal）參加了韋伯在維也納開設的工作坊，她發現，如果她的研究和韋伯的技術能夠結合起來，應該可以幫助很多病人，所以很快地他們就一起工作了。眼睛「組織」和控制我們怎麼穩定我們的頭，我們的頭又控制我們怎麼穩定我們的身體，多雷索醫生知道，她的病人之所以失去中央小窩（黃斑）的視力，主因就是一看不清楚就更用力去看，使得眼睛工作過度，引發頸部和上半身的身體緊張。肌肉一緊張，人就開始覺得不安全和不平衡了。

所以，每當多雷索醫生為病人做一般性的眼科治療時，韋伯就幫助他們重組身體，改進他們協調眼、頸和身體其他部件的能力，因為這對他們的視力更有幫助。有些病人由於整天都在電腦螢幕前工作，發展出視力不清、頭痛和頸子痠痛的毛病，經過韋伯的幫助後，症狀都減輕了，而且可以不必戴眼鏡就能工作；他也幫助有斜視（strabismus）問題的孩子，使他們不會有雙重影像。一般來說，有斜視問題的孩子也會有其他的問題，比如他們的大腦會為了消除雙重影像而停止處理某顆眼睛送上來的訊息，演變成「弱視」（amblyopia），一般稱為「懶惰的眼睛」（lazy eye）。他也幫助那些法律定義上的盲人——因為葡萄膜炎失去了中央小窩的視力而不敢出門的人——重回社交生活。

✦ ✦ ✦

這些古代的佛教修行——即使已經過貝茲、費爾敦克拉斯和韋伯的修正——一直被西方醫學所拒絕，因為當時他們都不了解大腦的可塑性、運動與視力的關係，以及大腦其實是與身體緊密連接在一起的，本章中我聚焦的，正是它們在失明個案上所扮演的角色。由於視覺是非常複雜的感官，失明的原因更有千百種，所以我認為自然視力原則可以應用到很多地方，範圍最少也應該遠比目前大得多。這些方法不但對視力模糊到嚴重失明都有助益，並且還能預防視力問題。

時至今日，已經有很多新的神經可塑性練習可以重新配備視覺系統的許多層面。莫山尼克和他的同事們，便在他們的公司「斷定科學」（Posit Science）發展出很多電腦輔助的大腦練習，來擴大病患的周邊視力，讓老人家開車時更安全，可以多開幾年車，添加自主的機動性，並且減少車禍。另一家公司「新星視」（Novavision）也發展出可以幫助中風、大腦傷或腫瘤開刀過的病人訓練視覺皮質的大腦練習，這些病人的視野都因為生病而大幅減少，研究顯示，電腦輔助的練習可以重新擴大他們的視野——雖然有時只能擴大一點點，但有擴大總比沒有好。我們也已在第四章中看到，低強度的雷射可以改善視野。

和自然視力治療有關，但同樣不為人所知的另一個領域是「行為驗光學」（behavioral optometry

）。一百年前就已經有人知道，視力是一種可以經由訓練來加強的技術，這個領域完全依賴神經可塑性。神經生物學家巴利（Susan Barry）博士花了五十年光陰在二度空間視覺的研究上，因為她自己有斜視，兩隻眼睛不能聚焦。前面說過，為了應付兩個不同的影像，大腦會關掉一隻眼睛，被關掉的那隻眼睛在大腦的視覺皮質上的表徵，從此就再也接受不到刺激。要能看得見3D物體，大腦就需要兩隻眼睛的輸入，人類的兩隻眼睛相距大約六十五公厘，掃描物體後所送進來的訊息因此會有些微的差異，因為角度有些不同。巴利這個以神經可塑性為基礎的訓練，就是為了重新喚醒、重新平衡她的視覺皮質，最後，她在《修補我的凝視》（*Fixing My Gaze*）中寫道，五十歲那一年，她的眼睛終於能接收到3D影像了。神經的可塑性確實存在，從搖籃到墳墓。

那個能夠讓韋伯、巴利和其他人都重新裝配大腦視覺皮質的可塑性，當真是上天的福賜。其實，我們每天用電腦時也都在重新配備視覺皮質，使它們傾向於中央聚焦。根據統計，北美的孩子一天要花上十一個小時看螢幕，周邊視力的使用嚴重不足。

谷歌眼鏡（Google Glass）讓人連走路時都能上網，更是雪上加霜，使得這個本來就已經用得很少的周邊視覺更加受到冷落。但是，危險（和機會）往往就在我們沒有注意時從周邊冒出來。

這個新的發明並沒有把我們的生物機制列入考量，它會使我們更遠離運用自然視野來保持好眼力的原則。每一種新科技的流行不但會影響大人，更會影響孩子的「正常經驗」。但是，**我們怎麼使**

用眼睛不但會塑造我們的大腦，還會左右大腦的發展。眼睛具有開關大腦可塑性的強大威力，最近一個研究已經證明，視覺系統中，神經可塑性的改變不在大腦而在眼睛。哈佛醫學院的亨許（Takao Hensch）和巴黎高等師範學院（École Normale Supérieure）的普侯江茲（Alain Prochiantz）便發現，初生老鼠的視網膜會送一種蛋白質 Otx2 到大腦去，指示大腦進入有彈性的階段，加快學習的速度並讓可塑性發生。運用神經染色方式讓他們得以在視網膜上追蹤這個 Otx2 蛋白質的行走途徑。基本上，正如亨許所言，「眼睛會告訴大腦什麼時候要變得有可塑性。」這個「眼睛對視覺刺激反應會激發大腦可塑性」的有力發現，表示大腦和神經活動不能獨立於身體之外來了解，身心本為一體。

韋伯在重新找回他的視力後，其實有點悔不當初。看不見時，雖然他無法知道別人臉上的表情，但是某些方面就變得特別敏感，比如說，一些內在的經驗。「沒錯，看得見反而會讓你失去一些東西。」他說，「我發現，失明的時候我比較明白自己的思想、感覺和情緒，因為那時我的心智並沒有視覺輸入來干擾它，沒了視覺，我更能直接感受內心的境界。」他覺得，大部分的明眼人都太依賴中央視覺——尤其我們這種每天坐在電腦前面的人，只知道聚焦在面前幾十公分遠的螢幕上，代價就是失去周邊視力。他曾經非常依賴的周邊視力，可以讓觀看者知道來龍去脈；他說，「中央視力聚焦在角度、線條和細節，但和整體沒什麼關係。中央視覺上癮會把我們帶入無連續性（nonconnectedness）的感覺，而那是非常重大的根本問題。」

我問他：「你是說，沒有中央視覺時你覺得跟世界更有連接？」

他的回答讓我很驚訝：「是的，當你覺得安全、不必再注意細節時，你的副交感神經系統就會接手，使你能覺識到更完整的自己。」接著他又說，失去中央視覺後他必須依賴周邊視覺，「我的直覺就變得更強大、更值得信賴了。」

除了看得見別人臉上的表情，視力回來造成的最大改變，「就是主控權的感覺：我可以更有效地應對這個世界，只看美麗的事物，而且寧可和多雷索對望也不願看其他東西。」──原來他們兩人已經變成情侶了。

他從克里特島寫信給我說，失去中央視覺替他打開了一個新的知覺，使他得以體會失去視力的人的真正感受。他還說，在荷馬（Homer）的史詩中，盲眼預言家泰瑞西亞斯（Tiresias）曾對奧德賽（Odysseus）說，一旦失明了就永遠不可能重見光明，但盲人依然可以「看得見」，甚至能夠「預見」明眼人所看不見的東西。荷馬自己當然就是瞎子，而提瑞西亞斯因為不小心窺見雅典娜女神出浴，眼睛也變瞎了。

韋伯的來信顯現出一種覺識。有的時候，古老的智慧比現代科學更有應用性，因為古人（包括佛教僧侶，或許還要加上最早發展出有助韋伯復原練習的瑜伽修行者）並沒有被大腦是部機器的比喻所束縛，不像我們四百年來深受大腦是部機器的主流科學所影響。因為毫無拘束，他們看得出視力是活生生、會消長的心智活動，所以認為個人可以發展、滋養視覺。

後來韋伯又寫了另一封信給我，表達了只有從失明的黑暗世界走回光明的人才能體會的感恩心情。他這麼對我描述住家附近的一株已經老到變成國家級紀念碑的橄欖樹：「它已經活了三千年，表示它是在米諾斯（Minoan）文明的時代就有了。……樹幹很粗，葉子覆蓋面積的直徑超過四十七公尺，至今還在結果……每年可從果實中榨出八十到一百公斤的油來，但確實是每況愈下，遠遠沒有過去的兩百二十公斤那麼多。它能活到現在，得靠很多代人的持續照顧才有可能，我們更難想像，這棵大樹究竟目睹過多少歷史和故事！這一帶有許多大樹，似乎就像人類，紮根後就悄悄地忙著自己的生計。它們看起來好像在跳舞——沒在跳舞的則是評審。這些古老的樹叢上空飄浮著高遠的智慧——智慧女神雅典娜（Athena）仍在說話，仍在教導。」

我在想，他是在描述這棵老樹呢，還是在說他自己？他從自然的方法中找到療癒自己的方法，根據的還是十分古老，大部分甚至都已經死亡了的知識；然而對他來說，這些知識可全都活得好好的。

第七章

重設大腦的儀器

如何刺激神經調節，反轉多年症狀

一根靠在牆邊的手杖

他最先注意到的是，唱歌時有困難了；這對他來說是個夢魘，因為他不只是以唱歌維生，歌唱也是他的生命。然後他發現，雖然幾乎不能唱了，還能講台詞。可是到了最近兩年，他更一步步失去聲音，說出來的話好像在講悄悄話，最後只能製造出短暫、幾乎聽不見的氣聲。

「眼睜睜地看著他失去美妙的歌喉，真是令人心碎。」他太太派西（Patsy）說，那時他們已結婚五十年。隆恩・哈斯曼（Ron Husmann）是百老匯（Broadway）、電視和電影的三棲紅星，從一九六○到七○年代，他深沉的男中音不知風靡了多少人。他和羅伯・顧雷特（Robert Goulet）在《聖城風雲》（*Camelot*）中對唱，與法蘭克・辛納屈（Frank Sinatra）、艾索・梅門（Ethel Merman）和摩里斯・雪佛萊（Maurice Chevalier）共同主演《蓋希文年代》（*The Gershwin Years*），在百老匯舞台劇《娛樂區》（*Tenderloin*）中擔任主角，並曾與黛比・雷諾（Debbie Reynolds）、茱莉・倫敦（Julie London）、伯娜戴特・皮特斯（Bernadette Peters）和舞蹈家茱麗葉・普羅茲（Juliet Prowse）等大明星在半打以上的百老匯歌舞劇中演出。

他在巡迴演出的《艾瑪姑娘》（*Irma La Douce*），《畫舫璇宮》（*Show Boat*）、《南太平洋》（*South Pacific*）和《奧克拉荷馬》（*Oklahoma*）的歌舞劇中擔任主角。最紅的時候甚至同時出現在十三支電視廣告中，當然也上過《蘇利文劇場》（*Ed Sullivan Show*），而且在電視劇《季爾德醫生》（*Dr. Kildare*

）、《糊塗情報員》（*Get Smart*）、《聯邦調查局》（*The F.B.I.*）、《飛堡戰史》（*12 O'Clock High*）、《歡樂酒店》（*Cheers*），甚至電視連續劇《明日搜尋》（*Search for Tomorrow*）和《顛覆世界》（*As the World Turns*）中演出過。有一次，更在一座有三千個座位的戲院裡不用麥克風現場開唱，就連坐在最遠角落的觀眾都聽得見他美妙的歌喉（其他的人都需要麥克風）。

男低音歌手通常在三十歲左右成熟，四十歲到達頂點。隆恩的巔峰在四十四歲，那一年，正如他的耳語聲所形容的，「歸於沉寂」。

就像很多最後被診斷為多發性硬化症的人一樣，醫生要花很多年才知道患者究竟生了什麼病，他的情況是九年；醫生花了九年的時間才知道，他會失去聲音和出現很多其他症狀，是因為罹患了多發性硬化症。這個疾病會讓免疫系統攻擊大腦、脊椎，以及神經纖維外面包的髓鞘——髓鞘的作用是絕緣，讓神經訊號的速度加快十五到三百倍。被免疫系統攻擊後，受損的髓鞘（通常也包括旁邊的神經）會有疤痕（多發性硬化症裡的 sclerosis 這個字，本意就是變硬、結疤）；因為抗體可能攻擊大腦和脊椎任何地方的髓鞘，所以每個病人的症狀都不同，得病的過程也不同。剛得病時，隆恩先是發不出中階的聲音，沒多久他舉世聞名的低音也不見了。他去看了所有和聲音扯得上關係的醫生，最後，由於只唱得出中央C兩邊的八個音，他的歌唱生涯也就到此戛然而止。

更糟的是，因為控制膀胱的神經受損，他感覺不到膀胱，也就失去了控制小便的能力。「就好像膀胱不見了一樣，我必須提醒自己去上廁所。它死掉了，沒有訊號了。」全身的肌肉也都逐漸萎縮，手臂和小腿隨時都麻麻的、熱熱的。然後他開始連走路都有困難，小腿經常感到微微刺痛，演出《艾瑪姑娘》時，茱麗葉・普羅茲按照劇情跑過舞台、跳進他的懷裡，讓他跌倒在地，背部受了重傷。

腿部和手臂的肌肉都逐漸退化後，他走路時先是需要一根手杖，沒多久就得用上兩根，而且是一直撐到胳肢窩的那種拐杖；因為缺少運動，一下子胖了二十幾公斤，有時還必須以電動車代步；再過不久，他的平衡感也出問題了，眼睛閉起來就站不直。他也有吞嚥的困難——不論哪種疾病，這都是很嚇人的徵兆。吃飯時噎到的次數越來越多，因為他的腦幹已經不行了，而腦幹本來是協調喉頭肌肉有節奏地收縮的地方。最嚴重的症狀則是永無止境的疲倦，然後，最糟的境地終於也到來：只要對著電話悄聲說上一分鐘話，聲音就再也出不來了。

神經發炎、結疤和髓鞘受損傷的地方叫做「硬塊」（plaques），透過大腦掃描就看得見。核磁共振顯示，隆恩的腦幹處有很多硬塊。第四章說過，腦幹既負責調控我們最基本的生存功能——呼吸、血壓、警覺、體溫等等，也是主要的神經高速公路——幾乎所有從大腦到身體，以及從身體到大腦的訊號都要經過腦幹。

顱內神經幫助腦幹調控和頭部有關的大部分運動與感覺功能：諸如眼球的運動和聚焦、臉部的表情、臉部運動和知覺、控制聲音的肌肉、吞嚥，以及味覺、聲音和平衡。十二條顱內神經之一的迷走神經（vagus nerve）直接從頭部連到身體，調控消化系統，也幫助調控自律神經系統，以及我們戰或逃的反應。我們下面還會看到，迷走神經甚至調控免疫系統。

好一個不可思議的發明

也許只是巧合，隆恩的一位高中同學也罹患了多發性硬化症，也有嗓音方面的問題。他本來是一位教授，得病時已退休，住在麥迪遜。有一天這位朋友告訴隆恩，威斯康辛大學的一間實驗室發明了一種很奇怪的東西，放進嘴裡就可以讓多發性硬化症的病人說出話來，他親身嘗試過，也真的有助於發聲；而且發明它的人是為了幫助各種多發性硬化症患者，不是只有聲音問題的人。這個實驗室的名字有點怪，叫做「觸覺溝通和神經復健實驗室」（Tactile Communication and Neurorehabilitation Laboratory），負責人有三個：俄羅斯神經科學家（也是前俄國陸軍士兵）尤里・丹尼洛夫（Yuri Danilov）、美國生物醫學工程師（海軍退役）米奇・泰勒（Mitch Tyler），以及電機工程師科特・卡茲馬利克（Kurt Kaczmarek）。

這個實驗室的創始者，正是第三章提到過、最近才過世的巴基瑞塔；他是位傳奇性人物，更是嘗試大腦可塑性療法的先鋒，既是醫生也是神經科學家。在他那一輩的科學家之中，他是第一個主張大腦的可塑性可以從搖籃到墳墓的人，而且就用這個理念發展了許多有助於改變神經的儀器，幫助盲人恢復視力、為腦傷的病人找回平衡，還曾開發電腦遊戲，讓中風病患得以透過遊戲訓練大腦、找回失去的功能。

隆恩第一次來到威斯康辛大學這所實驗室時，在那棟老舊的大樓中，他看到的不過是一個不怎麼大、沒多少設備的房間。這棟大樓的前面就是貨車卸貨的地方，走廊正在施工，就如一個病人說的：「一點都不像會製造出科學奇蹟的地方。」但隆恩的態度是：「不管成不成功，反正我都沒有損失，就死馬當成活馬醫吧。」這個團隊看了他的病歷、測試了他走路和平衡的能力後，便帶他到大學評估聲音的系所，錄下他支離破碎、有如蚊蚋、只能在監測儀上顯示出微小黑點的說話聲。當基本的測驗都做完後，他們才拿出那個他久聞大名的裝置來。

那是一個小到可以裝進襯衫口袋的東西，用個小布袋裝著，實驗室的一些科學家甚至把它掛在脖子上，像個項鍊墜似的；放進口中的部分有點像是大一點的片狀口香糖，但要擺在舌頭上。這個小東西上面有一百四十四個會發射電脈衝的電極，三個一組，發射頻率的設定是盡量啟動舌頭的感覺神經元，越多越好。使用時要把這片小平板連到一個大約只有火柴盒那麼大、就放在嘴巴外面的電箱，上頭有個開關。三名負責人半開玩笑地把它取名為PoNS，也就是腦幹中腦橋（pons）部位的英文，也是這個裝置的主要標的之一。PoNS是Portable Neuromodulation Stimulator的縮寫，用它刺激大腦時，這個電箱會調控和校正神經元的發射數量。

實驗室團隊請隆恩把這片小電板放進嘴裡，要他盡量站直。電板全然無痛地刺激他的舌頭，讓舌頭的感覺接受器（sensory receptors）送出一波波的溫和訊號；有的時候感覺刺刺的，有的時候幾乎感覺不到它的存在，但假如完全感覺不到，團隊的人就會稍微調高電流。過一陣子後，他們請隆恩閉上眼睛。

經過兩次各二十分鐘的療程後，隆恩就可以哼出調子；四段療程過後，他又能夠唱歌了。那一週結束時，他已經可以唱完〈老人河〉（Old Man River，《畫舫璇宮》的主題曲）。

在幾乎三十年的持續惡化後，隆恩的進步簡直不可思議。他仍然患有多發性硬化症，但是大腦神經迴路的運作用已經大有改善。他在實驗室待了兩個星期，從星期一到星期五，每天把電板含在嘴裡練習，休息，再練習。第一個星期一天進行六次療程——四次在實驗室，兩次在家裡。電子聲音監測儀顯示他有大幅的進步，聲音已能像溪流般潺潺不斷，其他的多發性硬化症病狀也得到改善。在他離開的那一天，那個進來時拄著柺杖、走得搖搖晃晃的人，竟然跳了一場踢踏舞給治療他的團隊看。

我在他回到洛杉磯兩個月後才和他見面。實驗室讓他把小電板帶回家練習，再接再厲。聲音回來後的他講話很快——有時快到我不得不請他說慢一點，好讓我來得及作筆記。

「你能想像無法唱歌二十八年之後，突然間又能唱的那種感覺嗎？在最初四個二十分鐘的課程之後，我竟然就可以正確發音，再把這個音連接到另外一個，真是讓我既震驚又激動——事實上，不只激動——還崩潰大哭。他們叫我在嘴裡含著小電板時哼一個調子或說一句話，那時我就發現，聲音慢慢出得來了；第二天，尤里說：『你不需要那根拐杖了。』我也真的就不再需要拐杖便能行走；第三天，我能夠不必扶著東西就自己站起來，而且還是在眼睛閉著的情況下。離開那裡時，我已經可以唱出兩個八度音了；我是低音男中音，演唱時可以唱到低E音，試唱〈飛燕金槍〉（Annie Get Your

Gun）時，不但升F難不倒我，而且……我可以大聲唱了！我在實驗室練唱時，聲音大到他們都得用手指塞住耳洞，現在我們晚上出去遛狗時，我走得快到太太幾乎跟不上我的腳步。」

然後他對我說：「你注意到我們已經談了整整一個小時的話了嗎？」

「我完全料想不到，你的聲音聽起來竟然比我還年輕。」我不得不說：「聽起來就像比你年輕幾十歲人的聲音。」

他想了一下，「或許本來就應該這樣吧，」他笑著說：「我有三十年沒有用它了。」

舌頭是通往大腦的黃金大道

我寫下你剛讀完的這段文字時，嘴裡就含著PoNS，因為這片小電板除了促進癒合，還號稱可以讓視力更清楚，所以我想知道它究竟有多少能耐。PoNS發出的訊號只有三百微米（micron，公厘的千分之一）長，就能刺激到舌頭，啟動我的感覺神經元，給神經元恰好足夠發射電訊號到大腦去的刺激；好像如果我放了一些食物到你嘴裡，你的舌頭就會感覺得到一樣，這個團隊花了很多的時間和精力，才找到這個跟被觸摸時最相近的方式來刺激神經元發射，頻率是每秒二〇〇赫茲（Hz），韻律是三個訊號、休息、再三個訊號，持續發射。

但是，為什麼刺激的標的是舌頭呢？因為舌頭是通往大腦的黃金大道，更是身體最敏感的器官之一。「當肉食動物出現在地表上時，」尤里指出：「牠們和地球最初的接觸就是舌頭和鼻尖。這兩者的設計都是為了探索環境——以最近距離的接觸。從昆蟲到長頸鹿，很多動物大量使用舌頭；另外，舌頭可以做非常精準的動作，所以大腦也發展出和它緊密連接的神經迴路。」人類的嬰兒口腔期時，也常把東西放進嘴裡，靠敏感的舌頭來學習。人類的舌頭上有四十八種不同的感覺接受器，其中十四種集中在舌尖，藉以感受觸覺、疼痛、味道等等。這些接受器會把電訊號傳送到神經纖維上，再由神經纖維送到大腦。根據尤里分析，光在舌尖上就有一萬五千到五萬個神經纖維，是流量非常大的訊息高速公路。我嘴裡的這片小電板，是放在舌頭前面三分之二的地方，因為那裡有兩條用來接收感覺接受器所發送訊息的神經：第一條是舌神經（lingual nerve），專門接受觸覺；第二條是顏面神經（facial nerve）的分枝，專門接受味覺。

這些神經都是顱內神經系統的一部分，直接連結腦幹。腦幹就位在舌頭後面五公分的地方，是主要神經進出大腦的門戶，非常鄰近大腦動作、感覺、情緒、認知和平衡處理的所在，所以電訊號進入腦幹後，就能同步啟動大腦的其他地方。大腦掃描和腦波儀（EEG）的研究顯示，麥迪遜實驗室的小電板運作四百到六百毫秒之後，受測者大腦的腦波便穩定下來了，所有大腦部位都開始反應，一起發射。大腦之所以會有許多問題，是因為這些大腦網絡沒有同步發射，或有某些部位發射不足；但是我們不太能查知究竟是哪個迴路表現不夠，即使大腦掃描也看不出來。正因為大腦具有可塑性，每一個大腦（在顯微鏡的層次上）迴路的配備也都不同，所以當大腦掃描的片子顯示某個病人的某個區域受損時，我們不敢百分之百的確定那個區域原來的功能是什麼，「但是我們的舌頭刺激，」尤里說：「可以活化整個大腦，所以即使我不知道大腦什麼地方受損，還是確信這片小電板可以讓整個大腦啟動。」

一旦確定病人的大腦可以獲得刺激，他們就開發可以幫助病人找回失落功能的練習。病人在做某個練習時，一定要口含小電板去刺激他的大腦。對隆恩的要求包括哼唱，有平衡問題的人會被要求閉起眼睛站在一顆平衡球上，如果出問題的是走路，就得先在跑步機上走，然後跑看看。

舌頭還有另外一個西方醫學不注意、但是尤里非常感興趣的地方——幾千年來，舌頭一直都是中國和東方醫學的重點和診斷的中心，更是唯一從身體外面可以看得見的內在器官。

中國人認為身體中有能量的通道叫「經絡」（meridians），傳送的東西叫「氣」，而其中兩條主要經絡——督脈（governing vessel）和任脈（central vessel）——的交會處就在舌頭。想要更上層樓的武術練家、打太極拳或練氣功的人，經常會把舌頭頂著上顎，藉以連結這兩條運送能量的經絡。經絡在皮膚表面出現的地方叫穴道，可以用針灸刺激它以利氣血通暢。針灸之道已經在中國成熟、運用了幾千年，但是就如尤里指出的，直到最近才有人宣稱舌頭上也有好幾個穴道；在香港，已經有人用這些舌頭上的穴道來治療腦傷、帕金森症、腦性麻痺、中風、視力問題和其他神經學上的問題。很多針灸治療師現在都已經用電刺激（electroacupuncture）而不再用針，所以，這片小電板的功能很可能就像電針灸。

麥迪遜實驗室三巨頭

尤里‧丹尼洛夫身高將近兩百公分，剃個大光頭，有蒙古人種那樣的高顴骨，不只塊頭很大也很強壯。他出生在西伯利亞最古老城市之一的伊爾庫茨克（Irkutsk），十歲以前是在北極圈度過的，父母都是極地的地質學家，後來全家搬到諾里耳斯克（Norilsk）。諾里耳斯克是史達林打造的勞改營城市，半數居民住在勞改營中，沒能活下來的十萬囚犯屍骨就被埋在城市邊。諾里耳斯克也是全世界最北的工業城，冷到當你吐口水時，口水還未落地就已經結成冰了；尤里個人待在戶外的最冷紀錄是攝氏零下六十五度，剛好是溫度計的最低點。二十二歲大學畢業時，蘇聯陸軍派他到莫曼斯克（Murmansk，也在北極圈內）兩年，剛到時他的部隊正在演習，因為北大西洋公約（NATO）國家就在蘇聯國境旁邊演習。

尤里很早就對東方醫學感興趣了，他在西伯利亞長大時，「到處都是中國人，茶葉和中國的草藥很多，日常生活都會接觸到中醫和針灸。」年輕時，他曾經製作過一部可以透過測知電流變化而找到穴道的電子儀器，也用針灸治療他的牙痛和頭痛。

成年後的尤里是位優秀的神經科學家，在蘇聯最有名的視覺神經科學實驗室、隸屬蘇聯國家科學院（Soviet Academy of Sciences）的巴夫洛夫生理研究院（Pavlov Institute of Physiology）做事。他在巴夫洛夫生理研究院拿到生物物理學（biophysics）學位和博士學位，專長是視覺神經科學；在大家還不知道大腦有神經可塑性時，他就已經在做視覺系統的神經可塑性研究了。很巧的是，一九七五年時，第一篇西方科學論文被翻譯成俄文介紹進俄羅斯的，作者就是巴基瑞塔，正是尤里現在工作的麥迪遜實驗室的創辦人；到美國後，尤里也因為用電刺激治療失眠和其他大腦病症的病人而聲名大噪。失眠電療機在西方是前所未聞，但在俄國，早就有幾百家醫院在用了。

他剛加入巴夫洛夫研究院時，那裡大約有二千名工作人員，包括五百名科學家，是個充滿了研究氣氛的地方。但是，俄羅斯的經濟衰退導致研究經費縮減，沒錢做實驗、買儀器、付電費、養實驗室動物，甚至付薪水，使得這所偉大的研究院幾乎垮台。一九九〇年代初期，他去美國進行一趟十六所大學的神經可塑性巡迴演講，當他回到俄羅斯時，卻發現實驗室空空如也，他花了十二年心血打造的儀器，他的實驗動物，和做實驗的經費全部都沒有了。

當他在一九九二年到美國時，整個美國找不到第二個像他這種人。他是一位很有成就、老於世故的神經科學家，留著馬尾，對東方的瑜伽、打坐、太極都很在行，還會俄羅斯特種部隊和史達林的保鏢才學得到的俄羅斯武術。十五年後他才發現，這些東方的事物加上 PoNS 對於神經學上和大腦損傷的病人非常有幫助，可以「重新設定」他們的大腦。

在麥迪遜實驗室裡，尤里與病人一起找出這片小電板的強項和弱項，再和這個小電板的共同創造人米奇和科特分享訊息。

米奇是這個團隊的生物醫學工程師和臨床研究員，擔當尤里和其他合作醫生之間的橋梁，處理科學和技術方面的問題。他的工作，就是找出透過皮膚獲得訊息的方法。

米奇也練過東方武術，是跆拳道黑帶二段高手和教練，每天都做正念靜坐。冷戰時期他曾投身軍旅：蘇聯發射人造衛星史波尼克號（Sputnik）時，他就以資優生的身分接受美國政府的特別栽培，專研數學和科學，後來進入海軍服役、專攻通訊，負責追蹤俄羅斯的艦隊、潛水艇和驅逐艦。雖然這個在加州長大、聲音溫和、行事優雅的米奇，和在北極圈長大、就事論事的尤里是完全不同的兩種人，但米奇和尤里卻異質相吸、惺惺相惜。米奇讀研究所時，曾經為了研讀一些沒被翻成英文的俄羅斯文獻而學過一陣子俄文。

米奇原本只受過高科技領域的電機工程教育，從來沒有上過生物學的課。「我當時有點驕傲，」他回憶道：「誰需要軟科學、細胞和黏涕涕的東西？我是個工程師，我們要去征服世界！」一九八一年的車禍讓他的脊椎斷裂，肚臍以下全都癱瘓後，他的態度才有了轉變，「躺在醫院的病床上時，我感覺不到我的腿，真的嚇壞了，我不知道神經是怎麼運作的。」然後，他從護士那裡拿到一本《解剖學》（*Gray's Anatomy*，解剖學經典著作，為十九世紀英國醫師 Henry Gary 所寫），「那本書變成我的聖經，開啟我的興趣，我想知道如何在生物系統上應用我對電流迴路的知識。」

一九八七年，他的身體完全恢復正常了，而且加入巴基瑞塔的實驗室。巴基瑞塔是個一心想要成大功、立大業的人，點子很多，米奇的任務就是讓這些點子一一成真。他的第一個工作，就是製造專門給因脊椎受傷而下肢麻痺的人用的保險套，因為他們失去了陰莖的感覺。這種保險套有「觸覺壓力感測器」，可以偵測性交時的摩擦力，把偵測來的刺激傳送到電極，刺激身體還有感覺的地方，因而得以把信號成功送進大腦。他們希望幫助那些因故不能行房、性交樂趣被剝奪的人，而且也真的成功了。

這個團隊的第三位成員科特・卡茨馬里克博士，是位電機工程師，三個人裡就數他和巴基瑞塔一起工作最久——從一九八三年起，他就是巴基瑞塔的學生了，現在則是威斯康辛大學生物醫學工程系的資深科學家。科特五十出頭，身材細長，有著棕色頭髮，工作態度真誠負責。他是在北芝加哥長大的，很喜歡設計、打造、修理和改良電器用品，曾在電視修理店工作了很長時間，直到今天，他的嗜好還是修理老舊電器用品。

在長達二十五年的時光裡，科特想方設法製造可以攜帶複雜訊息、放進皮膚時可以透過觸覺感受體將訊息傳到大腦的人造電訊號。他和巴基瑞塔、米奇和整個團隊一起努力，研發出可以提供視覺訊息到舌頭，然後再傳送到大腦的攝影機，使盲人可以看得見（我在《改變是大腦的天性》一書中有詳述）。他們把一片有一四四個電極的小電板放在舌頭上，調節好電極的發射頻率，使可以發出波狀訊號，然後他們發現，某些波狀訊號的刺激能和俄羅斯的失眠電療機一樣使人入眠，某些刺激又可以使人警覺，好像服用安非他命或聰明藥利他能（Ritalin）一樣。

科特是這個團隊的精算機和分析者，既是可以把一個個觀念轉換成實際可用的物理或生理工具的天才，也是世界上用電刺激、透過人類皮膚來和大腦說話的專家。他稱呼這個歷程為「電—觸覺刺激」（Electro-tactile stimulation），他的長期目標是盡他所能發展出製造電觸覺機的準則，但在發明了PoNS後這個計畫就被打斷了，因為他不得不一再重新設計和改進PoNS，使它變得更好。「我的意思是，」他說：「我們得讓拿著手杖走進這個實驗室的人，出去時已經不需要手杖。」

幫助大腦重配神經迴路

掛在尤里小辦公室牆上的那根拐杖，是第一個進來用拐杖、出去不需要的病人舒麗茲（Cheryl Schiltz）留下的。舒麗茲初來乍到時，已經不良於行五年了，但她離開時，真的是跳舞跳出去的。尤里的這間辦公室，以前的主人便是保羅・巴基瑞塔，有關舒麗茲如何恢復、保羅如何發現大腦是可以改變的，我在《改變是大腦的天性》中已經談得很詳細了，這裡就不再贅述。

一九五九年，保羅六十五歲的父親佩卓（Pedro）中風了，顏面和半邊身體麻痺，不能說話。醫生對保羅的哥哥喬治（George）說，他父親已經沒有痊癒的希望。喬治那時雖是醫學院的學生，但也才剛入學，所以還沒有學到「大腦定型了就不能改變」的教條，所以還能不先入為主地為父親做大腦和身體的復健；歷經兩年不間斷的復健後，他的父親完全康復了，父親過世後（七十二歲了還在登山！）解剖大腦，才發現他竟然有高達百分之九十七的腦幹神經都已被摧毀。保羅認為，這是因為他父親的復健重新組織了大腦，建立新的神經迴路連接來處理因中風而失去的功能，這就表示，即使是老人的大腦都有可塑性。

保羅研究的是視覺，他的第一個神經可塑性方面的嘗試，是開發一種可以讓失明病人看得見的儀器。「我們是用大腦在看，不是用眼睛。」他強調，眼睛只是一個「數據輸入站」（data port），以感受體、視網膜把我們身邊的訊息從電磁波——這裡是光波——轉變成電流的形態，透過神經迴路送到大腦。

就像大腦中並無聲音、味道或氣味一樣，大腦中也沒有影像或圖片，只有生物電流的訊號。基於對視網膜和皮膚的了解，他認定皮膚也偵察得到影像，例如我們可以在孩子的手掌裡寫字母A來讓他認得這個字母，皮膚的觸覺感受體可以把訊息轉換成能夠送往大腦的電流形態。

所以，保羅就開發了一部可以把圖片送入電腦、轉換成像素的照相機（我們在電腦螢幕上看到的圖片，其實就是由很多像素構成的），再由電腦把這些像素送到舌頭上的小電極板中——這就是隆恩所使用的小電板的原型，保羅稱之為「觸—視覺機」（tactile-vision device）；板子上每一個電極的作用，就像一個像素。當一個人把照相機對準一個物體時，某些電極就會發射小小的脈衝，其中一些代表亮、一些代表灰，那些沒發射的就代表暗；這樣一來，鏡頭前的影像就出現在這個人的舌頭上了。保羅和他的團隊之所以決定用舌頭做為「數據輸入站」，是因為舌頭上不會有死掉的細胞層，而且舌頭永遠是潮濕的，是很好的導電體，上頭又有很多神經；所以保羅認為，它所送出去的影像解析度會很高。

即使是天生的盲人，經過訓練後，也都能利用這片小電板辨識會動的和若隱若現的物體，區分得出「蓓蒂」或「崔姬」的臉，也「看」得到複雜的影像，例如電話前面有個花瓶。**盲人竟可以利用這個觸覺—視覺的轉換小電板看到三度空間，真是不可思議，保羅把這個歷程稱之為「感覺替代」**（sensory substitution），可以說是大腦可塑性的一個了不起的例子，因為大腦中本來處理觸覺的神經迴路已然重新組織，連到大腦的視覺皮質上了。

但是，觸覺—視覺小電板的貢獻可不只是提供盲人一個看見東西的新方法，更顯示出原則上大腦可以用感覺的經驗重新配線神經迴路。也就是說，感官提供了一個重新接線、裝配大腦的直接路徑。

二〇〇〇年一月，米奇因為嚴重的感染疾病而影響平衡器官，使他暈眩到無法站立，不禁讓他很想知道，究竟這個處理視覺的小電板能不能處理平衡的問題。保羅認為應該可以，所以他們就用了加速計（accelerometer）來取代照相機，這種加速器可以偵察動作和物體在空間的位置；他們把加速器裝在帽子上，傳送身體位置的訊息給電腦，再轉送到舌上的小電板，告訴米奇他目前的空間位置。假如他往前傾，電極就會給他輕微的刺激，讓他得到一個好像香檳酒的泡泡流到舌頭尖端的感覺；假如他側仰，這個泡泡的感覺也會跟著到側邊去。

第一個使用這片小電板的病人是舒麗茲——五年前的抗生素治療破壞了她百分之九十七·五的前庭半規管神經元（內耳的平衡器官），使她動彈不得，需要人扶著才能站直，而且分不清東南西北。雖然才三十出頭，她來實驗室時卻拄著拐杖。

當舒麗茲把這片小電板放入口中後，立刻就安定下來了，而且知道方向。舌頭上的訊息源源不斷地送入腦幹處理觸覺的地方，再傳往腦幹另外一個名叫「前庭神經核」（vestibular nuclei）、專門處理平衡的地方。她第一次用片小電板就能站起來幾秒鐘，而且不會頭暈；第二次含了兩分鐘，拿出後效用還持續了四十秒，經過訓練和練習，這個「殘餘效應」（residual effect）可以維持好幾天，然後延長到幾個月。最後，在用了這片小電板的兩年半後，她不再需要它了；經過長期訓練，她的大腦已發展出新的神經迴路，徹底痊癒了。《改變是大腦的天性》對她的個案報導，也在這裡寫下句點。

但是，舒麗茲的故事還有續集。她被自己能夠康復深深激勵，決定重回學校念書，立志成為一位復健師。到保羅的實驗室中實習時，她的工作就是訓練病人使用小電板。可是她怎麼也料想不到，她的第一個病人竟然會是保羅。舒麗茲痊癒後不久，我就接到保羅寄來的一封電子郵件，說他一直在咳嗽，雖然他從不抽菸，卻被診斷出得了肺癌，而且已經蔓延到腦部了。他做了化療，暫時還能回實驗室工作，但是就像抗生素摧毀了舒麗茲的平衡，保羅的化療也摧毀了他的平衡系統；現在，輪到舒麗茲來訓練保羅、用他發明的工具來幫助自己了。然而，二〇〇五年十二月時他寫信告訴我說：「癌細胞又回來了，我比以前更沒有力氣。」但他還是繼續工作到二〇〇六年十一月才離開人世。要是再晚個一年，他就能看到神經可塑性終於被學術界承認了。

對老工具的全新想像

保羅過世前最後發表的論文裡，有一篇題為〈如果只有百分之二存活的神經組織，有可能重新找回它的功能嗎？〉（Is It Possible to Restore Function with Two-Percent Surviving Neural Tissue?）；在這篇文章中，他回顧了一生所做過的實驗，以及包括動物和人類的研究報告，發現很有趣的巧合：他的父親因為中風，失去了百分之九十七從他大腦皮質經過腦幹到脊椎的神經纖維；根據醫生的說法，舒麗茲的前庭半規管也失去了百分之九十七・五的神經細胞；從其他來源得到的證據，也都顯示可以只用百分之二的殘留神經組織找回已經失去的功能。保羅的理論是：從他父親的個案來看，「復健顯然『揭開』（unmasked）了已經存在的神經迴路，但是在中風之前，這些迴路和這個被找回來的功能並沒有同等關係。」他所謂的「揭開」，指的就是神經的重新配線。

但是，保羅、尤里和他們的團隊顯然認為，舒麗茲的平衡困難不但源於喪失有功能的細胞組織，前庭系統也很嘈雜，已經受損的神經元還在不停地發射隨機、無組織、雜亂無章的訊號，淹沒了殘存的可用組織所送出來的有用訊號。他們讓舒麗茲使用的小電板，則告訴她的大腦比較正確的身體空間位置，因此強化了殘留健康組織的訊息，時日一久，大腦的可塑性就強化了這些迴路，使她找回身體的平衡。

我在第三章討論嘈雜的大腦時已說過，因為「訊號—噪音」的比例很差，使得這些已經受損卻還未死亡的神經元不肯「沉默」，繼續發射訊號，但是頻律、節奏都已經不對了。這些累積起來的雜訊一旦干擾健康神經元的功能，大腦就一團混亂了；除非大腦能關掉這些受損的神經元，不然這個人剩餘的功能便無法發揮。套句工程學的術語，舒麗茲的訊號噪音比例太差，大腦因此偵察不到強度足夠又清楚的訊息，也就無法行使正常的功能了。因為用不到，習得的不用就跟著出現了。

當我詢問舒麗茲，她的大腦在放進小電板之前和之後感覺上有何差異時，她說：「我的腦袋裡一直有噪音不停地轟炸我，並不是我可以聽到什麼雜音，但就是感覺得到噪音在那裡，讓我無法思考，思緒混亂。我的大腦，也就因為不知如何是好而非常、非常困惑。光是想讓自己站起來、站直再從A走到B，都讓自己累得半死。那時我的大腦所感覺到的，就好像有幾百萬人同時在一個房間裡說話。然而，當我把小電板放上舌頭時，哇噢，立刻就像終於走出了那個嘈雜的房間，站在安靜的海邊，我的天哪，又寧靜，又安祥，就像找回了原來的我。」

這段期間裡，尤里也有了些新發現。舒麗茲使用小電板時，看得出來她進入了一個深沉的冥想境界（我認為這種放鬆是神經調節之後的必然現象，目的在幫助神經可塑性療癒身體），讓尤里感到很驚訝。另外，她和其他來到實驗室治療平衡問題的人全都出現很多不在預期之中、但卻令人欣喜的反應；他們都感到睡眠的品質改善了，可以一心多用了，可以專注、聚焦，動作和情緒也都改善了。不僅如此，這片小電板對其他病患——如中風和腦傷的人——也有意想不到的好處。有幾名因為站不穩而到實驗室求助的帕金森症患者，用了小電板後就發現動作困難的毛病消失了。

這個團隊最初的假設，是希望舒麗茲所用的儀器（後來稱為「大腦端口」〔BrainPort〕，已經通過美國食品藥物管理局核可上市）能夠提供正確的訊息給她的大腦，告訴大腦她所在的空間位置；這個靠會移動的「香檳酒泡泡」來刺激的訊息，會反駁她受損細胞組織所送出來的不正確訊息，使她的大腦得以安靜下來。正確的訊息送進、活化殘留的百分之二・五健康組織後，便會強化它的連接，盡量招募其他的大腦部位來接管平衡的功能。**這個電刺激，有著傳遞重要訊息的中介作用**。

尤里因此生出一個大膽的念頭：或許這個電刺激本身就有其療效。假如只是告訴舒麗茲她人在空間的哪裡的這種訊息就有療效，那麼當她看著牆壁，有直線當坐標，或是當她往旁邊傾斜，肩膀被碰觸時，這些訊息有沒有療效呢？為什麼這片小電板可以幫助這麼多其他腦傷的人？

尤里越來越覺得能量刺激本身就有療效——就好像俄國的失眠電療機。米奇說：「尤里當起了舌頭上的電刺激會造成改變這個想法的啦啦隊長。」也差不多就在這個時候，另一個實驗室的另一個團隊也設計了一個有控制組的實驗，而且發現，相較於能提供正確空間位置的儀器，隨機發射的儀器並不能提供有用的訊息，所以可見重點不是電刺激，它本身沒有療效。「不！」尤里卻認為，「這個實驗的控制做得不好……電刺激本身確實具有療效。」結果他是對的。

尤里的推測是，舌頭上的小電板感覺接受器受到電刺激，發送訊號到腦幹的平衡神經元之後，那些電訊號並沒有到此為止，腦幹平衡系統的神經元顯然還繼續把電訊號送到腦幹的其他地方，以及腦幹之外的其他大腦部位，包括調控睡眠、情緒、動作和感覺的區域，把它們都活化起來。他在病人使用小電板時掃描他們的大腦，果然看到大部分的大腦都活化了起來，證明他的假設是對的。

這個結果，的確有助於解釋為什麼這片小電板可以幫助其他腦傷的病人，尤其當尤里把它所提供的平衡訊息，與心理、身體的刺激和練習結合在一起的時候。那麼，它是不是也可以減輕其他的腦部傷害，而且，誰又敢說對一般性的學習不會有幫助？保羅的這名精益求精的徒弟突然覺得，他們已經掌握到的洞見和發現，也許能使他們做出全方位的大腦刺激器。因此，他們才創造了PoNS來提供連續性的刺激，不再只聚焦於空間的位置。

尤里知道，還有另外兩種刺激器也和PoNS一樣，都是用低刺激去活化大腦。以迷走神經刺激（vagus nerve stimulation, VNS）來說，是將一個電極放在左邊的迷走神經（迷走神經是顱內十二條神經之一，靠近頸動脈），藉以傳送刺激到腦幹的弧束核（nucleus tractus solitarius；譯註：弧束核會整合周邊壓力感受體所送來的訊號和中樞神經系統血壓調控所送來的訊號，是個重要的調控神經核）；這種儀器的目標就是弧束核。VNS對憂鬱症也有療效，卻必須先以外科手術把心律調節器（pacemaker）植入病人的胸腔發射電刺激。另外一種，是用在帕金森症或憂鬱症病人身上的深層大腦刺激（deep brain stimulation, DBS），直接刺激和這兩種病有關的神經迴路，但前提是必須把電極植入大腦深處。只有PoNS是只要含在嘴裡就可以，就像孩子含一根棒棒糖那樣輕鬆。

接下來，就是盡量多找各種不同症狀的病人，看看這個新的工具可不可以幫助他們的時候了。

II 三種重組：帕金森症、中風和多發性硬化症

帕金森症——安娜的故事

安娜・羅胥克（Anna Roschke）罹患帕金森症二十三年了，她現年八十，也就是五十多歲時就出現了帕金森症的第一個症狀。她是遠從德國到威斯康辛來求治的，因為她的德國醫生已經找不出任何有用的療法幫她。她無法行走、保持平衡，連倒杯牛奶都不可能不濺出杯外，也無法控制顫抖；說話很慢，內容也無法連貫。她的兒子維克多（Victor）是位研發抗癌藥物的分子生物學家，他說：「她的情況很不妙，手抖則是最糟的徵狀，醫生不斷調整她的藥量……卻也說藥物只能控制病情一陣子，到了這個地步，他們已經無能為力，沒有什麼治療新法了。」安娜知道，做為一個很早就被診斷出有持續進行性疾病（progressive disease）的人，她其實有段時間表現得還不差，但還是希望能多做些有用的小事，例如烤餅乾給孫兒吃，不想就此成為廢人。但是帕金森症使她僵硬到近乎不能動彈，每天只能坐在窗前看外面，或者看看電視。

麥迪遜團隊認為，他們的新工具對安娜可能會有幫助。大腦掃描顯示，有平衡問題的人把小電板含在嘴裡時，出乎意料地，大腦中的蒼白球（globus pallidus）就亮起來了（帕金森症患者的這個地方都太過活化）。

使用小電板二週後，安娜便恢復了走路和說話的能力，手的顫抖也減輕許多。「她不再需要助行器，」維克多說：「可以走得很正常了，光是看在眼裡就非常令人驚訝。我們也察覺到她的說話進步了很多，除了手還會顫抖，我們認為其他地方她和正常人沒有什麼兩樣。」

她持續定期使用這片小電板，當維克多再去看他的母親時，他赫然發現八十歲的老母正站在廚房的桌子上粉刷天花板。「這真是一個恐怖的故事，」他笑著說，因為他知道自己的母親有多希望能夠做些有用的事。想起她過去平衡和動作方面的困難，他說：「她竟然能漆天花板而不摔下來，實在是不可思議。」現在的她白天都會去公園散步，也常常烤餅乾給孫子吃。

她仍然擺脫不了帕金森症，但是身體的功能已經進步到可以正常地過日子，好像她沒有這個病。「一開始時，我很懷疑這片小電板能有什麼功用；」維克多說：「因為我自己是個科學家，只相信科學的數據。但是當我看見療效時，尤其是她的協調和認知能力的改善，我不得不說，這個技術真是太神奇了。」

中風——瑪莉的故事

瑪莉・甘納士（Mary Gaines）住在紐約曼哈頓，五十四歲，滿頭金髮、臉頰紅潤、明眸大眼。二〇〇七年時她是一所私立小學的校長，而且已經在那裡工作了二十二年。她是在歐洲長大的美國人，精通法語、義大利語，還會講一點德語和荷蘭的法蘭德（Flemish）語，但還不到五十歲就因中風造成腦溢血。剛開始時只是一連串的「小中風」，先是發現自己的手和腳感覺很沉重，然後眼睛開始看到閃光。她先生保羅開車送她去醫院，「真正中風時，我正躺在紐約基督教長老會醫院（New York-Presbyterian Hospital）的核磁共振儀裡。」她說。那是典型的左腦中風，使得她右邊身體無力，語言失常。「我無法說、寫、讀、咳嗽或做出任何聲音，我變啞了。」

她也無法思考，無法過濾掉不重要的事情；因為經驗的感官工作量負荷超過太多，所以她也無法了解別人在講什麼，因為她大腦的背景噪音太嘈雜，使她聽不見訊息。我們的大腦，健康時會自動過濾掉不重要的訊息，使我們可以聚焦在重要的訊息上。「中風之後，」瑪莉說：「我必須有意識地評估所有的聲音、影子、幾乎每一種氣味，才能確定有沒有危險。」她的視覺處理速度，已經慢到當她搭乘別人開的車時，無法了解交通號誌的意義。「我總是追趕不上現況。」她說。也由於不知道什麼是安全，什麼是危險，使得她的神經系統一直處在戰或逃的狀態。

她沒辦法做最簡單的動作和手勢，例如開關爐火；做點小事就會累趴，也就沒有什麼社交生活可言。因為有失語症和構音障礙（dysarthria，無法正確發音），每天都得到海倫海斯醫院（Helen Hayes Hospital）去做語言的復健。「就算只是安靜地坐著聽人說話，我既聽不懂也跟不上他們的談話，也就是有聽沒有懂。」在請了六個月的病假後，她很想回去上班，卻根本無法處理校務，「那時我想，我的下半輩子大概就是這樣了。」

為了改善自己的處境，她整整吃了四年半的苦頭，但是大部分的症狀始終糾纏著她。然後她聽說了麥迪遜實驗室的事，因為她的妹妹正巧住在那一帶；二〇一二年一月起，她接受一次兩週的療程，但就像許多病了很久的人一樣，試過所有主流的醫療法都沒效的她，其實對這次的醫療也抱著懷疑的態度。

「才第二天到實驗室，我就開始覺得有改變了，但我不敢對別人說；」她告訴我，「因為那時我覺得，『我太想好起來了，所以我的想像力在作怪。』但是，當我第二天到外面吃午餐時，感覺就好像有把梳子梳理過我的大腦，我頭裡的結不見了。」她忽然可以好好思考，也可以摒棄不想要的訊息了，戰或逃的反應逐漸消失。突然之間，周邊的視力也回來了，可以做必須依賴視覺的事了，「我可以知道車子會從哪一邊過來，往哪一邊去。」她說：「第三天時，我的能力回來了，可以跟桌子對面的人說話而且聽得懂他們在說什麼。我真的欣喜若狂，但我必須冷靜下來，因為我不要別人以為我發瘋了。這片小電板改變了我的生命。」

麥迪遜的兩週療程結束後，她把那片小電板帶回家，每天用三到五次。到二〇一二年三月時，已經在家自療了兩個月。她告訴我：「我知道我還有很多工作要做，但至少我覺得是我自己了。……我認為最大的改變是我可以很『流暢』地做事情，而且做起來又像第二天性般自然而然。現在，我可以享受每天的日常活動，很單純地過日子。」好久以來，她都幾乎沒有辦法讀報紙上的文章，現在呢，「我可以讀任何我想讀的東西。」

雖然瑪莉的復原簡直就像重生，但是她仍然尚未痊癒，還是每週都會發生一次劇烈的偏頭痛（migraine）；雖然可以同時做幾件事，卻沒辦法像以前持續那麼久，也沒有辦法做得和以前一樣快。一開始，她以為只要麥迪遜團隊建議繼續使用 PoNS，她就會一直用下去，但是六個月後，當她了解只有每天練習才能保住成果，她就不再使用了。「現在我練習瑜伽、靜坐、走路、清房子、忙園藝和展現熱愛的廚藝，最大的愉悅是我的自由，而我每一秒都樂在其中。」

多發性硬化症——琴恩的故事

寇茲（Max Kurz）是內布拉斯加大學醫學中心物理治療部門的研究主管，專長是生物力學（bio-mechanics）和運動控制（motor control）。他是在麥迪遜實驗室之外，第一個做小電板研究的人，因為麥迪遜實驗室必須證明其他研究團隊也能做出他們實驗的結果，而且最好是用不同的病人。由於「殊途同歸」是實驗上最強有力的證據，所以寇茲用了多發性硬化症病人來測試小電板。寇茲的測試對象，包括再發作的和暫時沒有症狀的多發性硬化症病人，以及持續惡化的多發性硬化症病人，總共八個，每天兩次、連續兩週接受小電板的訓練，再讓他們帶小電板回家練習十二個星期。大部分人剛開始時走路都需要拐杖，有一個人還得用助行器。

「我們在這些病人身上看到非常驚人的進步，」寇茲說：「而且進步得很快，比我們在一般醫院看到的都快得多。」拄著拐杖參加測試的七個病人，「現在都能走得更快、更久，可以不扶欄杆上下樓梯，我們認為這非常有說服力。」而且，這些病人不只平衡和走路改善了，其他的多發性硬化症症狀也有減輕，表示療癒的範圍超乎預期。「病人說，膀胱的控制變好了，睡眠品質也有改善，」他告訴我：「我們並沒有治療這些方面，卻都得到療效。」有一個先前只能坐在輪椅上的病人，後來可以自己從椅子換到床上，在床上翻身，用膝蓋的力量坐起來，坐在膝蓋上（譯註：如日本人的跪坐），而且可以不需要人扶，「這一些，都是你不會在多發性硬化症病人身上看到的進展。」寇茲說。

「有一名婦人的顫抖很嚴重，頭和手臂抖個不停的問題後來消失了，不抖了。」在那之前，沒有任何藥物可以讓她止住顫抖。「走路方面，」寇茲說：「當初進來時她非常不協調，而且得依靠手杖；現在她不需要拐杖了，不但可以走，實驗結束時甚至還能跑，只不過短短兩週，竟然就能跳繩，我真是快瘋掉了。你原來是連平衡都有問題，但只經過訓練、用電刺激竟然就可以跳繩；有些事，我們還真是解釋不了！」

他所說的這名婦人是琴恩・柯瑟立契基（Kim Kozelichki），她不但止住了日漸下坡的病情，而且快速改善。琴恩愛好運動，尤其擅長網球，是拿網球獎學金上大學的，二十六歲就取得管理階層的職位，但多發性硬化症也同時找上了她。一開始時，她只覺得腳會刺刺的，然後蔓延到手，然後腳、手、頸、背都出現神經性疼痛；緊接著，多發性硬化症影響到她的平衡，所以她走路時會撞牆，也開始拖著腳後跟走路（因為腿抬不起來），還發展出雙重影像、三重影像。打網球時不但會打不到球，離譜的是球拍和球總是差了老遠；以前常彈的鋼琴，現在只能放棄不說，頭更顫抖到好像永遠都在搖頭說「NO」；膝蓋開始向內轉，最後沒有拐杖就不能走路，後來出門時，她的刑事警探先生陶德（Todd）都必須用上輪椅。她的容易疲倦、無法思考、不記得字或實際的事件經過，最後嚴重到只好辭職。核磁共振掃描顯示，她的整個大腦和脊椎已經全都受到多發性硬化症的荼毒。

照顧琴恩的專業護士建議她去參加寇茲的研究，一般來說，運動員和音樂家都是好病人，因為他們知道持續練習的重要。才用了PoNS兩天，琴恩就說：「我的平衡好多了，走路不會再撞到牆，也覺得強壯了一點，感覺好像已回復正常——以得了這個病來說的正常。」開始用這片小電板後，她只要抓著旁邊的扶手，一小時就可以在跑步機上走一公里半；使用兩個星期以後，一小時可以走四公里。到了在家裡用PoNS時，她一天練習兩次、每次二十分鐘，一次是做平衡，另一次是邊做邊走路或做家事。到第四個星期時，她一小時已經可以走五公里半，而且不必扶著跑步機的把手了。「感覺好自在啊！」她說。十一週之後，陶德在網球場上丟一顆球讓她揮拍，「她不但準確擊中那顆球，回球的速度還很快，」他說，「我只好蹲下來以免被球打中。」

一年以後的她，走路時已經不需要拐杖，也可以彈鋼琴了。她並沒有擺脫多發性硬化症，還是很容易疲倦，認知功能也還沒到達可以回去工作的地步，但是生活機能已經好很多，疼痛也減少很多，而且有了希望。她和陶德可以去看電影、上館子、散步，一起享受人生。

III 破碎的陶器

潔瑞的故事

既然 PoNS 可以幫助帕金森症和多發性硬化症病人，這個團隊不禁要想，下一個目標可不可以是腦傷的人？前兩者一是神經退化性疾病，另一是自體免疫系統攻擊的持續進行性疾病，但腦傷又是另一回事。所以他們公開尋求腦傷病人，只要是沒能從傳統療法得到很好療效的人，而且願意參加實驗的，都可以聯絡他們。

六年前，四十八歲的執業護士潔瑞・雷克（Jeri Lake），在一個二月的早晨騎腳踏車去上班。「路上有些積雪，但是我已習慣了在各種氣候下騎車；我在途中的一個十字路口暫停，確定兩旁沒有來車、正要起步時，卻有輛車沒打燈號就急轉而來，我雖然馬上煞車，但腳踏車還是被撞飛了，我因此摔倒在路旁，安全帽破裂。」

在事故發生之前的上一個週末，她才剛剛和兒子鍛鍊了一小時後再騎了五十五公里自行車，為的是她和兒子每年夏天都參加的五百英里（約八百公里）自行車大賽；即使沒有賽事，她也每週都騎一百二十到一百六十公里，因為那是她保持頭腦清醒的方法。她是一位體能極佳、做事很有效率的棕髮女士，來自一個充滿活力的家庭，專長是助產士，一直住在伊利諾州香檳城，工作之餘不是教養她的四個孩子，就是和教授莎士比亞的先生史帝夫（Steve）共度。她既愛露營、登山，更一年十二個月都騎自行車趴趴走。

車禍之後，她照樣繼續騎車到上班的地方，但有個同事覺得她不對勁，就帶她到急診室。她出現嘔吐、頭暈、無法清楚思考的症狀，右肩和右臀有擦傷，安全帽破裂處是右耳後面，顯示受傷的地方可能是頂葉和枕葉；醫生的診斷是腦震盪，給她止痛藥後就叫她回家休息。那是星期三的事，回家後她一連睡了好幾天，星期六輪她值班，雖然先生極力勸阻，但潔瑞說：「你不能把自己的責任丟給工作夥伴。」堅持非去上班不可。

「當班的護士向我簡報前一晚發生了什麼事時，」她說：「我一個字也聽不懂，不知道她們在說什麼，急得哭了起來。後來的那一整個週末，我的神智都處在戰或逃的緊張狀態，非常焦慮。」

她也開始對小聲音非常敏感，沒辦法好好吃頓飯，因為餐具碰到盤子所發出的聲音會讓她驚慌失措，而且一旦受了驚嚇就停不下來。「假如有人弄出任何聲音，就得想方設法讓我安靜下來。我開始不可控制的扭動、哭泣，唯一能停止的方法是去睡覺。」她對光線也變得超級敏感，必須睡在全家最黑的房間；她的大腦彷彿已經沒有辦法過濾任何噪音、動作、光線或可能干擾她的東西，而且只要一試著排除噪音，就會頭痛欲裂，同時做兩件事更是絕無可能。

然後，她失去了控制肌肉的能力。因為右腦受到傷害，而右腦掌管的是左邊的身體動作，潔瑞開始拿不住東西，左邊身體的肌肉尤其失控，「我的左手和左腳都會抽搐、顫抖。」

到週一時，她顏面麻痺了，同事擔心她的大腦可能正在滲血，於是又送她回急診室，雖然醫生的診斷是「創傷性腦傷」（traumatic brain injury, TBI），但她覺得那些人全沒把她當回事。「醫生說，我會臉麻是因為呼吸時過度換氣，我知道不是這樣，因為這個麻痺是在我很氣他們不把我當回事之前就發生了，但是他們全沒聽進耳裡。護士說我會有六個月都不能做太複雜的計算，醫生說他會替我禱告，希望我能冷靜下來，我先生則說，他從來沒有看過我這麼生氣。」

除了不能做複雜的計算，還有更大的難題等著潔瑞。她失去了所有認知功能，想說話時經常感到詞窮，或者張冠李戴，比如明明心裡想說的是洗碗槽，脫口而出的卻是鞋子；完全沒有平衡感，常常往後倒，無法及時穩住身軀。

她的視力也出問題了，看不見左邊，所以常會撞到身體左邊的東西，也失去了深度知覺及三度空間感。坐在別人車上時有時會突然驚恐，因為她分不清其他車子的方位：「我老是在尖叫，因為我以為那些車會撞上來。每一件事都像泰山壓頂，讓我喘不過氣來。」如果想帶潔瑞外出，家人就得在車窗加上簾子，讓她坐在後座，閉上眼睛。

走路時，她無法判斷地面是否平坦，因為她感覺不到；遇到斜坡時，家人就必須先喊「下坡」或「上坡」，她才不會跌倒。地毯上的花紋、書頁上的文字似乎都會移動，因為她眼睛對焦的功能損壞了，無法聚焦，所以會有雙重影像（這叫「創傷後視覺症候群」〔post-trauma vision syndrome〕）。醫生叫她戴稜鏡眼鏡（prism glasses）來解決雙重影像的問題，但她還是沒辦法聚焦。

這個原本充滿活力、冷靜沉著的運動員，現在連自己的感覺、動作或情緒都無法調控了。一位知道她過去多有生命力的婦產科醫生同事，眼見她的情況日益惡化，很是擔心，就叫她去找神經科醫生；那位醫生的診斷是「腦震盪後症候群」（post-concussion syndrome）——情況比一般的腦震盪更嚴重，因為這就表示那些症狀會持久存在。醫生要她在家休息六個月，她聽從了。

六個月後，一位神經心理學家給她看一疊人物照片，裡面的人有些會重複出現，但是潔瑞分辨不出來，顯然是失去了辨識面孔和認識面孔的能力。這位神經心理學家告訴她，一年內不可能回去工作了，只能休息一年後再回診，看看情況如何。

潔瑞的家居生活支離破碎，既不能做晚飯也無法洗衣服；先生越是「始終如一」，她越覺得自己是他的負擔，在這個家裡已經沒有價值了。「我一直是個喜歡聚攏小孩、愛聽他們吵鬧的媽媽，最會處理小朋友的麻煩事，還認得孩子的每個朋友；現在，卻成了最脆弱的那個媽媽，只要出現一點小狀況就失控、哭泣，睡上一個星期。」

一年後去神經心理學家那兒回診時，他發現她完全沒有進步。他判斷：「你的右腦有永久性的損傷，前額葉的執行功能一塌糊塗，不但不可能再回去做照顧別人的工作，根本什麼工作都做不了。大部分人的復原都發生在頭一年內，但你可能得看看第二年會不會有一點進步。」所有的對策都不是要治好她，而是要她與問題學習共存，或是找到方法替代她所失去的功能。「訊息很清楚，」她說：「

接受你的現況。」再過一個月後，很多醫生都鐵口直斷：她的情況是永久性的，不可能改善了。

在醫生看來，腦震盪和輕微的創傷性腦傷往往有交互作用。被診斷為創傷性腦傷的人，受傷前的功能大多三個月之內就會恢復，但是，我們也只有在病況好轉之後才會知道是不是輕微的（mild）。有的時候，即使病人自己都覺得比較好一點了，其實卻還沒有脫離困境——碰上多重性腦震盪時尤其如此。假如輕微創傷性腦傷的腦震盪症狀超過三個月，比如潔瑞的情況，診斷就會改為「腦震盪後症候群」和「創傷性腦傷」。目前導致年輕人死亡和殘障最主要的原因，正是創傷性腦傷。

很多人都以為腦震盪沒什麼大不了，因為它們被稱為「輕微的」創傷性腦傷；也因為在運動場上司空見慣，大家就都以為那只是大腦功能暫時受到干擾或改變，不會有嚴重的損害，只要運動員說得出「我覺得還好」，然後可以繼續上場比賽就沒事。其實，最近美國職業美式足球聯盟（National Football League, NFL）的研究發現，美式足球員和其他運動選手如果有多次腦震盪經驗，日後罹患早發性阿茲海默症（early-onset Alzheimer's disease）的機率就比別人高十九倍，也比較會有記憶和神經上的問題，而且容易得憂鬱症。多次的輕微創傷性腦傷，還會導致名叫「慢性創傷性大腦病變」（chronic traumatic encephalopathy）的神經退化性疾病，更不只會發生在美式足球員身上（美式足球員的衝撞很猛烈，經常導致腦震盪）。這個研究是多倫多大學的格林（Robin Green）和她的同事做的，他們發現，創傷性腦傷的病人有時好像症狀消失、看似康復了，但往往過一段時間後情況即惡化，也許那是因為大腦內部歷程退化之故。

另一個大家不太把腦震盪當一回事的原因，則是急診室的電腦斷層掃描和核磁共振都照不出腦震盪，但組織卻可能已經受損。當頭部快速地與一個物體相撞時，本來在加速的大腦會突然因為腦殼被撞而減速，通常這種撞擊會彈向另一邊的腦殼再彈回來，這種劇烈震盪，會使神經元釋放出化學物質和神經傳導物質，導致過度的發炎，中斷、干擾電流訊號，使神經細胞受損或死亡，壓抑新陳代謝。

腦震盪的效應並不局限於受傷的地方，就好像我們用槌子敲打玻璃窗時，先破裂的也往往不是槌子敲下去的地方。如果有個很大的能量從大腦中輻射出去，影響的便不會只是神經元的細胞體，同時還有軸突。軸突受損目前只能在新近問世的「擴散張量核磁造影」（Diffusion Tensor Imaging, DTI）上才看得到；因為軸突連接的是不同的大腦區域，一旦受損，不管它一開始時的創傷處是哪裡，都會影響所有跟它有連接的區域，所以許多功能——感官的、運動的、認知的和情緒的——都會出問題。或許這可以解釋，為什麼明明受傷的大腦部位不同，卻會出現相同的症狀。

當潔瑞遇見凱西

有一天，潔瑞的語言治療師告訴她：「發生一件很奇怪的事情，有一個跟你受傷位置相同的婦人最近成為我的病人，她的情況就像你走進診所當時一模一樣。」這個新病人是最近才受傷的，所以治療時間比潔瑞晚了一年，但治療師鼓勵她們兩人見面，互相打氣、支持。

凱西・尼可—史密斯（Kathy Nicol-Smith）是個中年的醫技人員，和潔瑞一樣都住在香檳城。有一天她開車上班時，接連被連撞了兩次：第一次是後車追尾撞上她，第二次是因為那名駕駛煞不住，又再撞了她的車一次，不過這次是從旁邊。凱西頭部受創，得了失憶症，就和潔瑞一樣，醫生的診斷也是創傷性腦傷——因為車禍以後她不但出現各種症狀，也都沒隨著時間的過去而減輕：嚴重頭痛，嗜睡，怕光，所以就連白天也常閉上眼睛；沒辦法端著東西而不打翻，走路有困難，會摔跤，還有協調和平衡的問題；說話有困難，搞不清楚自己身在何處；記憶也出問題，所以會燒焦食物；失去3D視力，所以所有東西看起來都是平的，也有雙重影像，「我覺得好像有人把凡士林塗在我的眼鏡上，每樣東西看起來都是模糊的。」無法閱讀也不能專注，甚至連看電視都不能，「我的大腦每件事都跟不上。」

凱西還有另一個問題：車禍後不久，她先生被診斷出罹患胰臟癌，而且四個月後就過世了，而他是家裡主要的經濟來源。

潔瑞和凱西開始定期聚會，潔瑞說：「我盡量替她打氣，而她的處境也的確比我困難得多。我們倆都開始去上陶藝課，幫助眼手協調及強化手力。我們稱自己為『破陶』，因為鐵鍋不會破，陶鍋才會。」同時，潔瑞也上Google去搜尋任何找得到的腦傷訊息。

在搜尋Google上的訊息時，她看到了麥迪遜實驗室，馬上轉告她的神經科醫生——也是凱西的醫生——戴維斯（Charles Davies）。戴維斯打了個電話給尤里，但還是等了好一陣子，實驗室才打電話來邀請她們兩人過去。那時，潔瑞已經安排好要去看她生病的八十七歲父親，所以不能去，但是她鼓勵凱西過去。「凱西去了，兩天後打電話給我時，我光從電話中就聽得出來，她的語言能力已經變得比較流利了。她以前說話和我一樣平板，一樣吞吞吐吐，沒有聲調變化，不帶感情，現在突然有了新的聲音，她說：『潔瑞，妳一定要來，太神奇了。』我一聽就知道，某件不可思議的事情發生在她身上了。」

就像隆恩，凱西走進實驗室時拄著拐杖，出去時兩手空空。

當潔瑞終於在二〇一〇年九月來到麥迪遜實驗室時，她走得很小心，很慢，幾乎沒有擺動手臂，還戴著稜鏡眼鏡；過去活蹦亂跳的運動健將，現在像隻驚恐的小老鼠，上身僵硬，腰部以下搖搖欲倒。我們的站姿其實是兩個一樣強的古老力量互相角力的結果：一個是人類雙腳直立的姿勢，那是幾百萬年演化得來的禮物，給了我們脊椎和背部的肌肉張力，以及控制這些肌肉的神經系統，使我們可以直立；另一個則是比演化更久遠的力量，地心引力。誰都看得出來，我們走路大多是控制前傾的歷程，需要大腦的腦幹不停回饋才不會走歪。初見潔瑞時，米奇認為她的大腦就像是莉莉・湯林（Lily Tomlin）在電視上扮演的那個接線生背後的總機（譯註：莉莉・湯林是美國的喜劇明星，在《週六夜現場》（*Saturday Night Live*）這個現場節目中，因為表演電話接線生而深受歡迎）。莉莉常在受不了電話鈴聲一直響、又找不到正確的插頭時，乾脆扯掉整片總機板上的電話線。實驗室的診斷是創傷性腦傷，外加擴散性軸突損傷（diffuse axonal damage）。

實驗室團隊為潔瑞拍攝了治療前後的影片，而我也仔細地看了每一個細節。剛抵達實驗室時，她的步履蹣跚到好像再多走一步就會倒下；手臂會突然四十五度伸出，看似拍動翅膀想要起飛，其實是絕望地試圖平衡自己。從她臉上的緊張表情，可以看出每走一步所引起的驚恐；即將跨出下一步時，大拇趾好像黏在地板上一樣，可是當大拇趾終於脫離地板時，腳後跟卻不是向前移、越提越高，而是往旁邊盪開來，也就是擋在另一腳的前方，使得自己寸步難行。假如抬頭向上看，整個人就不由自主地往後仰。

團隊用「動態步態指標」（Dynamic Gait Index）來測試潔瑞，讓她走標準障礙測驗。走到鞋盒前面時，正常人會一跨而過，她卻必須完全停住（有如面對的是一道和臀部一樣高的籬笆），最後才好不容易跨過，沒有摔倒；下樓梯時她得緊抓著兩旁的扶手，而且每走一步都得休息一下，腳步非常不穩定。團隊也用了「搖晃的電話亭」（shaking phone booth）來測試她的平衡，那是一個特別設計的小房間，地板和四周的牆都會動，藉以測量病人的平衡商數。

就像很多腦傷的病人一樣，潔瑞得同時吃四種藥物，她說：「吃這些藥只是讓我的頭可以浮出水面，不會淹死而已。」有些藥會讓她興奮，有些會讓她沮喪；每天早上吃的利他能，「讓我有做兩個小時事情的力氣。」再吃一顆抗憂鬱的藥，讓自己不會太焦慮。安定文（Ativan）是多功能藥物，有助睡眠，Relpax 則是治偏頭痛的藥。她是標準的神經系統失控病人，因為這個系統已經失去了調節自我的能力。

首次見面時潔瑞就哭著告訴尤里，她的醫生已經說她一輩子就是這個樣子了，不可能有進步；畢竟，從出車禍以來的這五年半她的確沒有什麼進步。現在的她，大腦裡更塞滿了尤里和米奇要她做的這些基準線測驗，完全聽不懂他在說什麼，也就回答不了他的問題。陪伴她一起去的先生認為，她已經忍受不了更多的測試了，或許他應該帶她回家休息一天再說。她記得，尤里那時轉身對米奇說：「我沒料到會是這樣。」所以她很害怕他們會把她趕回家。

潔瑞把小電板放在嘴裡後，尤里便在旁提供精準的指導：她要挺直地站著，頸子不能彎曲，免得送往腦幹的血液被擋住。他也檢查了她的臀部位置，挪動她的膝蓋，測量她頭頂到肩膀的距離，一切就緒之後，便要她閉上眼睛、含著電板站上二十分鐘。這讓她非常的害怕，因為她只要一閉上眼睛、看不見了就會摔跤，不敢相信自己能站那麼久。

尤里開啟電源時，她總算閉上了眼睛。每當她的身體晃動時，就會有團隊成員碰觸她的手臂或肩膀，讓她的大腦知道身體在空間的什麼地方，因為 PoNS 不像舒麗茲用的那種儀器，並不會指出身體在空間的位置。她的心境開始安定下來，一般來說，使用這片小電板十三分鐘後就會有這種感覺。她發現，身體搖晃時已經不再有人碰觸她了，然後，她很驚訝地聽到「時間到了」，原來她已經站了二十分鐘。

從嘴裡拿出小電板後，她走路的樣子幾近正常，沒有平衡問題。當她走出房門向左轉時，更驚訝地發現，她已經能夠不大費力地看著左肩而且不會因此摔倒。在影片中潔瑞大叫：「我剛剛轉了我的頭。」使得她的先生不禁淚流滿面；她的聲音是正常、有韻律而且生動的，有如唱歌般精神飽滿。她可以清楚地吐字——原先發音含混不清的現象不見了。她的抗重力肌起了作用，使她可以像個驚嘆號般站直，胸部鼓起吐氣，更可以優雅地走動。

但就在這時，她的表情轉為帶著驚恐的困惑。改變怎麼可能來得這麼快？五年半的殘障，可能這樣突然復原嗎？時間一分一秒過去，她終於接受事實，真的，情況真的逆轉了，「我只想出去跑個痛快！」她說。兩天後，她果真在跑步機上開跑了。

「太不可思議了，」潔瑞說：「他們把生命還給了我——只花了二十四小時，他們就讓我去到一個我早就不相信還能去的地方，最瘋狂的夢裡都不曾去過的地方。我感覺現在的我很像我熟悉了四十八年的那個人，也就是車禍以前的我。新的神經迴路的形成，更讓我很難回憶得起幾年來只能要求自己看開點、多休息的我。前往威斯康辛州之前，我每晚都要睡上十一到十二個小時，還得午睡一到二小時，卻從來沒睡出一點力氣；去了實驗室後，第一個晚上我只睡了八個小時，早上六點半就很有精神地清醒過來。這麼多年來，我第一次覺得，我的大腦也在我身體醒來的同一時間醒過來。」

那天早上起床時，她朝窗外看了一眼。「我沒感覺到自己在尖叫，但是我真的有，因為史帝夫嚇得停下淋浴跑出來，以為我發生了什麼事。我說：『你看那個湖，湖邊有樹，遠一點的後面還有其他的樹，這就表示樹林與樹林之間有個小港灣。』我完全沒有察覺，本來平面的視野突然之間已經變成三度空間的立體了。我也發現，現在可以從面孔來辨識誰是誰了。」大部分的改變都在最開始的四十八小時之內發生，兩天後她就發現不必再戴那副厚重的稜鏡眼鏡了。

五天之後潔瑞又走了一趟第一天接受測試的走廊，她腳步穩定、快速，面帶微笑地昂首闊步，上半身和軀幹都很柔軟，手臂自然擺動，就像以前那個優雅的運動員；走到鞋盒前時既沒有慢下來，也沒有特別留意，只是輕鬆地一腳跨過；上、下樓梯時不再扶著把手，可以單腳站立。然後她到戶外的小丘，像孩子一樣跑上跑下。

在麥迪遜實驗室待了一週後返家，之後每天在家裡練習六次，每次二十分鐘。「我的認知速度變快了，」她說，她指的是重拾思考、理解和做決定的能力，「而且一天快過一天，大腦裡的雲霧散去了。我很驚訝竟然會有這麼多精力，多到讓我簡直不知道該拿這些精力怎麼辦！」沒多久，她就坐上史帝夫的車去看孫女伊娃（Eva），因為伊娃是在她車禍之後才出生的，這段時間以來她沒有辦法辨識面孔，所以她說：「感覺上就像第一次看到她。」

緊接著的是「榮耀的三個月」，如今的潔瑞，很確定自己可以重回工作崗位。不過，根據尤里從舒麗茲身上得來的經驗，他還是要她繼續使用小電板一年半。

比潔瑞早去麥迪遜實驗室幾個星期的凱西，也得到了相似的突破。這時的她已回到香檳城的家，也是一天六次、用小電板刺激神經再生，每天還做兩次各二十分鐘的練習，踮腳站在墊子上，一次一腳地改進她大腦的平衡迴路；走跑步機時多做兩個課程來改善動作，靜坐時也多做兩個課程來使大腦的噪音安靜下來。結果非常令人驚異：所有的症狀幾乎都消失了，她現在可以閱讀，講話時輕輕鬆鬆就能找出想說的字詞，雙重影像和二度空間的平面視覺不見了，平衡也獲得改善。現在的她可以一次做幾件事，甚至替十二個人準備了感恩節大餐。

「榮耀的三個月」終了時，史帝夫開車帶著這兩個「破陶」去麥迪遜，讓團隊可以再測試並監控她們使用的方法是否正確。尤里的看法是，她們的大腦已經讓那些嘈雜的神經發射安靜下來了，正在一步步形成新的神經連接，但是她們並沒有完全痊癒。就和舒麗茲一樣，她們也需要時間重新建構殘餘效應。

不會吧，又要重新來過？

二〇一〇年十二月二十七日這一天，史帝夫又一次載著潔瑞、凱西要去麥迪遜實驗室接受評估，當車子停在大學大道的十字路口、正準備右轉到實驗室時，被一輛車從後面全速撞上，他們的車子全毀。警察來到現場時，肇事者說他不知道當時的交通號誌是紅燈還是綠燈，因為他在看手機。

「我感到像頭頂被插了一刀般的疼痛，」潔瑞說：「史帝夫說，我當時對他說，『我大概受傷了』。凱西那時嘴裡還含著 PoNS 呢！這和當初使凱西腦傷的車禍一模一樣，前往急診室的路上，我努力幫她穩住呼吸。」

凱西過去的平衡問題、找不到恰當字詞的困擾、暈眩、疲倦統統回來了。潔瑞的症狀也在幾天後惡化：口語退步了，也開始有找不到字詞的困難，平衡變差了，不能跑步，雙重影像又回來了，再度失去深度知覺。睡眠品質很差，壞到就連剛睡醒都覺得沒有力氣；最糟糕的是，在過了三個月沒有頭痛的日子之後，她的頭痛也回來了。到二〇一一年一月，她的症狀甚至糟到必須送到急診室，因為醫生擔心她大腦內可能有出血。還好沒有，但是這次的退步確實是典型的、創傷性腦傷沒有痊癒就又再次受傷的現象。

尤里告訴潔瑞和凱西，她們只有從頭來過這條路可走，必須每天含著這片小電板靜坐六到七次，每次二十分鐘。任何心智或身體的練習，對她們現在的大腦來說都太吃力。

每一個研究神經可塑性的實驗室都應該有他們自己的精神科醫生，以便在碰到這種情況時派上用場。大腦受傷的病人或有神經疾病的病人，顯然大多會有認知、情緒和動機上的問題；怎麼可能沒有？他們的大腦失功能了不是嗎？幸運的是，在麥迪遜實驗室裡，潔瑞和凱西有個好幫手——另一位俄羅斯移民，性情怪異卻很溫和的蘇伯丁（Alla Subbotin）。她們現在最想知道的是，這支俄美聯軍如何推動、激勵他們自己和她們兩個二度受傷的病人，讓她們從這場新的災難中走出來。「蘇伯丁真是棒極了，簡直是上天送來的教練，我非常需要她。」凱西說：「她的態度很輕鬆、很和藹，看起來好像很好說話，卻不會在你非做不可的事上放你一馬。噢，他們全都好嚴厲！尤里更是世界上最嚴苛、但也最可愛的人，非常關心我和潔瑞。」

凱西繼續說：「這樣說吧，他們不會放棄你，他們的存在彷彿就只是為了能看到你活下去。對我這樣的人來說，奇蹟也只有在那裡才會出現。你沒成功尤里就不會放過你，你沒做對時他不會讓你好過，但他也是那個你哭泣時給你最大擁抱的人；當你的生活又重回掌控時，他更是那個最興奮地高叫『噢，凱西！』的人。那個過程非常折磨人，可是他們會讓你知道困難所在之處，既是啦啦隊也是教練，而你自己一定要非常、非常有決心才會成功。」

潔瑞日復一日地穩定進步，到了二月底時，終於可以在幾個小時的靜坐後含著小電板做溫和的運動，如含著 PoNS 走路，或是含著 PoNS 讀電子郵件。「到了三月，進步的速度快到不可置信，我覺得棒極了。」她這麼告訴我。她又開始跑步了，也開始騎自行車——一次就超過六十公里，身體的情況已經和她二度車禍前一樣好。

五月初我又和潔瑞談上話時，她的心情非常好，「我兒子剛在這個週末結婚，所以我從那天晚上七點起直到半夜都在招待客人和跟每一個人跳舞。八個月以前，我連參加他的婚禮都不敢想，只覺得一定會被送回家去睡覺。」說到這裡時她安靜了好一會兒。「我快哭出來了，因為我實在不知道怎麼向你描述那種感覺。」

潔瑞仍然有些問題，因為多重性腦震盪本來就很難治療。比起腦傷前她還是很容易覺得疲累，但是她依然在五百英里自行車大賽裡騎完三百八十英里。她也拿回了駕駛執照，當兼職的志工，同時接受以後可以替創傷性腦傷病人做神經心理學測驗的訓練。

凱西也很不錯，每天走五公里路，還甩掉了生病時坐著不能動所增加的二十幾公斤贅肉；睡得很好，大腦很清楚，不再被噪音所干擾。不過，如果早上做超過一件以上的事，就得睡個午覺；也還常會覺得訊息量太大，「但不像以前那種大腦不關掉不行的程度。現在的我，已經找回以前的生活了。」她仍然需要每天使用小電板，但次數已經降到以前的一半。她的殘餘效應正在重建中，就算持續用上兩年，現在也還不能保證會有什麼樣的成績；或許那時她也能像舒麗茲那樣不再需要小電板，但別忘了，舒麗茲可是花了兩年半，而且潔瑞和凱西都遭受了兩次腦傷，不是只有一次。

凱西和潔瑞一直保持聯絡。「對了，」她說：「我也還在捏陶。」

Ⅳ順水推舟：大腦的自我平衡之路

一個失去腦幹組織的女人

麥迪遜實驗室今天的治療對象是蘇・沃勒斯（Sue Voiles），她只有一部分的腦幹，所以這次的挑戰便是看看她剩下的那些組織，能不能被訓練到可以代替失去功能的組織。雖然才四十四歲，她卻得依靠助行器才走得進實驗室。

蘇三十五歲時，手寫字和平衡能力就很詭異地開始變糟了。醫院做的大腦掃描顯示是海綿狀血管畸形（cavernous malformation）——不正常的血管糾集——其中一條血管開始滲漏血液；九年後，神經外科醫生更告訴她，假如再不趕快動手術，她就會死。但是，醫生同時也說手術有很大的風險，她可能會變成殘廢，即使一切都非常順利，手術的後果也不可能完美。蘇是個老師，還有兩個需要照顧的兒子，所以她選擇了動手術。現下就擺在我眼前的功能性核磁共振（fMRI）的片子，看得出有湯匙大小的大腦組織被拿掉了，更別說拿掉的地方本來就不比大拇趾厚多少。她的命是保住了，卻也從此沒辦法正常走路或控制表情、身體平衡、說話或視覺。

我在麥迪遜實驗室觀察了一整個早上，看著尤里和米奇怎麼讓蘇做各種測驗來得到基本功能的數據：把她放在「搖晃的電話亭」裡，看她可以維持直立多久；用標準障礙測驗測試她的步伐；把她放在 fMRI 機器中，檢視她因為看虛擬實境的影片而覺得失去平衡時大腦中的情形；錄下她如何抬頭、微笑，用眼睛追隨一個會動的物體——這些動作都受顱內神經的控制。

接下來，尤里才讓蘇做她的第一個作業：含著小電板站上二十分鐘，試著平衡自己。實驗室的燈馬上轉暗，創造出打坐時的安靜氣氛，他這才開啟小電板的電源。第一個目標是重新設定她的大腦，關掉嘈雜的迴路；果然，她很快就安定下來，臉部放鬆了，平衡改善了。

為了使她的能量可以恰當地流動，尤里不讓她含著小電板站立時太放鬆，必須站直得好像有一條線輕輕地吊著她的頭，但肩膀就要放鬆了，因為這樣頸子才不會彎曲，阻擾血液流到她的腦幹。她必須用橫膈膜呼吸，有意識地掃描自己的身體，看看哪裡是緊的，然後放鬆它。她的膝蓋不可以鎖在一起，兩邊臀部要一樣高。四千年的東方經驗早已確認什麼樣的姿勢最適合冥想放鬆，尤里還進一步發現，這會幫助神經系統進入正確的狀態，最能接受小電板的益處。

第二天，他們安排蘇去走跑步機。剛開始是一小時只走八百公尺，慢慢加快到一小時二千四百公尺，然後更快——對一個一天前還用助行器走路的人來說，這會不會太過分了？她的眼神很明顯是希望尤里不要逼得那麼緊。

「妳得累個半死才行——這是我的工作。」他說。

「我的背很痠呢，尤里。」她說，還為了說話拿出嘴裡的小電板。

「假如妳沒有又痠又累，我們就失職了。」當他看到她的姿勢放鬆變不正確時，他會說：「這可不行。」

這時的她氣喘如牛，臉上寫著：我是真的、真的有在努力！

「妳想唬弄我嗎？」他問她，言語、表情和動作都很犀利，眉毛高挑，雙手高舉。他不准她叫饒求情，不接受美國人裹糖衣吃苦藥那一套。

他的絕不讓步很重要。根據尤里的說法，這個神經可塑性的治療法需要病人主動集中注意力在每一個動作上，也因此，他便先讓她離開跑步機，教她如何用更多的臀部動作來走路。一如大部分用助行器走路的人，她的走路姿勢已經在多年使用輔具後走樣了，也由於走路時會為了扶著助行器而往前傾，久而久之，神經可塑性就使她連站著的時候也往前傾了。

「你的身體現在是個大木塊——你必須學會運作身體的部件，」他說：「假裝你最珍貴的東西是你的頭，然後學習怎麼只動下半身而保持上身不動。」他教她類似太極拳的立姿，使她僵硬的身體變得柔軟。

「每個正常動作她都會，可就是組合不起來！」他告訴我：「即使只看得到短暫的穩定，就表示她能穩定；如果三步裡有一步是正常的，就表示她有能力用正常的步伐走路。我要繼續挑戰她，加重難度。」

「很好！」他對著跑步機上的蘇大喊。

「沒辦法，嚴師才會出高徒，」他告訴我：「只要我一心腸放軟，每個人就都開始退步，所以不兇不行。看見沒？她在拖著腳跟了，表示腳跟抬得還不夠高，所以我要改變斜度。」變換了跑步機的角度後，他吼道：「我不要再聽到腳跟拖地的聲音！抬起膝蓋呀，蘇！不要拖著腳！步伐再大一點，腳掌放下時再輕一點！」

補回蘇大腦中失去的那一湯匙組織功能，是很漫長的歷程，比隆恩找回聲音還漫長得多。隆恩還有一些能夠作用的健康組織，只是工作得不正確而已，蘇卻是連可工作的組織都沒有，必須借用大腦其他地方的組織，光是重新配線這些組織就要花上更多時間。只有時間能夠證明，蘇有沒有永遠擺脫助行器的可能。

她的跑步訓練課終於結束。

「你今天是隻表現良好的實驗室老鼠。」他說。

「是嗎？謝謝你囉。」她拉長聲音、面露喜色地說。

尤里的理論：小電板的特異功能

西方醫學向來認為，每一種疾病都有不同的原因，所以治療的方法也應該不同。所以我問尤里：**帕金森症、多發性硬化症、創傷性腦傷和慢性疼痛的症狀明明都不相同，為什麼可以用同一片小電板來治療？**

「沒有什麼比一個好的理論更實用。」尤里以這句蘇聯國家科學院的箴言回答我。尤里認為，這片小電板之所以會有效果，是因為它啟動了大腦內自我校正、自我調節的系統，使大腦達致「恆定狀態」（homeostasis）。「恆定狀態」這個名詞，是十九世紀的法國生理學家伯納德（Claude Bernard）首先引介到西方醫學來的，用來形容一個有機體能夠調控自己和內在的環境，不論內在、外在有多少具有影響力的因素試圖打斷、干擾、終止，都能維持內在平衡的穩定狀態。所以，恆定狀態的機制其實就是對抗使這個系統偏離的力量的最佳功能狀態。例如，人的體溫是攝氏三十七度，我們的身體在這個溫度下功能最好，假如太熱了，身體就會用流汗來讓體溫回到三十七度，要是沒辦法降溫，我們可能就會死亡。體內的許多器官都對這個衡定狀態有貢獻，如肝臟、腎臟、皮膚和神經系統。

神經網絡有自己的衡定狀態機制。不同的神經網絡有不同的功能，以中央神經系統為例，運動系統的神經元在這網絡系統中擔任的工作，就是把訊息從大腦傳到肌肉，所以我們才能運動；感覺神經元最主要的任務，則是處理身體各部件傳送來的感覺訊息。運動和感覺神經元都是所謂的「主要神經元」（primary neurons），兩者也都透過電訊號傳送訊息。

中介神經元（interneurons）可就大異奇趣了，它們主要的工作是調節或調控附近神經元的發射。中介神經元可以做類似恆定狀態的調控工作，確保到達其他神經元的訊號都是最佳狀態，到達的都是最佳時間，使它們的發射不但都能派上用場，更不是太過也不會不足，恰到好處地啟動其他神經元。

「中介神經元如何工作的最好例子，就是視網膜上的光感受體（photoreceptor）。」尤里說。我們眼睛所處理的光範圍很大，從暗室中僅容辨識物體輪廓的一絲光源到盛夏海邊的陽光；測量光的單位則叫勒克斯（lux），客廳中電視機前的光度大約十五勒克斯，盛夏海邊陽光的光度可以高到十五萬勒克斯。我們眼睛裡的光感受體，其實並沒有演化來接受這麼大範圍的光，但是透過中介神經元的協助，眼睛就能適應了。

假如一個進入感覺神經元的訊號太低，以致神經元偵察不到，它的中介神經元就會興奮這個神經元，也就是放大進來的訊號，加強它的發射效率；反之，假如進入感覺細胞的訊號太強，中介神經元則會抑制這個感覺神經元的發射，使它對訊號比較不敏感。中介神經元也可以讓訊號更銳利、更清楚。最後，中介神經元和它的網絡系統會把訊號送到瞳孔旁邊的小肌肉，調整瞳孔的大小，使更多或較少的光進入（所以瞳孔改變大小，就是中介神經元的回饋在工作的最好例子）。不過，可不是只有瞳孔重新調整在維持恆定狀態，大部分的中介神經元網絡系統也都在做同樣的事。

大腦的疾病通常會影響中介神經元，有時是神經細胞還活著，但是沒有辦法製造足量的神經傳導物質，另一些如中風或腦傷，則是神經元死亡；不論是哪一種情形，都會干擾中介神經元系統幫助大腦回到恆定狀態的能力，也許是訊號太低，使大腦錯失重要的訊息，也可能是訊號太強，散布太遠，刺激了不應該發射的神經元發射（潔瑞對聲音、光和動作的超級敏感，就是這個現象）。有時也可能是訊號太長，長到和後續進來的訊號重疊，造成了系統的噪音；有時是迴路變得非常敏感，該關閉時關不掉（許多慢性疼痛症候群的病人就是這樣，一個小小的動作就可以激發幾個小時甚至幾天的痛覺）。訊號太強、太長時，會使網絡飽和，一旦網絡飽和了，應付不了紛至沓來的訊號，就不再接受新進來的訊息，也失去了區辨訊息的能力（或許這便是為什麼這些病人都非常、非常疲倦的原因，也解釋了為什麼一點小事就要花費很大的力氣，因為他們的大腦負荷過重了）。

當恆定狀態受到干擾，抑制和興奮的平衡也就不復存在；系統因而調控不了大範圍的輸入，病人就只有受這些訊號的蹂躪了。有些病人會因為很低量的光就很緊張，好像在黑暗中被手電筒直射，所以必須用手遮住眼睛；有時則只是覺得混亂，搞不清狀況，只知道自己對某些刺激敏感到一點點都不能忍受，卻能忍受其他大一點的刺激。如果發生這種情況的是運動迴路，那麼病人的肌肉控制力就會大幅降低，行動就不受大腦的指揮了。

尤里的假設是，**PoNS 的小電板之所以對很多不同的疾病都有療效，是因為它活化了神經網絡調控恆定狀態的機制**。他的這種保持大腦恆定狀態來自我療癒的新方法，可以說前無古人。

他相信，這片小電板會發送給中介神經元系統額外的訊號，使那些因為受了到病侵擾而不能再製造訊號的中介神經元再生訊號，也就能使失去調控、抑制、興奮和平衡能力的網絡重新恢復功能。

麥迪遜實驗室另一個了不起的成就，是整整治療了兩百名病人都沒有追蹤到任何副作用（為了探知有無副作用，一開始尤里就拿自己當 PoNS 的試驗品，每天用 PoNS 三十分鐘到一個小時；要是有副作用，他就會像煤礦坑裡的金絲雀一樣最先受害）。「在做這個實驗的十二年中，」尤里說：「除了正向結果，別的我們什麼也沒看到。」這個發現——要不就使大腦回復正常功能、要不就啥也沒有的正向結果——證明了，這片小電板可以讓網絡透過恆定狀態的機制來自我校正。

「當我們發送額外的幾百萬個脈衝到網絡時，就啟動了自我調控和自我療癒的歷程。」尤里說：「腦幹是大腦和脊椎的交會路口，也是小腦和多重顱內神經的要道，我們之所以要傳送幾百萬個脈衝到大腦的這個地方，就是因為它連接了所有迴路，是整個大腦裡不同結構的最高密度的所在；一半是負責自我調控自律神經系統，另一半負責腦內恆定狀態的調控。」

所以，以腦幹和它的中介神經元為目標，也就是針對體內恆定狀態的調控，包括顱內神經感覺（比如平衡和視力的調控），舒麗茲的毛病就是這裡出了問題。若是顱內神經受到擠壓，就會出現慢性疼痛症候群，也就是三叉神經痛。腦幹是大量自律神經系統（交感神經的戰或逃系統和讓我們冷靜下來的副交感神經系統）的所在地，所以心跳、血壓、呼吸都是在這裡自我調控的。迷走神經也在腦幹，負責調控胃腸消化道，刺激它可以啟動副交感神經系統，使一個人安靜下來。腦幹同時也是網狀活化系統的所在地，這個系統會調節我們的警覺程度，影響我們的清醒—睡眠循環，也可以提供能量給大腦的其他地方（詳情請參見第三章）。刺激迷走神經和網狀活化系統，正是大部分病人用了小電板後都能改善睡眠、白天比較有精神的原因。最近的研究更發現，刺激迷走神經也可以改善帕金森症病人的症狀。

聲音和吞嚥的控制（隆恩就是這方面的控制出了問題）部位在腦幹的下部，一個叫延腦（medulla）的地方。因此，以腦幹為目標也就等於以身體對聲音的自我調控為目標。

腦幹（和附近的小腦）和其他大腦與掌管運動息息相關的地方都有連結，這便是PoNS對帕金森症、多發性硬化症和中風病人都會有幫助的理由，因為這些連結和高層次的認知功能與情緒中心都有關係，所以病人可以同時改善專注力、聚焦能力，回到一次可以同時處理好幾件事情的狀態。

尤里認為，當一個人的運動皮質區受損時，運動網絡送往其他區域的訊息量就會不足。一個人光是想要好好走路，他的大腦就需要肌肉、骨骼、四肢不間斷地傳送回饋訊息，才可能「知道」這個人是在空間的何處，也才有調整必要動作的能力。這個「感覺—運動回饋網」（sensory-motor loop）是一個緊密連結、綜合在一起的迴路，而在尤里看來，大腦受傷後這個感覺—運動迴路中的訊號不是無法平衡、沒有同步發射，就是訊號量太低，使身體到大腦再回到身體的訊號出了問題。比如說，本來一百毫秒要有一百個發射，肌肉才會動，但現在肌肉只得到十個脈衝，當然收縮就會出問題，變得很慢、很弱。潔瑞實際接受治療前，團隊曾經檢測過大腦送往肌肉的脈衝波峰（spike），他們發現本來應該是短而快速到達的波峰，那時卻花了長得多的時間才到達。此外，尤里也覺得，因為系統每秒能送出的波峰太少，從肌肉回到大腦的感覺輸入就變得很低、很慢才到達；也就因為這個迴路的運動和感覺部分每秒的波峰都太少，物理復健就對病人沒有什麼作用可言。

但是，假如物理復健時小電板可以加送額外的幾百個波峰到感覺—運動迴路，就可以控制動作了。所以，在潔瑞用了小電板後再測試她的肌肉時，便顯示從她大腦到肌肉的波峰數目是正確的，時間也正確。

當波峰抵達這個迴路的運動部分時，四肢就更能動作，送回感覺迴路的發射就更多，更能清楚地登錄四肢的動作，因此回送更多的波峰到運動系統的神經元。於是，一個有效的循環就建立了。

這結果之所以能改善這麼多不同的症狀，還有一個也許會讓習慣以死硬派大腦區域功能特定論（localizationism）思考的臨床醫生驚訝的理由——按照這種理論，大腦的每個區域都有它自己的功能，也只能執行先天就設定好的這種功能，因此，假如同時有好幾種心智功能受損了，當然每一種功能都得有一種治療法。

然而，**大部分的心智功能並不只發生在特定的位置上，而是在分布很廣的網絡上**，即使是最基本的功能，比如彎一根手指去按一下電腦的鍵盤，所活化的地方就包括了額葉皮質（這裡是訂定動手指計畫的地方）、運動皮質區（負責個別動作的地方），以及大腦深處負責綜合動作的地方（因為打字時手指得在鍵盤上四處移動），還有周邊神經——這一切，都只是為了一個簡單的動作而已。這些巨大的網絡構成了所謂的功能系統，即使是一個簡單的手勢，都需要一個巨大功能系統的支持。

尤里的看法是，假如負責某一個動作的功能系統的某個部分——比如運動皮質區——因中風而受到傷害，那麼，這個中風的影響範圍就不會只限於運動皮質區；因為運動皮質區和大腦的很多地方都有網絡連接，整個功能系統也就都會受到牽連，網絡上的所有信號都會因此減弱。換句話說，運動皮質區已經死亡的組織會影響與它有連接的活細胞組織，使得整個系統的所有部件都變弱。這一點，直到目前為止，區域功能特定論者別說全都不當回事，更連非整體性地探討大腦問題也沒興趣；他們只注意死亡的細胞組織，忽略了和受損地方有連接的大腦其他地方活的細胞組織，而這一點，其實大腦節律不整理論是有強調過的。

事實是，損傷會輻射到整個網絡這種事臨床醫生每天都看得到。帕金森症、中風、創傷性腦傷的病人常常有平衡、動作和睡眠上的問題，也幾乎都有思考和情緒上的問題；雖然他們罹患的疾病各不相同，傷害到的大腦部位也不一樣，病情卻很相似。帕金森症病人的失去平衡感，看起來就很像多發性硬化症病人的平衡問題，損傷很快便散播到網絡的各個地方，干擾了很多功能。

麥迪遜實驗室最有創意的做法，正是結合電刺激來喚醒整個功能系統。所有來到這間實驗室的病人，不管罹患的是帕金森症、多發性硬化症、中風、創傷性腦傷還是其他的大腦疾病，都得先做安定感覺噪音的練習，以及刺激平衡、運動的動作、動作的感覺和心智方面的練習。

如果只為了刺激大腦，當然還有其他方法可用，比如跨顱磁刺激（transcranial magnetic stimulation, TMS，在《改變是大腦的天性》中有詳細介紹）和深腦刺激（deep brain stimulation, DBS），但是PoNS都比它們好用很多。跨顱磁刺激是用非侵入性的電圈來改變大腦的磁場，包住腦殼通電後，可以影響三公分面積的大腦運作，但影響到的不一定是相關的功能網絡。（譯註：我自己的實驗室就有這個電圈，如果用來刺激運動皮質區手指的位置，剎那間手指會麻，如果那時正拿著東西，東西會掉下來。通電之前當然要先確定你要刺激的是大腦的什麼位置，因此必須先做大腦定位才能進行跨顱磁刺激。這種刺激完全沒有危險，實驗室每年都定有開放參觀的時間。）至於深腦刺激，有時是為了治療帕金森症，因為它的確可以活化相關的網絡，但是需要動植入電極的侵入性手術。尤里、米奇和柯特用大腦掃描證明，他們可以用PoNS代替深腦刺激，同樣刺激得到帕金森症患者的蒼白球，而且不必開刀。

對尤里來說，活化相關功能網絡最好的方法，就是直接讓病人去做一個本來就會活化那個網絡的活動（比如專為平衡失調的人設計的平衡練習），活化起來後再提供額外的電流刺激，使它的功能得以發揮，病情就改善了。

截至目前為止，PoNS 還是唯一能在舌頭表面啟動三百微米深的感覺神經元的人工電流刺激；受到刺激的神經元，再把它們正常的、自然的訊號透過顱內神經送到腦幹，擴及整個功能系統。所以，在第一次以人工低能量電流刺激舌頭後，這個網絡上的所有神經元都會受到連鎖刺激，這時神經元傳送的已不再是小電板上的電流，所以送到網絡上的下一個神經元的訊號就都會是正常的訊號。這個額外加入的波峰非常有幫助，因為我們都看過，有些被疾病所影響的網絡不能送出足夠的自然神經波峰以供正常運作，而神經網絡卻不用就會退化或被別的心智活動拿去用，這種時候，如果有足夠的波峰在功能系統上巡迴，這些原來波峰不足的網絡就可以活化起來，開始長出新的連接，舊的觸突會被保留下來，也可增生新的突觸。這些活動都因新波峰的加入而促發，於是系統平衡了，調控到最佳運作狀態，病人練習起來就更容易，萎縮的迴路就被喚醒了。

四種可塑性的改變

根據兩百名病人發生可塑性改變的大致時間，尤里認為他看到 PoNS 造成的是四種神經的改變。

第一種可塑性改變是幾分鐘之內就立刻反應出現的，例如隆恩的聲音馬上改進、潔瑞的平衡感馬上回來。在十三分鐘這個指標點上，病人的呼吸都起了變化，雖然他們自己都沒有意識到這個改變。而在用過 PoNS 之後，他們會有兩個小時的空檔做認知或身體上的練習，使他們意識到功能的恢復。這個快速可得的結果，便是尤里所謂的「功能性神經可塑性」（functional neuroplasticity）。為什麼他們的問題會這麼快獲得改善？因為 PoNS 改正了製造出這些症狀的抑制—興奮系統生理上的不平衡。隆恩會有痙攣性發音困難（spasmodic dysphonia），是因為聲帶肌肉不停發射所造成的神經損傷，透過活化恆定狀態，PoNS 抑制了過度活化的神經元，他的發音困難症也就消失了。蘇的眼睛追蹤能力失常，是因為多年來都不正常跳躍，但在 PoNS 的協助下，幾分鐘之內便穩定住了，臉部的不平衡也改進了。**這一類的神經可塑性改變針對的是症狀**。

第二種可塑性的改變，是突觸的神經可塑性。病人含著 PoNS 做過好幾天到好幾週的練習後，新的突觸連接產生了；尤里相信，PoNS 也可以增加突觸的大小及感受體的數量，強化電流訊號和增加訊號在軸突上的傳導效率。隆恩過了好幾天才放得下他的手杖，潔瑞過了五天才能跑步，但在開始練習的頭幾天就能看到的改變，包括睡眠獲得改善、口語變得清晰、平衡和步伐更穩、走路的姿態趨向正常，**這一類的可塑性改變，則是源於修正內在神經網絡的病因**。

第三種可塑性的改變是神經元的神經可塑性，尤里之所以會這麼稱呼它，是因為它的改變不只是在突觸，而是在整個神經元。這種改變通常要到用過 PoNS 一個月以後才會發生，因為它活化的是迴路，所以必須持續活化神經元二十八天以上，才能使它們開始製造新的蛋白質和內在的結構。舉例來說，潔瑞便花了兩個月才能再騎自行車，花了四個月視力才完全正常；在十二月遭逢第二次車禍後，視力再度退化，這回又用了四個月，驗光師才肯讓她拿掉眼鏡上的稜鏡。凱西也花了三個月才又能正常說話。患有帕金森症的安娜花了三個月右手才不再顫動，六個月後左腿才不再抖。

第四種可塑性是系統的神經可塑性，這就需要好幾個月甚至好幾年才會發生了。到這個階段，病人就不再需要 PoNS，因為這種可塑性只會在前面三個階段都穩定了、新的網絡都固化、系統完全運作而且會自我改正後才會發生。比如舒麗茲在使用小電板六個月後，發現殘餘效應可以維持一整天，而且每一天都如此，於是便停用小電板；然而，四週後她的原始症狀就又回來了，表示新的神經可塑性改變還沒有穩定，所以她又用了小電板一整年。第二次停用後，狀況持續穩定了四個月，又開始惡化。最後，持續用了二年半再停用後，她的舊疾才總算沒有復發，真正痊癒了，也就是說，這時的她達成了「系統的神經可塑性」改變。現在的她有了新的可以自我維持、持續運作的網絡，加上一些重新找回來的網絡。**尤里認為，針對非持續性的腦傷，要不間斷地持續使用 PoNS 兩年，才能建構一個穩定的殘餘效應。**

他認為，這個效果有一部分應該是來自刺激神經的幹細胞（stem cell，大腦的嬰兒細胞和它們的前驅神經祖細胞），因為它們可以幫忙修補受損的神經迴路。科學家已經在被稱為大腦的「第四腦室」（4th ventricle）的腦脊髓液中找到了幹細胞，這種剛出生的新細胞，對細胞的健康很有貢獻。

使用 PoNS 的人，都可以把治療分成我前面提到的那幾個痊癒階段：神經刺激階段會導致內在平衡網絡的恆定狀態，或說神經調節；神經調節可以快速降低病人的超級敏感度，重新設定腦幹網狀活化系統來調控清醒和警覺程度，找回正常的睡眠週期，這也就會令神經放鬆，使整個神經迴路放鬆並重新恢復能量；持續不斷的神經刺激加上病人能量的恢復，使他們能用心智和身體運動練習的方法，重啟先前冬眠的迴路；只有當大腦的恆定狀態正常了，可以調控、休息，有足夠的能量來做後勤支援時，大腦的韻律節奏才能恢復，病人才有機會克服習得的不用；到這裡，病人已經準備好可以學習和分辨不同的訊息，完成神經區辨。以上的每一個階段，都需要最佳程度的神經可塑性改變的配合。

病人要用PoNS多久，取決於他的疾病和症狀。持續進行性疾病如多發性硬化症或帕金森症，需要的時間比較長，甚至必須終身使用，因為這些疾病每天都會製造新的傷害，一如尤里所說：「多發性硬化症從來不休息。」患有持續進行性疾病的病人都發現，假如他們在新的連接固化、穩定之前中斷練習的話，之前的進步便會停止，症狀會重現。以隆恩為例，因為他的多發性硬化症是一種自體免疫發炎的病，發展出嚴重的關節炎後，他決定動手術用人工關節取代膝蓋和肩膀的關節，但在進出手術房之際，他的太太也剛好要開刀，他挪不出時間繼續使用PoNS，聲音便又退化了。PoNS確實緩解了他的症狀，幫他重新設定嘈雜的網絡，但是因為他染患的是潛在原發性發炎的疾病（他的發炎源於多發性硬化症），而這種原發性疾病是無法治療的，所以他一停用PoNS，大腦便又返回原先的嘈雜狀態。這便是為什麼處理大腦一般細胞的健康和特定的重新配線問題同樣重要，因為那才是釜底抽薪之計。

為什麼 PoNS 可以改善某些症狀、但是對其他症狀沒有療效？目前還不清楚，只知道它能夠又快又好地改善嘈雜的神經網絡，潔瑞、凱西、瑪莉和隆恩便都深受其惠，而且療效還維持了很久。**我不會說 PoNS 比目前的醫藥更能消除內在的病因，眼下它的貢獻是消除許多使人殘障、現有藥物無法對治的症狀，而且沒有副作用。**我們也從這方面學到，許多最糟的神經性疾病和傷害之所以會持續惡化，並不只是因為潛藏的病因在持續惡化，還包括一開始時的疾病或傷害干擾了這個人的神經系統，導致習得的不用越來越嚴重。

諾曼・梅勒（Norman Mailer）是美國知名的小說家、劇作家，在他的《為自己打廣告》（*Advertisement for Myself*）中說：「人存在的每一刻都在成長或退化，要不就是活得更好一點，要不就是離死近了一些。」我懷疑我們的大腦也是一樣，在一個嘈雜的神經網絡中，沒有健康的活動不只會使這個網絡進入冬眠，還會使網絡產生混亂，甚至分崩離析。同時，也因為嘈雜的網絡沒辦法工作，不再像正常時那樣，可以和其他心智功能的大腦網絡互通，假如我們能讓嘈雜的神經網絡回復恆定狀態，就可以減緩症狀的惡化。

如果治療的對象是非進行性的疾病，殘餘效應便可以慢慢地建立起來，直到不必再用 PoNS。但是，對進行性退化疾病的病人來說，PoNS 就必須用久一點，甚至終身了——目前我們還不敢妄下定論（有些我們本來以為不是進行性的疾病，比如最近發現的、包含了某些腦震盪症狀的病例）。以蘇的個案來說，因為腦幹少掉了一大部分，她的進步就很慢，雖然平衡已進步到可以不必扶著東西就站起來，最近去教堂時也確實不必扶著座椅就能站起，即便她最近曾經很驚訝的發現，有一次居然沒用助行器就走到了車道，但大多數時候沒有助行器還是不行。以前也是個運動健將的蘇，將近兩年以來每天還是都得使用 PoNS。

東學為體、西學為用的全新疆界

「你無法想像我們給自己找了多大的麻煩，」被堆積如山的工作搞得心煩意亂的尤里說：「每來一個新病人就多了新麻煩！」在發現這片小電板可以處理很多始料未及的病症後，實驗團隊同時感受到不能不研究每一個個案的壓力。創造一個全方位的腦幹恆定狀態校正器，絕對不是一件容易的事。

自從他們發表了對多發性硬化症的先導性研究成果，再加上正在內布拉斯加州奧瑪哈（Omaha）進行的多發性硬化症研究，他們正加速全力投入中風、帕金森症和創傷性腦傷的研究。美國軍方最近剛展開創傷性腦傷士兵使用 PoNS 的研究，至於奧瑪哈的第二個研究，則是看它對兒童因腦瘤神經外科手術而造成的後天腦傷是否有幫助，溫哥華也有一個針對脊椎受傷者的 PoNS 研究。此外，就連俄羅斯也有一個團隊在做 PoNS 對帕金森症病人及中風、腦性麻痺、耳鳴和聽力喪失有否助益的研究，已經觀察到一些偏頭痛患者（源自平衡感的失功能）使用了這個設備後改善的例子，但還不是正式的實驗成果；此外，他們研究的疾病還包括眼球震顫（nystagmus）、化療所造成的腦傷、神經性疼痛（

包括三叉神經痛）、肌張力不足（dystonia）、震動幻視（oscillopsia）、吞嚥困難（dysphagia）、脊髓小腦萎縮症（spinocerebellar ataxia）、登陸不適症（Mal de Debarquement syndrome，即會暈船的人上了岸後還是覺得像在船上搖晃不停），以及一般有平衡問題的人。俄羅斯的研究者還認為這片小電板有助於改善自閉症類群，因為自閉症者的小腦通常會受影響，幾乎都有平衡和感覺統合的問題；他們也想把 PoNS 用在癲癇、神經病變、自發性震顫（essential tremor）、腦性麻痺、睡眠失常及某些學習障礙上，還有非帕金森症的其他神經退化疾病，包括阿茲海默症和與年齡有關的平衡退化症。

這並不是說這片小電板是萬能的仙丹，然而，一個能夠扭轉大腦網絡的變調——或者應該說幫助大腦修正自己——然後靠神經可塑性來強化關鍵性恆定狀態的器具，用途的確不可謂不大。這個小東西也許對多發性硬化症的病人特別有療效，因為根據電流對於大腦效用的新發現，它能關掉慢性的發炎。科學家發現，多發性硬化症病人的迷走神經有神經發炎反射（neuroinflammatory reflex），而PoNS 刺激的正是迷走神經，所以最近他們也用電流刺激迷走神經來治療類風濕性關節炎（就像多發性硬化症一樣，這也是一種自體免疫系統攻擊自身的疾病），PoNS 不但很有療效，而且這個病人還是在所有的醫藥對他都無效後才來求醫的。

為什麼在聽到 PoNS 可以治療這麼多不同的大腦和身體系統的疾病時，有些臨床醫生會抱著懷疑的態度？最近幾個世紀以來，西方的醫學、科學界都想把身體化約成小部件——從器官、細胞、基因到分子——來研究，總認為單位越小就越能找到疾病的起因，而找得到原因就能找到治癒的方法。在神經學上，這個方法的確很成功，因為找到了有關的化學物質並破解了基因密碼；這方面神經學家似乎比電生理學家（electrophysiologists）有用，因為電生理學家處理的都是大大的腦波——只要人體有個活動，腦波就會散佈到全腦都是。所以臨床醫生才會相信，不管是哪一種病，最好都用獨一無二的化學藥品或說「魔術子彈」（magic bullet，能消滅病菌、病毒、癌細胞等而又不會傷害宿主的藥物）瞄準顯微鏡下所顯現的缺陷來治療。

所以，如果某個裝置刺激的是大腦這個大型網絡的自我調控和恆定狀態，用來治療大腦的疾病似乎就太散彈打鳥了。我們希望每一種大腦疾病都有它自己的門牌號碼，所以這種全方位、可以幫助很多神經網絡恢復平衡的想法，很容易就被認定是招搖撞騙或安慰劑效應。這方面醫學上始終有兩派看法：幾千年來，生機論者（vitalists）這一派都認為身體功能是一個整體，所以要把疾病當作整體來治療；相反地，另一派唯物主義—區域功能特定論者（materialist-localizationists）則認為哪個器官出了毛病就應該針對那個器官來治療。兩派各有優缺點，雖然目前後者略佔上風。這個小電板雖然看似處理了大腦很多地方的問題，其實設計之初針對的卻是一個非常小的單位——舌頭上的感覺接受器、神經元和突觸——的反應來發想的。

PoNS用非常東方的想法，藉由西方的科學之道激發身體的自助能力，把自己當作一個整體在治療：鼓勵我們以自我調控身體的恆定狀態做為治療的歷程。從這個角度來看，是用非常自然的方法來駕御科學、治癒疾病，因為有機體能做的並非只有自我調控恆定狀態這件事而已，自我調控、維持混亂中的秩序本就是生命的核心，既能彰顯最小的生命體與環境中嚴酷的無生命混亂之別，也是使我們這樣活生生的有機體有別於環繞著我們的失序混亂之要素。所以自我調控──透過找到恆定狀態的治療方式──才會這麼受歡迎、這麼容易親近、這麼吸引人，因為它從來就不是我們偶一為之的事情，而是只要我們還健康、還活著，就永遠都在做的事情。

第八章

聲音的橋梁

音樂與大腦的特殊關係

蘇格拉底：葛勞康（Glaucon），所以我說音樂的訓練比所有其他的學習都更有力量，因為節奏與和聲會找到進入內在的路徑，在那裡和心靈牢牢相繫。

——柏拉圖，《共和國》（*The Republic*）

I 一個失讀症男孩的逆轉命運之旅

二〇〇八年春的某一天，一名陌生女子來電，告訴我保羅・馬道（Paul Madaule）如何救了她的兒子。她的兒子西蒙（Simon，化名）才三歲時，已經顯現出令人困擾的症狀：叫他名字沒反應，也不答話；一顆球滾到他面前時，他不會推滾回去；爬和走都比別人慢，而且很笨拙。這位母親娜塔莉（Natalie，化名）告訴我，心理師說她的兒子「可能」有自閉症，雖然娜塔莉懷疑這個診斷，但另一位臨床醫生也說他有「類似自閉症」的症狀；西蒙的職能治療師則建議娜塔莉帶兒子去讓馬道看看。

馬道的診斷是西蒙有自閉症「周邊性」（peripheral）症狀，雖然發展上確實值得擔憂，但並沒有自閉症的核心症狀：西蒙並不缺乏想像別人心智的能力。娜塔莉告訴我，馬道完全改變了她的兒子，曾經非常退縮的他現在可以和別人互動，動作和言語變流暢了，也終於和她「有了出生以來第一次真正的交談」。

但是，她也承認馬道的作法很不尋常，使得她向主流醫生和有同樣問題孩子的父母談及馬道時，沒人肯相信她的故事：他們要不是懷疑，就是一點也不想知道一個有類似自閉症症狀的孩子，如何用去那些症狀。

當我問她究竟馬道做了什麼時，我可以聽出連她也覺得那些事聽起來的確令人難以置信。她說，馬道用音樂——通常是莫札特的，但是改編得有點奇怪，以及她自己的聲音，也是經過變造的——重新配線她兒子的大腦。這種「音樂」非常怪異地改進了他的能力，不只是加強了聽力，更讓他首度表現出許多跟聲音無關的心智活動。**這是音樂療法：用聲音的能量形成連結大腦的橋梁，說大腦聽得懂的話**。

五年後的現在，娜塔莉說她的兒子「在班上的成績名列前茅，朋友多到我無法安排聚會，仁慈、有同理心，對自己的社交地位敏感度超高。」運動方面再也不是問題，既是游泳選手、足球球員、曲棍球員，更是空手道的金牌得主。「馬道和他手下的工作人員改變了我孩子的一生，假如當初沒能度過這個難關，我真的不知道現在會是怎樣。」她猶疑了一下，然後說：「我簡直不敢想像。」

我發現馬道和我其實住在多倫多的同一條街上，他家是一幢老舊的維多利亞時代的房子，隱藏在人行道後面，圍有木製籬笆，房子四周環繞著一座像小公園那麼大的植物園。他買下這棟年久失修、做為單身公寓之用的房子時，早已白蟻肆虐、荒廢破損，污水管不是埋在地下而是明溝，房子四周的空地曾被用來堆放垃圾。他悄悄搬進其中一間房間後，每有房客遷出，他就和一位朋友重新整頓，用其他房客所交的房租投入整修，就這樣一間房間一間房間地修理，幾年後，在他太太琳恩（Lyn）的協助下，他又買下隔壁的空地，耕耘成現在花木扶疏的植物園。他這人有化腐朽為神奇的本事——不只工作上很能料理孩子的問題，也很能打造理想的個人生活。

馬道是一位英俊、黑髮的法國人，有著一雙很大、洞悉一切的棕眼，臉龐具有對稱的高盧人（Gallic）特質，臉骨則透出地中海藝術家的味道，是個謙虛、敏感、從不咄咄逼人的醫生（這一點很重要，凡是要幫助發展遲緩、特別敏感孩子的醫生，都必須溫和有耐性才行），他輕柔、緩慢、非機械式的走路方式，在任何房間都有安定人心的力量。他的身型雖然高大，卻既不強勢主導也不喧賓奪主，越是相處日久，越會覺得他和別人很不一樣，尤其是對你的注意力，的確有藝術家那種專注的味道。這種特質往往使得他在觀察你時，不會讓你侷促不安，反而覺得是浸淫在他的人道關懷之中。最令人難忘的，則是他那低沉、悅耳、宏亮、冷靜的聲音。

但是，這一切全都得之不易。

馬道一九四九年出生於法國南部一個孤立的小鎮卡斯特（Castres），有嚴重的學習障礙，那個時候、那個地方的人們完全不了解孩子大腦的問題。因此，一九六〇年代他的父母親帶著他看遍了當時法國所有的專家，包括心理學家、精神科醫生和語言治療師——因為他口齒不清，語音平板單調，雖然聽力測驗沒檢測出什麼問題，但總是每次都要求別人再講一遍。他在學校一直留級，醫生的診斷是他有失讀症，雖然他不懂失讀症的意思，卻也知道那是在說他有學習障礙，無法學會閱讀。就像很多有閱讀障礙的孩子一樣，他寫出來的字母會顛倒，比如b和d、p和q、6和9不分。

但是他的失讀症影響他的遠不只閱讀而已，他說，他走路像隻鴨子，還會撞到電線桿，因為他空間能力不好，走路也無法專心。和許多患有失讀症的孩子一樣，他常被同學和老師嘲笑，體育老師叫他「肥鵝」。這一切，就是他進入失讀症世界的見面禮。

現在擺在我面前的，是一本桃色封面、10×12公分大小的小冊子。這是馬道十年級的週聯絡簿，用法文寫著：*Carnet de Notes Hebdomadaires, Petit Séminaire de Castres*（週記本，卡斯特小修道院）。每一週結束時，老師都會在上頭寫下他的各科成績，旁邊還有他這一週在班上的名次。當我翻閱這本小冊子時，最讓我在意的有兩件事：他的品行和努力表現良好，但每一科的成績都嚴重落後，只能勉強及格。他第一週的成績是：數學1/20、語文3/20、西班牙語4/20、英語8/20，名次是全班二十五人中的第二十五名，而且一整年的每一週都是最後一名。最糟糕的是，每週他都得讓父母在這本小冊子上簽名，而就像許多有學習障礙孩子的父母一樣，他的雙親也都認為是他懶惰、不夠用功；所以，每一次發週聯絡簿時都是難以忍受的日子，家裡充滿了喊叫、甩門、責罵、哭泣的聲音，他後來寫道：「每一個人都有如身陷地獄。」

馬道就在這種自我懷疑下長大，而且這種自我懷疑更因成績一年不如一年而加深，使得他不禁要想或許應該去念職業學校才對；但是因為他很笨拙，連螺絲起子都不會用，所以也不能走技職這條路。社交方面，雖然他的思考速度很快，卻無法用正確的語言表達所思所想。青少年時期，他常躲在房間裡聽同一首歌好幾小時，唯一能樂在其中的表達方式是繪畫，而他也確實崇拜現代藝術的大師。

因為每一科都不及格，他的十年級始終念不完，而且在連續四年都沒有通過後，他已經比班上同學大上三歲了，所以學校也不再准許他參加十年級的會考。最後，他只好離開學校，放棄求學生涯。

修道院的巧遇

十八歲那一年，他赫然發現自己不知如何是好：沒有學校可讀，沒有工作可做，有的只是不知該怎麼打發的無盡時間。於是，他開始騎著自行車去離家十五公里的本篤會修道院（Benedictine monastery）。他之所以會想去那裡，是因為那裡有藝術家，而他希望自己也能成為藝術家，當時他覺得那是他唯一想像得到的謀生之道。在盎加爾加（d'En Calcat）修道院，他找到了心靈的平靜。有一天，一位關心馬道的神父告訴他，有位醫生要來修道院演講，題目正巧是失讀症，而他所描述的症狀就和馬道如出一轍。

演講者托馬迪斯（Alfred Tomatis）其實是先前被請來修道院出診的醫生，因為那時大部分的修士都生病了，而且症狀很奇怪，只知道每天都非常疲倦，卻都找不出疲憊的理由；九十名修士中有七十個每天躺在床上，沒有力氣下床，而他們本來都是吃苦耐勞的修士，每天只需睡四小時。前來看診的醫生有一長串，但每個醫生給的忠告都不一樣：有的說盡量休息，但修士們卻睡得越多就越覺得累；腸胃科的醫生則建議修士吃肉——這裡的修士打從十二世紀以來就吃素——卻只讓情況越變越糟。

最後一位出診的醫生便是托馬迪斯。請他來似乎很奇怪，因為他是位耳鼻喉科醫生，但是他也以醫術神奇而聞名，很多疑難雜症都能妙手回春，還對東方的心靈身體醫學多所涉獵。托馬迪斯把帶來的醫療器具放在修道院的一個小房間裡，還訓練了一位修士替他生病的弟兄施測；他也同意看一下馬道，前提是他必須先接受測驗。

馬道進入診療室時，房間中充滿了電子儀器，看起來好像是要幫他做聽力測驗。戴上耳機後，他必須在右耳聽到「嗶」的聲音時，就盡快舉起右手，如果嗶聲是出現在左耳，就舉左手；要是兩耳同時聽到嗶聲，便要告訴修士哪一邊的聲音比較高、哪一邊比較低。馬道覺得，這比他以前做過的聽力測驗有趣多了。

只不過，托馬迪斯要他做的並不是「聽力」（hearing）測驗，而是「聆聽」（listening）測驗；因為他認為，聽到聲音只是指被動地接受進入耳朵的聲音，聆聽才是主動的，大腦得從進來的聲音中抽取並解碼，才能知道聽到的是什麼聲音。測驗結束後修士給了馬道一些圖表，要他拿去給托馬迪斯醫生看。

「我是托馬迪斯。」托馬迪斯醫生如此自我介紹，那時他四十七歲，由於勤練瑜伽多年，站姿直挺；他的肩膀很寬，光頭（那時相當少見），有著一對往上翹起的奇怪耳朵。他的魁梧體格讓人望而生懼，但聲音卻很沉靜、柔軟而溫暖，有一股撫慰人心的力量；眼睛閃閃發亮，更讓馬道覺得這個醫生真正關心他。馬道說：「他的聲音會引發你的自信心，鼓起對另外一個人說出困難的勇氣，所以我馬上就覺得放鬆了。」

托馬迪斯醫生看過他測驗的圖表後，就帶馬道去修道院的院子中散步，問了他很多有關藝術、他的家庭生活、性別偏好、宗教、希望和夢想的問題。幾乎什麼都問了，就是沒問到學校的功課。托馬迪斯在表達他和馬道的觀點有何不同時看似隨興，但每次都讓馬道覺得他的觀點值得參考。

最後，托馬迪斯終於對馬道解釋他的症狀的意義：「那只是惱人的小問題，沒有什麼大不了。」他讓馬道知道，為什麼他閱讀有困難，表達自己時為什麼會囁囁嚅嚅，又為什麼很害羞、愛發脾氣、焦慮、笨拙、失眠，以及為何會對未來那麼恐懼。這些剖析都讓馬道覺得很驚奇，因為托馬迪斯真正看到的只有馬道聆聽測驗的成績，怎麼可能知道他的毛病在哪裡、而且這麼精準？馬道不禁覺得：「他是第一個真正跟『我』說話的人。」托馬迪斯要馬道去他巴黎的診所接受治療，但有個莫名其妙的要求：帶著錄有他母親說話聲音的錄音帶。

到了巴黎托馬迪斯的診所後，馬道的療程是每天都得戴上耳機聽一段錄音帶，而且持續好幾個星期。一開始時，他只聽得出刮東西的聲音、分辨不出到底是什麼的沙沙靜電聲，以及很微弱的、改編過的莫札特電子音樂。因為托馬迪斯交代過馬道，聽這段錄音帶時可以做任何他想做的事，所以他選擇了畫圖。每聽過一週就要再做一次聆聽測驗，然後去見托馬迪斯。

日子一天天過去，慢慢的，他可以從錄音帶的刮擦聲中聽出字詞來；這些字詞似乎來自很遠的地方，隱藏在刮擦聲之下。然後他聽出一個片語，最後連句子也跳出來了。這樣又過了好幾個星期後，有一天，他發現他的聆聽進步了——他比較可以聽懂聲音了——各種症狀也開始離他遠去。某一天他突然了解，原來他聽的是母親的聲音。

四週之後，他變成了一個完全不同以往的人。這需要很多年的研究，才可能了解轉變是如何形成的：**一個「微不足道」的能量——聲波的能量和訊息——已經幫他重新配線了大腦的神經迴路**。

年輕托馬迪斯的簡歷

托馬迪斯一九一九年十二月出生在法國，是個早出生兩個半月的早產兒，體重不到一公斤半。現在的醫生都很難讓這麼小的寶寶存活下來，遑論在二十世紀初時，那可是件難如登天的事；對早產兒本身來說，掙扎求生更是艱難萬分——脫離受到母親周全保護的子宮，進入一個嘈雜、充滿機器噪音的現實世界，醫院的燈光、儀器的金屬反光、身上插的管子都非常不友善。最嚴重的是早出娘胎兩個半月，大腦尚未發展完成，還不能處理、過濾和緩衝那種四面楚歌的感覺。大自然的發展時刻表是很精準的，許多感覺功能要到預產期前兩個星期左右才會準備妥當，好讓我們一出生就能接受真實世界的挑戰；不過，聽覺卻是個例外：只需足孕期的一半時間，聽覺的部件就可以發育完成、獨立運作。

「我有不可動搖的直覺，」托馬迪斯寫道：「我知道我的工作方式和推測是來自深受束縛的環境和經歷，我的感覺和感知、意識和潛意識的想法、基本需求和心靈深處的慾望，都來自嬰兒時期不可磨滅的經驗。」托馬迪斯早產的境遇變成他一輩子揮不去的夢魘。他的父親安伯托・丹提（Umberto Dante）來自義大利的皮埃蒙特（Piedmont），托馬迪斯出生時雖然才二十歲，已經是深具魅力的歌劇演唱家，後來也的確風靡全歐洲。他的母親當時則還是個未成年的少女，托馬迪斯寫道：

> 我的出生不只是一個意外，更一點也不受歡迎，因為我的母親那年才十六歲……我的誕生似乎給家裡的每一個人都帶來困擾，無疑的，他們只想盡快擺脫這個不在預期之中、自己來亂的孩子。為了不讓母親懷孕的事為外人所知，家人用盡手段；還好，那時女性的束腹和以鯨魚骨撐大的長裙幫了大忙。

托馬迪斯相信，當年他之所以早產，正是由於家人為了隱瞞母親懷孕而做的那些事；太早出生，也帶給他很奇怪的創傷後癖好：

> 母親的緊身束腹顯然影響了我生命前四十年的生活需求。我的衣服都必須緊緊地纏住身體，安

全帶要束緊到身體好像被切成兩半，還要穿很緊、很窄的鞋子。晚上沒蓋八條毯子在身上就睡不著，但我並不是冷，而是需要那個好似我還在母親的子宮中的感覺。

這些徵狀聽來就像精神病人的行為，但事實上這很常見，很多早產兒或自閉症的孩子都有這種需求。《星星的孩子》（*Emergence: Labeled Autistic*）一書的作者天寶‧葛蘭汀（Temple Grandin）是個自閉症患者，就為此發明了一個「擠壓機」（squeeze machine）來使自己安靜，因為她的身體有被深深擠壓的需求。雖然托馬迪斯沒有自閉症，但他的經驗和自閉症患者、早產兒的經驗都很相像。不過，一旦他了解自己渴望壓力的起源，這種渴求也就不復存在了。

在和母親的溝通上，托馬迪斯的感覺是：「從來就不容易，我每次想跟她親近、要她抱都被拒絕。」他和家人住在尼斯（Nice），但是聲樂家的父親一年有六個月都在各地巡迴演出；小小托馬迪斯從出生以來身體就不好，消化系統尤其糟糕，一位前來看診的醫生雖然診察不出為什麼他會有這個問題，卻還是說：「我一定要找出答案。」這話讓托馬迪斯感動得下定決心以後也要當個醫生。

小托馬迪斯很崇拜他的父親安伯托，但也只能遠遠地崇拜，因為他經常不在家。有一天，安伯托對他說：「我已經仔細考慮過了，我的孩子；假如你真想當個醫生，而且是好醫生，你就必須到巴黎去。但我們不認得任何巴黎人，所以你必須自己想辦法，沒有人可以依靠。這就是人生，而且這個經驗以後對你一定會有用。」

當時托馬迪斯才十一歲，但因為相信這樣做能討好父親，所以當真去巴黎的一所寄宿學校讀書，經驗到許多年的寂寞。學業成績落後時，他發現如果大聲朗讀，學習的效果就會好得多；從此他勤奮讀書，每天都讀到很晚才上床，早上四點鐘就又起床讀書，也模仿他工作狂的父親，常常在莫札特音樂的陪伴下苦讀不懈。

在這所學校度過三年歲月後，他拿到了各個年級所有的獎項；高中時，他的老師是哲學家沙特（Jean-Paul Sartre，譯註：作者只拋下這一句、沒有下文，其實高中是人格成型的關鍵時期，相信沙特對托馬迪斯的影響一定很大）。緊接著，托馬迪斯拿到了兩個大學的科學學位——兩個都是第一名，其中一所正是摩謝拿到博士學位的巴黎索邦大學。只不過，當他終於如願進入醫學院時，二次世界大戰爆發了，他也很快就被徵召入伍。戰爭初期他和整個連隊被德軍俘擄，但他很快策劃逃亡，成功帶領他的弟兄逃脫，後來加入法國地下軍（French Resistance）當情報員——白天是勞工營醫生的助手，夜裡才從事地下活動。盟軍登陸諾曼地之後，他被派到法國空軍研究耳鼻喉的醫學，那時的他仍然深受父親影響，所以很愛研究音樂與聲音。

托馬迪斯的第一定律

年輕的托馬迪斯，不僅展現了學術上的才華和不屈不撓的工作態度，更在下一個生命階段展現他的天才。戰爭結束時，他已拿到醫學學位，在空軍當顧問，還學會用測聽器（audiometer）觀察到飛機工廠的工人是在一個音頻高達四千赫茲、會令人耳聾的環境下工作。他是最早發現噪音職業傷害的人之一。他也注意到噴射機引擎、砲彈的射擊和爆炸聲所造成的耳聾，同時會帶來動作和心理的傷害；那時，世界上還沒有人關注耳朵和身體的關係。

大約就在相同時期，他開始嘗試治療歌劇演唱家，但幾乎都是他父親的朋友，因為發聲出狀況才來找他。那時的聲樂家，有問題時都找耳鼻喉科醫生，因為正統醫學認為，他們的問題是出在過度使用而使得聲帶受傷；一般的治療法是給病人吃含有劇毒的番木鼈鹼（strychnine），縮緊病患喉頭的肌肉。然而，當歐洲最有名的男中音之一因為被診斷為「聲帶太鬆弛」而來找托馬迪斯時，他卻決定讓這位男中音做一次和造飛機工人同樣的測驗——結果發現，他也和那些工人一樣，聽力受到四千赫茲音頻的損傷。托馬迪斯因此開始懷疑，過去公認喉頭聲帶是唱歌主要器官的理論是錯的；他很想向世人證明，問題其實應該是出在耳朵。

他開始用一部可以測量分貝的儀器，在歌劇演唱家練唱時測量他們的音量和聽力。一般來說，他們唱到中間強度時的分貝數是80到90，全力唱到頂點時可以到130至140分貝；不過，假如儀器在耳朵外測到的是130分貝，那麼腦殼裡面的音量又有多大呢？他計算了一下，應該有150分貝，也就是說，如果聽眾聽到130分貝，聲樂家耳朵感受到的就是150分貝（法國卡拉維爾〔Caravelle〕噴射客機的引擎音量是132分貝）。高到某個頻率時，因為他們發出來的音度太強，可以說是他們把自己唱聾了；而他們之所以會唱得不好，正是因為聽得不好。

一九四〇年代後期，托馬迪斯繼續攻擊一般人認為唱歌主要靠喉頭聲帶的觀念，更以證據反駁低音歌手喉頭比高音歌手大的普遍看法。人類的喉頭結構並不像管風琴那樣，音管越大發出的音頻就越低；實力很強的男高音聲樂家可以從八百一直唱到四千赫茲，但是男中音和男低音聲樂家也可以，唯一的差別是中音和低音聲樂家唱得出更低的音頻，因為他們的耳朵可以聽到更低的音。他用挑釁的口氣總結說：「人是用他的耳朵在唱歌的。」當然了，這種結論馬上引來訕笑。

但是，當巴黎索邦大學的科學家向法國國家醫學院（National Academy of Medicine）和法國科學院（French Academy of Science）呈現他們的實驗成果時，卻也下了這樣的結論：「**嗓音只能呈現耳朵聽得見的頻率**（the voice can only contain the frequencies that the ear can hear）。」這個效應，後來便被稱為「托馬迪斯效應」（the Tomatis Effect），變成他建構的第一個定律。

他的下一個計畫是去找出「好的」聲樂家和「不好的」（「好」是指當時大家公認的好），因此製造了一部聲譜分析儀（sonic analyzer），可以顯現一個人聲音中所包含的所有頻率。他用這部儀器測量歌唱者，後來更因此發現治療學習障礙孩子的基石。

這個計畫剛開始時採用的是別人難以想像的方式。在和歌劇演唱家一起工作時，托馬迪斯收集了當時世界上最有名、但一九二一年就已過世的聲樂家卡羅素（Enrico Caruso）所有找得到的唱片——包括老式蠟板留聲機的唱片、黑膠唱片以及聲底紀錄。托馬迪斯仔細地用聲譜分析儀研究卡羅素的聲音，原本他預期卡羅素的音頻會高到一萬五千赫茲，想不到實測結果只到八千赫茲（他後來也發現，很少有聲樂家的音頻能高出七千赫茲）。卡羅素的嗓音有兩個階段：第一階段從一八九六到一九〇二年，那時他發出的都是「好的」聲音；第二階段是從一九〇三年到他身體衰弱之前的「極其美妙」時期，那時的聲音甚至比第一階段更好。托馬迪斯發現，單就頻率而言，第二階段的聲音比較沒有那麼豐富，完全聽不到兩千赫茲以下的音頻；所以他判斷，那個時期的卡羅素已經聽不見低階的音頻了。

後來更進一步研究時才發現，一九〇二年初卡羅素的右臉動了一個手術，很可能影響到他的耳咽管（Eustachian tubes，連接中耳到咽喉，又叫歐氏管），托馬迪斯因此注意到耳咽管阻塞的人都會像卡羅素一樣失去低頻率的聲音。所以他認為，一定是這個手術造成卡羅素的部分耳聾，只能聽得到自己後來唱出的較高頻聲音，也就無法唱出兩千赫茲以下的音頻了。托馬迪斯寫道：「這就好像卡羅素有一個過濾器，這個過濾器使他只能聽到必須聽見的、高頻率的、有豐富和聲的音，而不是低頻率的基本音，反而使他因此而受惠。」也就是說，因為聽不見低頻，反而使卡羅素對特別高的聲音有更豐富的知覺。托馬迪斯後來常開玩笑地說，卡羅素之所以唱得那麼美妙，其實是很不得已的。

托馬迪斯的第二與第三定律

接著，托馬迪斯發明了一部新儀器來幫助聲音受損的聲樂家。這部被他稱為「電子耳」（Electronic Ear）的儀器，後來成為所有托馬迪斯療法的基本配備，包括一支麥克風、一個放大器系統，以及一個清除不必要音頻、同時放大他要的音頻的過濾器，還有一副耳機。聲樂家會對著麥克風唱歌或說話，然後從耳機中聽到儀器處理過的聲音。

評估這些奮力「求聲」的聲樂家時，他發現他們的高頻率聽覺都不是很好，所以他就調整電子耳的過濾器，使他們的耳朵更接近第二階段時期的卡羅素耳朵——也就是說阻擋掉低頻率——來加強他們高頻率的聽覺。如此一來，聲樂家對著托馬迪斯的儀器唱歌時，聲音便急遽地改進了，托馬迪斯於是寫下他的第二定律：**「如果能使受損的耳朵正確聽到先前失去的頻率，受損的聲音會馬上恢復。」**簡單的說就是，「修好」耳朵，聲音就痊癒了。他讓聲樂家每天練唱幾個小時，連續幾個星期，而且都只用「卡羅素的耳朵」聽自己的聲音，結果，他們聽和唱的能力都提升了，即使不用電子耳之後，療效仍然維持。所以他寫下第三個定律，也就是「保留定律」（the Law of Retention）：**暴露在恰當的頻率之下來訓練耳朵，就可以得到永久性的聽音和發聲效應。**托馬迪斯知道，這也是一種大腦訓練：「耳朵是大腦皮質的延伸。」（在第七章中，我把這個大腦接受訓練後的永久性效應叫做「殘餘效應」，那是一起發射的神經元會組合在一起的結果，改變因此得以長期保持。）

托馬迪斯也觀察到好的聽力會帶來能量。當他讓聲音不完美的聲樂家使用電子耳時，「所有的人，沒有一個例外，都感到幸福感增加了，即使不是聲樂家，許多人也都私下跟我說他們想要唱歌。」當他們的「高頻障礙」被解除時，每一個人都會挺起胸膛，像歌劇演唱家一樣站得筆直、呼吸深沉，覺得自己有很多能量和精力，而且更能好好聆聽自己的聲音——這一切，全都是不自覺的。可是當高頻率被阻擋時，他們連說話都死氣沉沉、千篇一律，聽他們說話的人也感到很吃力。

托馬迪斯也觀察到，耳朵不但和平衡有緊密關係，和姿勢也有關係。一般聽古典音樂的時候，我們會有一個很特殊的聆聽姿勢：右耳和頭部會比較往前傾。他說這是因為整個身體肌肉張力的關係，這時的我們看起來會比較警覺、敏捷、有精神。就像神經元不會完全關掉一樣，健康的人即使放鬆肌肉也不會全都變得鬆弛，因此托馬迪斯認為，耳朵接受的輸入會影響整個身體的垂直和張力——所以某些音樂也就會使人覺得他們一定要站起來跳個舞。聽力好的人活力就好，表示高頻率會使大腦有活力，所以他總結說：**「耳朵是大腦的電池。」**

耳朵就像一個變焦鏡頭

托馬迪斯繼續以瘋狂的速度發掘新知，很快就注意到，當人們用電子耳過濾掉其他頻率、使他們能像卡羅素一樣聆聽時，發出「r」的聲音時就會有顯著的拿坡里（Neapolitan）口音。因為卡羅素正是拿坡里人，使得托馬迪斯不禁要想，或許口音就是人的耳朵聽到頻率的函數。他馬上做實驗，並且發現，以法國人為例，他們聽得最好的頻率有兩個範圍：分別是一百到三百赫茲，以及一千到二千赫茲；但是英國人聽得較好的高頻卻是二千到一萬二千赫茲，也難怪法國人很難在英國學好英文。但是北美的英語音頻則落在八百到三千赫茲之間，就比較接近法國人的耳朵了，所以法國人比較容易學習北美人所說的英文。

這一來，托馬迪斯就又可以幫助想學第二語言的人了，他為這些人重新設定過濾器，使他們耳朵聽到的音頻就和他們的母語一樣。他強調，這些「不同的耳朵」很可能是根據不同的「地理聲位」（acoustic geographies）：不論說話的人是在森林裡長大，還是在一望無際的平原、山區、海邊長大，都會對他的聆聽聲音產生重大的影響，因為某些音頻會被特定的環境所放大或消滅。當他把電子耳的過濾器設在「英國耳朵」、播放給正在學習英式英文的法國兒童聽時，他們的英文不但立刻就進步了，而且不知為何學業成績也進步了。這也使得托馬迪斯逐漸把他的注意力轉移到「不同耳朵」和語言、學習及學習障礙的相對關係上。

他最重要的發現，應該是耳朵不是被動的器官，而是像變焦鏡頭一樣可以聚焦在某些聲音上，過濾掉其他聲音。他把這叫做「聽力的變焦」（auditory zoom）。當人們剛走進一場雞尾酒會，直到放大某段談話之前，他聽得到的只是各種雜音，雖然每一個談話群組的聲音頻率都稍微有點差別。一旦他有意識地聆聽某一組談話後，這個聆聽就不再是被動的了，因為中耳裡的兩條肌肉本來就會聚焦在某個頻率區間上，保護中耳不會突然聽到過大的聲音。對大部分的人來說，在大部分的時間裡，這個透過肌肉的調整來放大聲音的作用，都是自動發生、沒有意識地進行的。當周遭出現很大的聲音時，這個變焦鏡頭就會馬上被反射反應關掉；不過，這個變焦鏡頭有時候也可以用意識來控制，例如我們想在一個很嘈雜的房間裡聆聽很重要的談話時，或是在努力學習第二語言的時候。

這兩條肌肉的其中一條叫做鐙骨肌（stapedius），當它緊張時，就會增加一個語言中度到高頻聲音的知覺和區辨，同時也會消除蓋過高頻率的低音，使想要聆聽的人能夠從環境中抽取目標語音。第二條肌肉是鼓膜張肌（tensor tympani），負責調整鼓膜張力，和鐙骨肌是互補的；當它緊張時，就會降低背景噪音中低頻聲音的知覺。我們說話時這兩條中耳的肌肉都會收縮，使我們的耳朵不受到自己聲音的傷害；也不只歌劇演唱家需要這層保護，孩子尖叫時，聲音就像火車經過時一樣大聲。托馬迪斯也觀察到，當這兩條肌肉功能不彰時，比如很多這兩條肌肉太弱的孩子，就會聽到很多背景噪音和低頻聲響，使得進入耳朵的高頻語音相對不足。

這兩條位在中耳、調整頻率的肌肉，都由大腦調控。馬里蘭大學的神經科學家佛瑞茲（Jonathan Fritz）和他的同事發現，當某一種頻率的聲音帶有重要的訊息時（以他們所做的實驗為例，代表電擊馬上就要到來），大腦聽覺皮質區裡掌管這個頻率的大腦地圖不消幾分鐘就會變大，使動物可以聽得更清楚。當這個頻率停止後，大腦地圖就會縮回原來的大小，但有的時候也會維持變大後的樣貌。由此可見，聽力變焦鏡頭也有神經可塑性的部件在內。

許多患有慢性中耳炎的孩子，耳朵肌肉也都有低張症（hypotonia，肌肉張力減退）；發展遲緩的孩子，也常有全身性的低張症。全身性的低張症會影響他們的耳朵肌肉，使得他們不能聚焦在某個特定的聲音頻率上，聽到的就會是未分化（nondifferentiated）的噪音、彷彿耳朵被摀住而聽不清楚的聲音，或是同時接收到太多聲音，所以他們的聽覺皮質一直沒能透過清楚的訊息來正常發展。馬道的情形正是如此，因為每一個他聽到的聲音都模糊不清，好像說話的人戴了口罩，所以他的聽覺皮質分化情形就很差。許多自閉症的孩子也都有聽力變焦方面的問題。

托馬迪斯由此得知，他可以用電子耳操控聲音來訓練聽力變焦。對聽覺地圖沒有分化的人，他用反覆刺激、放鬆的聲音頻率來訓練鬆弛的耳朵肌肉和大腦迴路，也就是說，人們在聽他改編過的音樂時，其實就是在訓練分化自己的大腦地圖；當大腦地圖分化得更好一些後，他們就可以開始從背景噪音中區分出語音來了。

只用一邊的嘴巴說話

托馬迪斯還有一個重要的臨床發現——我們每天都在做，但是之前從來沒有人意識到的事。他發現每個人不但幾乎都是用一邊的嘴巴說話，聆聽能力很好的人更絕大部分都用右邊的嘴巴說話，說話的聲音因而大多進入右耳，所以右耳和它的神經迴路對唱歌很重要。托馬迪斯檢測過的成功聲樂家都是右耳型的，只有一個人是例外；當他播放噪音到他們的右耳、使他們不能聽到自己的聲音時，唱歌的品質就下降了。

不論一個人是左利還是右利，語言的中心幾乎都在左腦，而我們的腦半球是從對向的耳朵得到最多的聲音輸入。以右耳為例，就有五分之三的聽神經連結左半球，剩下的五分之二通往右半球；同樣的，左耳五分之三的聽神經纖維連接右腦，剩下的五分之二才到左腦。既然提供左半球最多訊息的是右耳，右耳就成了最快、最直接到左腦語言區的神經通路。有些左利的人卻是例外，例如美國前總統柯林頓就是同時用嘴巴的兩邊說話，表示這類人的兩邊耳朵聽力一樣好。百分之九十五的健康右利者都用左腦來處理重要的語言資訊，右腦只佔剩下的百分之五；百分之七十的左利者用左腦處理重要的口語資訊，百分之十五用右腦，另外百分之十五是兩邊都用。但是，因為人口中只有百分之十的左利者，所以大部分人都是用左腦處理語言。

馬道遇到托馬迪斯那一天，兩人在修道院的園子裡散步時，托馬迪斯看出馬道左邊的臉比較有活動力，也比較常用左邊的唇和嘴，既然左邊——和左耳——比較傾向語言，就表示馬道是用左耳來聆聽語言。語音要繞個彎才會進入他的語言中心，因為左耳到右腦比較快，但他的語言中心在左腦，語音便先從左耳到右腦，再穿過中間的胼胝體來到左腦，中間差了〇・四秒，所以馬道聽別人講話才會有困難。當他想把思想變成語言時也會因此引發小小的時間差，所以他跟別人的溝通就會出問題，也常常迷失在自己的思想中；長此以往，用左邊的嘴巴說話和用左耳聽就會使發展中的大腦發展混亂，造成學習障礙。雖然這個學習障礙表面上看起來和聽覺無關，但其實聽覺才是主要原因，還會造成學習障礙的孩子口吃和結巴。

大部分右利者用右手寫字，用右手打棒球，用右手做需要用力、協調和控制的動作；他們的右手是主導，卻由左腦控制。馬道卻是用他的左手做一些事，用右手做另一些事，是混合型控制（mixed dominance）的類型，而這也正是失讀症患者典型的症狀之一。大部分的失讀症者都用左耳聽，托馬迪斯認為這表示大腦有問題。因為馬道是混合型控制，使得大腦分化不完全，所以不能同時做兩件不同的事，比如彈奏吉他，因為必須一隻手撥弦、另一隻手按弦，他就做不來了。這便造成他行事上的笨拙，也使他寫不出漂亮的字，甚至影響他眼球的追蹤能力，閱讀時會有跳行的情況——看書時，馬道的眼睛不像我們一般人那樣從左上系統化地往右下移動，常會跑到句子的中間或跳到下一行。為了使馬道變成右耳聆聽，並且改正他左右混合控制的情形，托馬迪斯把電子耳設定在刺激馬道的右耳及其神經迴路，採用的方法則是減低左耳的音量。

馬道也不僅僅是聽覺慢半拍，更常漏聽別人的話。托馬迪斯很明白，那是因為他聽到太多低頻音而高頻音太少所致，原因則有好幾種：第一，馬道整個身體的肌張力不足，使得他站姿不良、舉止笨拙、不喜歡快速的動作；身體的張力不足又影響了耳朵肌肉，使耳朵肌肉也張力不足，聽力變焦鏡頭不能聚焦，因此不能分辨人們說話的聲音。第二，馬道大多用左耳聽，而托馬迪斯知道右耳和右腦通常比左邊更能聽到較高的頻率，所以馬道最常聽到的才會是背景的噪音和哼哼聲，而不是清楚的語音。既然右耳和右邊的聽覺皮質處理的通常是比較高頻率的聲音，刺激右邊也就能訓練馬道的大腦更清楚地處理語音。

以刺激耳朵來訓練大腦

托馬迪斯把他的聆聽訓練區分成兩個階段。第一個階段是被動的階段，通常要十五天。之所以說被動，主要是因為這時病人只要坐著戴耳機聽音樂就可以了，不必特別專注（事實上，聽音樂時越不專心效果越好，因為特意聆聽就會啟動舊的不良習慣，反而有礙進步）。

他過濾掉莫札特音樂中的低頻，強化高頻率，所以聽起來往往很像口哨或風的呼嘯。如果對象是孩童或青少年，托馬迪斯就讓他們聽母親的聲音，同樣濾去低頻，只留高頻。在這種聽力訓練的前期階段，母親的聲音會過濾到很難聽得出是人聲，反而像是從另一個世界傳來的尖銳口哨聲。沒有母親的聲音的話也沒關係，單純的音樂也足夠了（在這個被動的階段，連接在電子耳上的麥克風沒有開，所以孩子只能從耳機中聽到音樂或母親的聲音）。

托馬迪斯所定義的電子耳，是「促進正常聽力的刺激者」，它有兩個聲音管道：一個管道提供的是強化高頻率、減少低頻率的客製化音樂（人說話的語音是高頻率）；另一個留有低頻率的管道，則是用來再生聽不清楚時的耳朵經驗，當有聆聽問題的人聽到這個管道的聲音時，耳朵的肌肉就會「放鬆」一下來，重複平時聽東西的習慣。這個過濾器會一直在高、低頻率管道之間輪替，用音樂的音量來啟動開關：音量低時，低頻率的管道就聽得見，音量升高到某個分貝之上時，耳裡傳來的就是高頻率管道的聲音了。輪替到高頻率管道時，耳朵的肌肉及高頻率的聆聽就得到練習；反之，輪換回低頻率時，和這個頻率有關的肌肉和神經元就可以休息。這些循環往復的練習，就構成了第一階段被動練習的主體。

這種用音樂的音量來控制管道輪換的做法（過去被電子工程師稱為「閘控」〔gating〕）會使聆聽產生新鮮感，而這個新奇感也是大腦產生可塑性的強有力方法。新奇的感官經驗會使大腦的注意力歷程甦醒，神經元之間更容易產生新的連接，還會接著分泌多巴胺及其他的大腦化學物質來固化這個神經元之間的連接，整個過程就好像大腦做了「把這個留下！」的決定，因為大腦和神經元登錄了同一件事。托馬迪斯花了很多年才確定，這個「閘控」或說輪流切換並不在大腦的預期之中，而出乎意料正是大腦改變的關鍵（譯註：一旦變成例行公事，大腦就會失去興趣，改變就無從發生了）。他也發現，預先錄製的錄音帶因為缺少隨機的變化，在大腦的可塑性上就不是那麼有效。

這個被動的階段，要在過濾器逐步減少過濾，最後完全還原莫札特和母親的聲音後，才告終止。第一階段完成後，一般會休息四到六週，然後才開始第二階段的主動歷程，以使病人固化、融合和練習他所得到的聆聽益處。以馬道為例，這個階段結束時，他就已經聽得比較清楚也不太費力了。以前的老師個個都要他更努力，現在他的大腦得到的正確訊息卻告訴他，因為聽得很「流暢」了，所以很多事都不需要特別努力就可以做得好。

被動階段結束後，讓馬道很意外的是，托馬迪斯竟然要他去倫敦而不是回家鄉，理由是去倫敦可以學英文——這原本是任何有聆聽困難的人最害怕的事。托馬迪斯明智地為馬道策劃了一段可以測試新技巧、但卻必須遠離卡斯特的冒險旅程，因為那個環境曾經深深傷害過他，使他全無自信。馬道當然高興，但也很惶恐，因為先前他就曾經兩次想學英文卻都沒有成功。然而，這回到了倫敦後，英國人都聽得懂他說的話了，他交上了朋友，也好好探索了一九六〇年代的倫敦，他寫道：「每一件事似乎都變得出奇容易了，就連英文也是。」

馬道回返後，托馬迪斯又給了他一個意料之外的建議：為了有個好的新開始，他要馬道再去念寄宿學校，因為馬道先前沒有念完十年級。馬道很膽怯，不敢去，但托馬迪斯堅持他必須有張高中畢業證書——因為那是進大學所必需的——只要再兩年，他跟馬道保證，只要他肯在功課上投入等同接受聽力訓練和闖蕩倫敦的努力，他就一定會成功。托馬迪斯要他選擇巴黎附近的學校，好讓他可以同步進行第二階段的治療；這個階段的目的，聚焦在如何表達自己上。

接下來就是主動的階段了。為了學習正確表達自己的意思，馬道戴上耳機對著麥克風說話，而且透過電子耳聆聽自己的聲音。由於聽覺處理大有進步，他現在終於可以聽自己的聲音，而且還能用自己的聲音來改進他的聽覺處理——順便給自己充電。前面說過，聽得清楚時大腦會產生能量。他開始專注於自己的發音、嘴唇和其他的肌肉的動態，同時感受嘴唇、喉頭、臉部和其他與說話有關的骨頭的震動；藉由說出各個不同的字，他發展出一個相當不同於過往的本體覺識（proprioceptive awareness）——對嘴唇、舌頭和身體各部件在空間位置的覺識。就像在費爾敦克拉斯的課堂上一樣，他正是在用覺識來分化他的大腦地圖。

托馬迪斯現在鼓勵馬道用呆板的聲音說話、哼歌、練習發母音、重複說同一個句子，來加強語言的流利。雖然語言治療師也會做這種治療，馬道卻是用電子耳在做同樣的事，有了過濾器的幫助，他聽到的是自己的聲音中比較中、高範圍的頻率，比較響亮、比較有力、比較有情感，音質也比較豐富。托馬迪斯因為自己從瑜伽的練習頗有所獲，也訓練馬道的坐姿，調整他的呼吸。有一天，馬道走進一家書店時，原本只是隨便拿起一本書來翻翻，但沒多久他便很驚訝地發現自己居然在閱讀，而且讀得懂。

為了增進馬道的讀、寫和拼字能力，托馬迪斯要他大聲朗讀，眼睛有意識地追蹤嘴巴所讀的字，而且透過電子耳來聽。為了強化新建立的神經迴路，馬道也每天都不用電子耳地大聲朗讀三十分鐘；他把右手緊握成拳頭，假裝是支麥克風，就這麼對著拳頭朗讀。他的聲音因此從拳頭彈射進入他的右耳，強化了右邊的聽力。

在寄宿學校裡，馬道克服社交恐懼、很快就交上了幾個朋友，不再覺得自己是個失落的靈魂；每逢週末，他就搭乘巴士到巴黎找托馬迪斯練習聽力，才讀了不到一年，就順利考取駕駛執照——他一生中第一個通過的測驗。他也覺得，學校的功課沒有以前那麼難應付了。每天都認真做托馬迪斯給他的作業：大聲朗讀。隨著文字的世界慢慢向他開啟了大門，他發現，課餘時的嗜好已慢慢從畫畫轉到寫詩。他覺得二十歲了還在念高中是件很羞恥的事，所以努力向學、通過了高中畢業的會考——大部分的法國學生，第一次畢業會考都過不了。如今，換成托馬迪斯要問他未來有什麼打算了，馬道說，他的目標是讓自己能幫助其他像他一樣的孩子，正如他自己受到別人的幫助一樣——他想成為心理學家，而且向托馬迪斯學習。

於是乎，一段長久的師徒情誼就這麼開始了。從二十歲到二十三歲，馬道都住在托馬迪斯家中（也是托馬迪斯的辦公室所在）。馬道的房間白天是一位心理學家的辦公室，晚上才是他的臥室。馬道開始大學生涯，但有空就到診所幫忙，學習如何過濾音樂、錄下病患母親的聲音，幫助學習障礙的孩子，最後變成這個團隊中的資深成員。托馬迪斯也引領馬道進入他的私人生活，讓馬道和他的家人、朋友一起用餐。托馬迪斯的朋友裡，多的是歌劇演唱家、音樂家、藝術家、科學家、心理分析師、哲學家和宗教人士，而且來自全世界各地。和這種生活比較起來，大學當然相對單調無聊，但馬道還是在巴黎索邦大學拿到了他的心理學學位，更在一九七二年取得心理師執照。

托馬迪斯交付馬道的第一項任務，是去法國南部的蒙佩利爾（Montpellier）成立一個聆聽中心，然後再去南非成立另一個；一九七六年托馬迪斯心臟病發作後，馬道便回到巴黎幫忙訓練新進人員，後來更和托馬迪斯一起走遍整個歐洲、加拿大推廣電子耳。在此同時，托馬迪斯寫下《胎兒之夜》（*Prenatal Night*），討論人類胚胎期語言發展和大腦中處理聽覺的迴路的根基。雖然那時神經科學界還不接受神經可塑性，托馬迪斯卻已經大聲疾呼：「大腦是可以塑造的（Le cerveau est malléable）。」

馬道這個曾經無法和別人溝通的孩子，現在已是能夠使用多種語言的講師了，英語和法語都非常流利。有了新的「耳朵」後，他很快學會了西班牙語，前後在墨西哥、中美洲、歐洲、南非和美國、加拿大設立了三十個中心。一九七九到一九八二年間，托馬迪斯一年裡有六個月住在多倫多，協助當地人成立聆聽中心，由馬道和另一位心理學家吉爾摩（Tim Gilmor）擔任共同指導。馬道很喜歡多倫多，便在那裡安頓下來，把他在法國所學的用來幫助大腦發展有問題的孩子。

II 母親的聲音

生在下樓梯的半路上

我稱為莉茲（Liz，化名）的個案主角那時三十四歲，是位英國律師。有一天睡到半夜時，已經懷孕二十九週半的莉茲突然覺得肚子痛，知道嬰兒就要出生了，她先生立刻打電話叫救護車，她也掙扎著下樓；但是，才走下一半樓梯時，嬰兒的頭已經出來到體外，所以她便自己接生了這個孩子。整個生產不到十五分鐘，寶寶也因為失溫身體呈藍灰色、體溫過低、也還不會自己呼吸，她以為這孩子活不了了。救護車把他們母子倆送到醫院，寶寶放進可以幫助他呼吸的呼吸機中，但隔天醫生還是告訴這對爸媽嬰兒活不過當晚，他們便站在他的保溫箱外頭為他守夜。

他活下來了，但是早產這麼多時日的嬰兒一定會有很多毛病。威爾（Will，化名）由於出生時缺氧引起腦傷，頭兩年的人生有百分之六十都花在醫院之中：三個月大時醫生就得替他動疝氣手術，然後因為不能排尿，又動了第二次手術；染患小兒熱痙攣，因而兩度住院，醫生還曾懷疑是腦膜炎；因為感染切除一顆腎臟；得過肺炎和豬流感（swine flu）；必須永久性地服用抗生素（這使得他的胃、小腸負擔很重，因為抗生素殺死了好的、健康的、本來會幫助消化的有機體）。他本來還應該安詳地在子宮中睡覺，有著母體層層保護的階段，卻因太早出生使他經歷了無數痛苦，身上插滿管子，每天都得與死神搏鬥，父母只能無助地在一旁觀看。

威爾成了個愛哭鬧寶寶，每天總在大約夜裡一點醒來，整整哭鬧上四、五個小時，莉茲和他的先生佛瑞德（Frederick，化名）因而有兩年半的時間，每晚只能睡上二到三個小時。威爾不喜歡食物，不能忍受嘴裡有任何纖維、手上有任何有黏性的東西。如同很多發展不正常的孩子，他經常上下擺動手臂，白天裡的大部分時間都躲在桌子或沙發下面，找東西壓住自己的肚子；上床睡覺時也有同樣的渴望——像托馬迪斯那樣蓋上一層又一層的厚重毯子。

威爾的語言發展遲緩，十個月大才說得出 dada 這第一個字，卻從來不曾用來叫爸爸，而且同樣這一個字可以重複講上五分鐘；十五個月大時，會說的詞彙多了一些，但這些詞彙都不是用來溝通的——只用來發出「噪音」。他好像耳聾，因為從來沒對他的名字起反應；他不會爬，也不會走。但是父母都知道他其實是個熱情的寶寶，因為偶爾他們可以看到一些他本性善良的片段。

十五個月大時，因為他的免疫系統很弱、容易被感染，醫生幫他注射了麻疹、腮腺炎和德國麻疹的三合一疫苗（MMR）；但是，打過疫苗三週之後，他高燒到攝氏四〇・五度，不醒人事，急診室的醫生懷疑是腦膜炎，要拔出靜脈注射的針管時他卻醒來了，拚命掙扎，竟然花了八個大人三十分鐘才得以制服。當他被壓在地上、動彈不得時，他看著莉茲的眼睛彷彿在說：「你為什麼讓他們這樣對待我？」

那天之後，他對針或任何種類的束縛都極端恐懼。

事件過後，他就不再開口說話了；從十六個月大起，威爾不曾再吐出過一個字，性格也改變了——變得退縮。你很難察知究竟是哪一件事使他不再說話，因為在那短短的一年半時光裡，他吃的苦頭比別人一生都還多。莉茲說：「十八個月大時，他再也不肯玩任何玩具，非常像自閉症，會把一部小汽車翻過來，然後只轉動輪子——但是從來不玩汽車本身；他會一直開和關家裡的每一扇門，而且一做就是幾個小時。」他會繞著家具跑，好像很想同時看到家具的前面、旁邊和後面是什麼樣；他也會把一張紙放在桌子上，然後繞著桌子跑。如果帶他離開熟悉的環境，比如去賣場，他會受不了新的刺激，去公園也不會盪鞦韆或溜滑梯，只會繞著籬笆不停的跑。

他感受不到身體的需求，不知道自己是餓了或渴了，從來不會去冰箱找東西吃或自己倒杯水喝。

就像很多發展有困難的孩子，他也會踮著腳尖走路——人類古老的「足底反射」（plantar reflex）反應的殘留（這個足底反射反應的推斷是當醫生搔腳底時，病人的大腳趾會翹起來；一般只有幼兒會這樣，長大後應該會消失，假如沒有就代表大腦有問題）。他的肌肉張力很低所以手眼協調不好，連握住湯匙或蠟筆都有困難。

因為無法說話，又常覺得各種訊息排山倒海而來，所以他也發展出奇怪的發洩情緒方式。他會自殘、咬自己的手和手臂，因為身體的肌肉張力很低，他可以曲身咬自己的肚子，咬到出血。「發洩過後，他會安靜一陣子，」莉茲說：「回頭再看那個時候的錄影帶時，我們還是無法相信他眼中曾有那樣受傷的表情。」

父母帶著威爾去向一位發展專家求助，「在改變我一生的那一天，」莉茲說：「醫生告訴我，因為大腦受傷，威爾有非常嚴重的認知傷害，雖然他那時已經二歲二個月了，心智年齡卻只有六個月；專家觀察了威爾一個小時，拿出一套喝茶的家家酒玩具給威爾玩，請他泡茶，結果威爾只是把茶杯疊高，然後再推倒。她也做了英國自閉症測驗，雖沒測出自閉症的症狀，她還是說威爾不可能好轉了，十三歲時的智商可能只有兩歲。」

莉茲只因為問了醫生怎麼能這樣就確定威爾的預後，就被英國國家衛生福利部的員工冠以「神經質媽媽」（neurotic mother）。莉茲於是找了早產兒的文獻來讀，二〇一一年一月，她在白蘭思（Sally Goddard Blythe）的書《反射反應、學習和行為》（*Reflexes, Learning and Behavior*）中讀到和威爾的情形很相像的孩子，便把威爾的症狀很詳細地寫在一封信裡，寄給高德神經生理心理學研究所（Goddard's Institute for Neuro Physiological Psychology）的創辦人、神經生理學家彼得・白蘭思（Peter Blythe），他讀過信後，就請莉茲帶威爾出生以後的錄影帶來給他看。莉茲問他，英國有沒有任何人可能幫助威爾。他說：「沒有，只有一個人可以幫助威爾，但是這個人住在多倫多。」

「我們在下著大雪的三月天來到加拿大。」莉茲說。那時威爾快三歲了，但之前的十八個月沒有說出過一個字，無法好好睡覺，踮著腳走路，備感挫折，一直動個不停。

馬道檢查過威爾後，知道他的問題出在神經上，而且最主要的原因是內耳前庭半規管的不平衡（我們在第七章中介紹過），以及因為這個不平衡而影響了大腦內部和平衡有關的區域。

托馬迪斯強調耳朵有兩個不同的功能：耳蝸（cochlea），也就是他所謂的「聽的耳朵」（ear of hearing），負責處理聽到的聲音，可以偵察到二十至兩萬赫茲的聲音；前庭半規管，托馬迪斯所謂的「身體的耳朵」（ear of the body），通常只能偵察二十赫茲以下的低頻。人可以感受到十六赫茲以下的震動，我們所謂的節奏就是它們慢到讓聽到的人可以知覺得出兩個不同聲波的間隔，這些頻率通常會引發身體的動作。

托馬迪斯之所以把前庭半規管叫做「身體的耳朵」，是因為這個半圓形的管道是身體的羅盤，偵察身體在三度空間內的位置，以及對抗心引力的情形。其中一個管道偵察動作在水平方向的情形，另一個是垂直時的情形，第三個則是我們往前移動或往後時的情形。這些管道內有浸泡在液體中的纖細絨毛，當我們移動頭部時，液體就會隨著移動而刺激絨毛細胞，送給大腦我們朝哪個方向增加了速度的訊息。前庭半規管所送出的訊號，會從神經傳達到腦幹一組特別的（上一章提到過）前庭神經核，它會處理送進來的訊息，再把指令送往與它相近的肌肉來維持平衡。嬰兒便是因為有了這個身體的耳朵，才能從有個大頭的平行爬行動物進步到直立站在兩隻小腳上的人，最後還能走路而不會跌倒。

那位英國專家的假設，是威爾的大腦形成不了三度空間，所以才得繞著桌子一直跑來確認桌子的形貌。馬道卻不這麼想，他認為，威爾的行為是源於大腦渴求前庭的刺激，因為他的前庭有問題。威爾之所以跑個不停，是他的大腦想要刺激前庭，藉以促發平衡感覺；這個感覺，通常得綜合從腳底、眼睛和耳內半規管送來的訊息才能得到。沒有這些重要的感官輸入，我們就無從得知身體在空間的正確位置。

一般來說，正常的孩子如果走路時轉頭去看一樣東西，前庭的感覺細胞就會告訴他，是他在動，而不是他在看的東西在動；但是當威爾移動頭部時，感覺到的卻是他在看的東西在移動，這就使他非常驚訝、著迷，反而給了他能量，所以他可以繞著家具一連跑上幾個小時都不覺得累。又因為他的前庭有問題，所以會覺得身體不穩定，好像自己是站在晃動的小船上一樣，周遭的世界一直在搖動，他也只好跟著搖動。

威爾要有很重的東西壓在身上的理由，也是他不知道身體位在空間何處，這同樣是前庭功能不良的結果。平衡系統會給人一個立足地面，有根、不會倒的感覺，因而產生穩定安全的自我感覺；早產兒因為太早出生，少掉了大自然提供的、被包覆在子宮中這種舒適安全的感覺。他們出生時大腦尚未發育完全，沒有過濾不相干感覺的能力，所以常受到過量刺激的攻擊。馬道認為，威爾之所以想要身體感受壓力，就是想要綜合所有感覺、經驗來形成一個簡單的自我——一種「把自己鎮定下來」的方法。在早產兒育嬰室裡工作的護士，都懂得用小毯子把嬰兒緊緊包住來使他們安定，威爾的做法也如出一轍。

威爾不說話但是可以雙向溝通的現象，則讓馬道明白這孩子知道別人也有心智，所以他不是自閉症；不過，他還是有馬道所謂的「自閉症周邊症狀」（peripheral symptoms of autism），比如踮著腳走路及超級敏感。威爾早產了十週，又歷經兩年創傷不斷的歲月，造成馬道所謂的「錯失發展」（missteps in development）；馬道也覺得，因為受到瀕臨死亡的恐懼又有苦說不出，會對這小小孩兒產生巨大的影響。馬道認為，英國那位專家的診斷就當時的情況來說是對的——因為威爾的大腦的確可能無法修補，但是那個診斷還是忽略了一個可能性：威爾會沒有正常的發展是因為他得不到切合所需的刺激，讓他在需要的時候喚醒可以正常發展的機制。馬道確實不知道，威爾的症狀裡有哪些是由於神經細胞的死亡，又有哪些是一般發展的遲緩所致，但是因為他知道大腦是有可塑性的，所以他的態度是，「讓我們先來刺激一下威爾的大腦，看看會有什麼結果。」

馬道治療威爾的第一步，是先花十五天在被動的聽力訓練上，讓威爾戴上耳機，每天聽九十分鐘過濾過的莫札特和他母親念兒歌的混合聲音；然後，馬道再讓威爾聽沒有過濾的、由男聲合唱團主唱的無伴奏「葛利果聖歌」（Gregorian chants）。葛利果聖歌的頻率可以使他放鬆，尤其在經過強度聲音的刺激後，這首聖歌的節奏很符合安靜時放鬆的聆聽者的心跳和呼吸節奏。在莉茲看來，威爾好像馬上就知道這個歷程可以幫助他，每天早上都迫不及待地跳出娃娃車，衝上台階，進入實驗室開始他的療程。

馬道告訴莉茲，聽過音樂後的威爾可能會睡得久一點，而他也真是如此。馬道還說第一週治療完後，威爾也會開始睡得比較好；結果第六天晚上威爾就一覺睡到天亮，這是從他出生以來頭一次睡過夜。

「這真的完全不可思議，」莉茲哭泣著說：「只要有人說這件事會改變你的孩子的一生，你就會牢牢的記住這些話。」

威爾第一次聽到母親被高度過濾的聲音時，他開始去看他媽媽，和她連接得更緊密一點——其實這聲音被過濾到連莉茲都聽不出來是自己的聲音。威爾希望和母親有更多的互動，會坐得很靠近她，想參與她的一切活動，不然就把莉茲拉到他身邊。對於莉茲不能了解他所造成的挫折和憤怒減輕了，「就好像他知道那是我。」她說，有點奇怪的是威爾本來就一直可以聽到母親未經過濾的聲音。雖然孩子不會有意識的去區辨母親的聲音和口哨聲的不同，馬道和他的治療師團隊卻一直看到那些本來沒有顯現出和母親的關係、或是關係很淡的孩子，在聽到過濾過的聲音之後會去擁抱他們的母親，而且第一次和母親有眼神接觸，顯現出溫柔的表情：過動的孩子安靜下來了，裝腔作勢的孩子開始舉止正常了，大部分孩子都變得可以聆聽別人說話也可以好好講話了。「就好像母親被過濾過的聲音，增加孩子想要生在這個以聲音和語言為主要溝通工具的世界的慾望。」有些自閉症孩童開始牙牙學語，幾天之後出現高頻的尖叫聲，然後開始說話和與別人有眼神接觸；進行這個療程的成人在聽到母親的聲音之後，覺得輕鬆很多，不那麼緊張，睡得比較好，比較能表達情緒（愉悅和不愉悅的都有）也變得比較有活力。

馬道也預測威爾的語言能力，「他說得非常具體，」莉茲說：「他說『可以期待第四天的語言改變』。」果然到了第四天，威爾講出生平第一個字：他坐在地板上聽過濾過的音樂一邊玩圖畫拼圖，當他嘴裡說出「獅子」的同時，也用手把獅子的圖片放進拼圖中。第二天他把數字8放入拼圖中時，嘴裡說「八」；他每天增加一個新字，都是在他聽過濾過的音樂時發生的。他們在多倫多的最後一天，威爾的治療師把他放在鞦韆上時，說：「各就各位，預備，起！」（Ready, steady, go!）然後把他推出去，這樣玩了好幾次之後，當治療師又說：「各就各位，預備——」但是並沒有放開手讓鞦韆盪出去，直到威爾完成她沒說完的句子，說「起！」之後，她就讓他盪出去了。

十五天後，威爾就學會十個詞彙了，而且會在恰當的情境中使用（譯註：之前他會說 dada，但不是在叫爸爸）。他會一覺到天明，也會恰當地玩玩具（譯註：之前拿到小汽車時，他只會翻過來玩輪子）。他不再一直跑，也不再咬肚子咬到出血了。

在早產兒的治療上，母親的聲音扮演著一個特殊的角色——這可以說是馬道療法中非常奇怪的一部分，但要是你知道托馬迪斯最初是怎麼發明這個療法的，你會更覺得奇怪。現在我們知道胎兒可以聽得見母親的聲音，但是，托馬迪斯當初說一個蜷縮在子宮內逐漸成熟的胎兒，形狀就像隻耳朵——可以聽得見聲音和辨識出母親的聲音——那時，醫學院的教科書仍然白紙黑字地教導學生「胎兒、甚至剛出生的嬰兒是沒有覺識的」，直到一九八〇年代初期，教科書的這種說法都沒有動搖過。當時的學者專家都認為，嬰兒的神經系統尚未發展完成，胎兒更像隻無智的蝌蚪。

八〇年代初期，科學家——尤其是多倫多的精神科醫生維尼（Thomas Verny）——才透過蒐集很多資料，證明胎兒在子宮中並不是一無所感的。在此之前，只有一些母親（她們相信唱兒歌給胎兒聽有益胎兒）和少數的心理分析師（包括英國兒童心理學家、精神分析學家溫尼考特〔D. W. Winnicott〕）認為胎兒是有感覺也有知覺的，而佛洛依德和倫克（Otto Rank，奧地利精神分析學家，主張出生是個大創傷）兩人都認同這個說法。托馬迪斯在新生兒神經學家湯瑪士（André Thomas）的研究報告上，讀到胎兒是警覺的，因為胎兒雖然聽到很多大人談話的聲音，卻只注意聆聽母親的聲音，托馬迪斯因此認為，這就表示胎兒在子宮中就可以分辨出母親的聲音。

托馬迪斯如此寫道：「我的早產兒經驗常常湧出，引導我的自我發現。」他在一九五〇年代很想了解聽覺的本質時，還特地製作過一個人工子宮，裡面裝滿了水；為了測知胎兒在母親肚子裡聽到的聲音是什麼樣子，他在這個人工子宮中裝了防水的麥克風，然後播放懷孕婦女肚子上所錄到的聲音。後來他聽到深沉的撫慰的聲音、從小腸來的聲音、水的波動聲、母親有節奏的呼吸聲、心跳聲、從遠處背景傳來的模糊不清的說話聲。他由此看出，早產之所以會是個情緒上的創傷，部分原因便來自突然失去了這些聲音；所以他建議，醫院應該把母親的聲音再用管子輸入早產兒保溫箱來撫慰早產的嬰兒，有些歐洲醫院也真的採用了他的建議。為了幫助那些打從嬰兒期就有聽力困難的人，他開始在電子耳中放進母梘的聲音，把它過濾得聽起來就像胎兒在子宮中聽到的聲音。

一九六四年時，科學家又發現，懷孕中期時胎兒內耳的骨頭就已經長到成人的大小了，此時聽神經已經發展完成、可以傳遞訊息，大腦中處理聲音的顳葉也幾乎可以使用了；3D的超音波和監控胎兒心跳、腦波的儀器，在在顯示胎兒會對語音起反應。最近的實驗更顯示，胎兒可以區辨母親和別人的聲音：基西列夫斯基（Barbara Kisilevsky）和她的同事，在六十位懷孕的母親（平均懷孕三十八·二週）肚皮上十公分的距離，播放母親聲音的錄音帶時，發現胎兒心跳的速度加快了，但如果播放陌生人的聲音，就沒有反應。最近的研究也確定了湯瑪士的發現：初生嬰兒喜歡母親的聲音；在懷孕的最後六週裡，胎兒都比較喜歡母親念過的故事書而不喜歡新的故事書。剛出生的嬰兒就能區辨他的「母語」——他在子宮裡時聽到的母親所說的話——和其他語言，而且出生前神經迴路就對母語敏感得多。

托馬迪斯認為，胎兒耳朵早在出生前四個半月就已經有功能了，這使他們「依附著」（attached）聽得見但聽不懂的那個嗡嗡作響的語言。有些人因此反問：「這不就代表孩子和母親的接觸主要是物理上的嗎？」對此問題，他回答道：「語言也有物理的向度，藉由振動附近的空氣，語言充當了一隻看不見的手，讓我們可以用它來接觸聽我們說話的人。」

馬道則是這樣說的：「**我們不是直接與人產生聯結，而是透過語音這個媒介與人聯結。大腦是個工具的使用者，語音就是一種工具。**」每一個尚未出生的胎兒，都先會在子宮中聽到很多低頻率的聲音（如心跳和呼吸的聲音），然後才偶爾會聽到母親那同樣低頻又雜有高頻的聲音。

馬道接著說：「我們可以想像胎兒想要與他認同的母親聲音第一次『連接』的努力，但是母親的聲音不像收音機那樣『打開』就有，而是胎兒無法控制的，只能靜候聲音自己來臨，才滿足得了這樣的渴望。所以他人生的第一個動機就是生出來，因為一出生他就能得到第一個滿足——再次聽到那個聲音的喜悅。一開始的寂靜『對話』給了胎兒聽的能力……許多感覺到這個需求的母親，因此和她還未出生的孩子無聲對話，一遍又一遍地唱同一首歌……還未出生的孩子雖然不了解母親聲音中所蘊含的訊息，卻很能了解訊息裡的情緒。」

威爾對聽力治療起了很大的反應：他睡得比較好，肯說話，並形成比較親密的情緒連接，而且能夠調控他的情緒。到此為止，他正好完成第一階段十五天的被動治療，所以馬道說威爾需要給大腦六週時間來固化他所學到的東西。他的大腦會持續發展，但是當他開始初次與別人溝通時，也會發展出新的挫折；很矛盾的是，這個改變正是他有進步的象徵。

當他們一家回到英國時，威爾的改善確實沒有停滯，詞彙進步到二十二個，睡眠好得不能再好，胃口增加了，許多奇怪的症狀都消失了：不再以重物壓擠自己，不再一直繞著家具跑，不再從不同的角度看東西，或是一直不停地開門又關門。那些以前他從來不肯把玩的玩具，也可以正常地耍玩了。

六週後，也就是二〇一一年五月，他們又回到多倫多接受第二段也是十五天的療程。威爾再次聆聽過濾過的聲音，但這次的錄音帶裡加入了過濾過的、他自己唱歌或說話的聲音。在這十五天當中，他的詞彙又增加了，更能夠和別人溝通，也比上回更安定。因為能和自己的情緒和思想溝通，所以他不再亂發脾氣或咬自己，而且莉茲也能和他講道理。他進步到可以玩角色扮演和假裝玩耍，想像力大幅進步；在聲音的刺激喚醒了大腦後，他也首度發展出嗅覺。

但也如同馬道的預測，他常常感到挫折。在開始第二段治療的第二到第三天，一剛開始嘗試與人溝通時，要是父母親不能馬上了解他的意思，他就會大發脾氣；這是因為，初嘗溝通滋味的他極其渴望溝通。但在一個月後，他的這個挫折卻也消失得和出現時一樣快。

「馬道說，他到耶誕節左右就應該能說完整的句子。」威爾的父親佛瑞德說：「果然，在耶誕節前一週，他做到了。」

馬道設計了一個叫做 LiFT（Listening Fitness Trainer）的攜帶式電子耳，他讓莉茲帶回英國使用，再以即時通訊軟體Skype和他們保持聯絡，隨時修改威爾的療程。到二〇一二年下半，英國的語言治療師宣布，威爾的語言、口語和理解力已到達四歲兒童的程度。經由馬道的協助，威爾在那十八個月裡的語言進步幅度其實超過四年，因為他已經達到可以讀、而且理解的六歲孩子程度了。有一天，聽到威爾讀出「科學家」這個字時，佛瑞德充滿驚喜，也不禁要想：「兩年前的他甚至不會說話！」九月時，英國的小兒科醫生向他父母道歉，說她「完全錯了」，承認威爾的進步徹底出乎她意料之外，所以她現在會介紹像威爾這樣的孩子去接受聆聽的治療。

毫無疑問，這位小兒科醫生一開始的評估——威爾不可能進步——主要是來自她以前念書時被教導的、大腦是不可以改變的教條；事實上，現在還是有人這樣認為。如今被救活的早產兒比過去多了很多，但還是有百分之二十五到百分之五十的早產兒（因為沒有接觸聆聽治療的機會）有認知和學習上的困難、注意力不足、社會互動的問題——往往還有腦性麻痺。主流的醫學觀點一直都認為，這是因為神經細胞死亡的緣故。

但是迪恩（Justin Dean）和貝克（Stephen Back）二〇一三年的研究卻顯示，即使羊的胎兒在母羊子宮中大腦缺氧，這種大災難也不見得就會殺死小羊大腦的神經細胞，雖然那的確會減少神經元的分枝和神經元之間突觸的連接，讓這個被剝奪氧氣的羊胎兒有比較小的大腦，但是之所以小並不是由於缺氧使神經元死亡的關係，而是因為神經元之間的連接比較少。這些神經元的樹狀突比較少，也就比較不能接受別的神經元傳送過來的訊息，神經元之間的突觸也比較少，無法讓神經元恰當地成熟。迪恩和同事的結論是：「我們的發現挑戰了目前的假設，即早產兒的認知和學習困難是來自因為神經元退化而不可逆轉的大腦損傷。」

即使沒有缺氧，早產都會使神經元之間的連接變少，因為懷孕的最後三個月，是胎兒大腦快速發展並增加神經分枝的時候；而這最後的三個月，也正是早產兒不幸提早離開子宮的時候。問題是，主流派的醫生所接受的訓練裡，都沒包括使用心智活動或感官刺激來「連接」那些沒被接上的神經元，幫助它們成熟，訓練它們同步發射，因為「同步發射的神經迴路會同時連結」。一直等到托馬迪斯和馬道這樣的專家出現後，才設計得出刺激神經元發射、促使彼此連接的方法，因為這些早產兒每一天的經驗——威爾就有很多——帶給他們的神經刺激就是不夠，在能好好利用每一天的生活經驗去刺激神經元、使它們成熟之前，他們都必須先經過我前面描述的階段：頭幾天他需要神經刺激，喚醒這個會開啟他大腦神經調控的部件；他得到神經刺激之後開始睡得比較好，而這個神經放鬆的階段使他得以累積能量，快速地在語言發展上大步邁進，也增加了感覺區辨——神經分化的象徵——的能力。

二〇一三年六月，威爾又回到多倫多的聆聽中心接受他的第三次治療。我們大家都在感覺室裡，到處是鞦韆、吊床，質感各異其趣的玩具，威爾戴了耳機在聽過濾過的音樂，有著天使般天真無邪的臉龐，是個可愛的、令人卸盡防備、滔滔不絕說話的小男孩。

他一看到我，馬上跟我打招呼：「哈囉！」眼睛看著我。一名工作人員妲娜（Darlah）跨站在放置於地面的鏡子上，拿著一罐乳液問威爾：「我們今天要擠幾次？」

「七次！」他很高興的回答：「我可以塗它溜冰嗎？」

「可以。」她脫掉威爾的襪子，擠了七滴乳液在鏡子上，威爾就這麼站在很滑的表面上移動雙腳。他很快就跌倒了，笑著爬起來時，乳液沾得滿身都是。這個曾經不能忍受手上有任何黏答答的東西的男孩，如今卻若無其事地一起身就在室內奔跑。

威爾正在學習的，是統合他的感官感覺、動作的輸入、平衡和眼手協調。從他對聲音和觸覺超級敏感的現象，就可以看出他有感覺統合的問題，所以才會需要不停地動。另外，威爾的手眼協調也很差。

在協助不會說話、語言能力不成熟或遲緩的孩子時，馬道便已發現，讓孩子戴著電子耳坐在鞦韆上再推動他們，可以刺激他們的語言，表示語言能力和前庭及耳蝸有關。根據他的觀察，動作通常會促發語言，比如當母親把孩子抱在腿上上下震動時，其實就是在刺激孩子的前庭系統，為他以後的開口說話做準備。

托馬迪斯強調，我們有兩個聽到聲音的方式。第一種方式，是空氣傳導聲波到達我們的耳蝸，這叫「空氣傳音」（air conduction）；第二種則是聲波直接震動頭骨的骨頭，把聲音傳到耳蝸和前庭，這叫「骨頭傳音」（bone conduction）。托馬迪斯由此發現，用骨頭傳音的方式最能刺激前庭，因為它傳遞低頻的效果特別好；所以，他在電子耳的耳機上加放了一個可以緊貼在腦殼上的小小震動器

——威爾的耳機上就有一個。這個震動器對前庭系統的影響是，使得威爾大幅減少他在看物體時必須一直跑的需求，因為他的前庭不再渴求刺激了。威爾先前就是因為前庭功能不彰才需要動個不停，現在這個問題解決了，他覺得身體很自在，動作不再那麼笨拙，也更有腳踏實地的穩定感。

聆聽中心用客觀的測量來監控威爾前庭的功能。有著健康前庭的人，如果坐在旋轉椅上快轉一會兒之後突然停住，他的眼睛還會朝相反的方向轉上很多次；這種「旋轉後眼球震顫」（postrotary nystagmus）是正常人的反射反應，因為我們的前庭會偵察身體的運動，傳送訊息到眼球，重新調整眼球的方向。但是，許多發展遲緩和自閉症的孩子都沒有這個「旋轉後眼球震顫」的現象，比如妲娜第一次旋轉威爾時，他的眼睛就是靜止的，沒有跳動；但是，兩天前妲娜又旋轉威爾時，他卻說：「我覺得很奇怪。」他的眼球有生以來第一次震顫——表示他的前庭開始工作了。妲娜便問威爾「很奇怪」是什麼意思時，才知道原來威爾覺得暈眩，而這對他來說是個全新的經驗。

這次再來多倫多之前，威爾必須切除扁桃腺。因為任何手術都會引發他以前手術的創傷記憶，威爾的行為因此退步了。莉茲說：「昨天他跌倒了，而且還問說，『為什麼你要讓我摔跤？』」

「一有什麼狀況，他責怪的都是媽媽，從來不會責怪我。」佛瑞德很不解的說。

「這種話我已經聽過無數次了，」馬道說：「從一個受苦孩子的觀點來看，媽媽是他受苦的原因——因為媽媽是給他生命的人，所以生命裡的痛苦也都是她給的。這常使母親覺得有罪惡感，其實大可不必。我們想盡了各種方法，比如讓母親透過諮商輔導以去除這種罪惡感，但是穩住孩子的方式也是用母親的聲音，因為在那種情況之下，母親的聲音最能撫慰孩子。」所以馬道把莉茲的聲音放入威爾正在聆聽的錄音帶中，果然很快就使他安靜下來。這個過濾過的聲音之所以有這麼大的能力，是因為它會讓孩子覺得生命的苦難尚未到來，自己仍然活在子宮這個安全的地方。

兩天後，威爾在聆聽中心迎接了他的五歲生日，不但已願意開口說話，詞彙還相當豐富。當妲娜帶給他兩袋生日禮物時──都是他在感覺室中喜歡的玩具──他說：「我沒有想到『這個』耶！」然後便給了馬道一個大大的擁抱，再去飲水機處喝了一口水，喝完後要丟掉紙杯時，他看著並排放的兩個垃圾桶，還大聲地念出：「飲水杯回收桶。」

蛋糕端出來時，他笑著大喊：「Hip, hip, hooray! A big hooray!」（譯註：這是英文的歡呼詞，很像中文的「加油！」或是「萬歲！」）用的是英國小男孩的口音，還手舞足蹈地高喊：「這是白蛋糕！」（譯註：美國的超級市場都有出售盒裝的蛋糕材料，買回家後加蛋、加油、烤一烤就是蛋糕。這類盒裝蛋糕通常有兩種，一種叫白蛋糕，烤出來是白色的，另一種叫黃蛋糕，烤出來是黃色的，其實原料沒什麼差別）又叫又笑地吹熄蠟燭後，他問莉茲：「我們要一起吃嗎？」暗示她可以切蛋糕了。

莉茲說：「昨晚他對我說：『媽咪，明天早上我會變大一點嗎？』我說：『那你要先去照一下鏡子。』早上起來他果然跑去照了鏡子，然後說：『你看，我的脖子變長了！』」他現在是一個快樂的孩子──會開玩笑了不是嗎？只要沒有人限制他的身體（還記得他小時候，八個大人才能把他綁住嗎？）他怎麼看都是一個外向、快樂、可愛又充滿了愛心的孩子。

威爾現在已經上公立的小學了。

非常為威爾高興的馬道身體傾向我說：「我同意神經可塑性是大腦在任何時間、任何年齡都能改變的能力，但是，如果你有機會在生命的早期就運用它——就像我們對威爾所做的——你就可以給他比生命後期再做多了許多的幫助。假如再拖上十年，他的大腦受損的情形會比現在嚴重很多。晚個十年，我們還是有能夠幫助他的地方，但是這個孩子就得再多掙扎、受罪很多年，會完全失去感覺，無法講出完整的句子，無法表達他的感覺和需求，而這些經驗會累積起來，把他自己鎖在裡面。」

今天晚上，莉茲、佛德瑞、威爾和他的小妹妹就要回英國了，家鄉的親戚都難以置信，「他們無法理解，」莉茲說：「只因為威爾聽了過濾過的莫札特、葛利果聖歌和他母親的聲音，就改變了他的生命？不可能。」

佛德瑞接著說：「對我們來說這就像個奇蹟，卻又無比真實。所有的專家、醫生——除了彼得・白蘭斯——都說他的大腦受損了，這輩子的智商只能有十八個月大嬰兒的水準。大部分人也都會接受醫生的這個說法，只有她——」他用顫抖的手指著正抱著一歲女兒的莉茲，「不相信。」

我轉頭過去看莉茲時，她正把健康的寶寶放在腿上，上下抖動。莉茲有著一頭金髮和一雙誠摯的眼睛，穿著流行的破牛仔褲，看起來就像五歲兒子生日宴會上常見的普通媽媽；只不過，這是一個非比尋常的五歲生日。

Ⅲ由下而上重新建構大腦

自閉症、注意力缺失和感覺統合失調症

一百多年來，大部分的神經科學家都同意大腦有「頂部」「底部」，但究竟哪裡才是分界點卻始終言人人殊。不過大家也都同意，前面那層薄薄的大腦——額葉皮質（frontal cortex）——是「最上面」的腦；這個額葉皮質區處理的是高層次的人類特質，例如推理能力、計畫、衝動控制、長時間的集中注意力、抽象思考、作決策和想像別人在想什麼、別人感受到什麼等等。這個地方受損的話，所有的心智功能都會出問題。

由於許多童年期的精神疾病都會影響這些「高層次」能力，治療的方法也因此都針對額葉結構；只不過，這些治療法都看不到什麼成效，所以一般來說目標都只放在控制症狀或減輕症狀，而不是治癒大腦或永久性地排除問題。在這一章中，我要用不同的方法讓各位看看，聲音治療法如何由下往上地重新為大腦配線，而且治療的效果還常常是永久性的。聲音治療法之所以沒能得到應有的關注，其中的一個原因是大家都沒有好好研究過皮質下的大腦（subcortical brain）。sub 是「底下」的意思，表示這部分的大腦位在皮質下面，解剖學上是比較低的，或說偏向底部的地方。

很不幸的是，很長一段時間，這個地方都被認為沒有皮質重要，理由是：第一，它埋在大腦的深處，二十世紀的科學技術很難碰觸得到，所以很難好好觀察，也就不容易明瞭它的重要性。第二，它是很多低等動物都有的大腦部位，這些動物都沒有一如人類的「高等」思考能力，所以就被認為是個比較簡單的大腦部位。演化的過程發展出薄薄的皮質，一層又一層地「覆加」上去，而且因為只有比較進化、比較聰明的動物才有皮質，所以大家就假設這個聰明是來自皮質了。人類的皮質比任何動物都大，因此，假如某個人有了複雜思考能力方面的問題，一般也就先假設是他的皮質出了問題。

這個推論的錯誤之處，是假設當演化發展出一個新的結構時，只是把它加在舊結構之上，而且獨立於它之外運作。但是，真正的情況其實是，當新的結構出現時，舊的就必須適應它，新的結構也會修飾、改變舊的結構，使新舊能夠一起運作，人才能存活下去。最近針對動物或人類的研究都已發現：**當皮質變大時，皮質下的結構也會跟著大幅成長，而且會改變自己來適應新加覆的皮質**。又一次，證明了前面提過的區域功能特定論走得太過頭，也就是皮質中心說（cortico-centric view）其實沒能合理解釋皮質下的貢獻。只要看看皮質下被聲音刺激時可以導致多麼令人驚訝的「高層次」心智功能的改進，我們就能知道，所謂的上腦部和下腦部其實本是一體、牽一髮而動全身的。

自閉症可以痊癒嗎？

許多人可能都會認為，威爾許多不同的發展問題都源於他是自閉症患者。問題是，讓他受苦受難的並不是自閉症的常見症狀，比如因為不能理解別人的心智，使自閉兒對別人不感興趣；不論自己有多不舒服，威爾始終都在尋求與別人的連結。有些孩子，雖然也會在年紀很小的時候顯得沒興趣與別人連結，但那個現象長大一點後多半會自動消失。

喬丹・羅生（Jordan Rosen）是個健康的、聰明的寶寶，就發展上來看，和他的兩個兄弟一樣正常；他的父母親是有一點擔心，因為當別的孩子在這個年齡已經會講五、六個字的時候，他還只能發出嬰兒的咿呀聲。但是，十八個月大接受疫苗接種後一週，他得了嚴重的腸胃感冒（stomach flu；譯註：一種病毒感染的疾病，會讓人上吐下瀉），之後便不再與人有眼神上的接觸，有人呼喚他的名字都不回應，也不再能理解別人臉上的表情。他不再玩遊戲，失去所有和別人產生情緒連結的能力，他的媽媽達琳（Darlene）注意到他好像不了解別人心中在想什麼，也似乎沒有感同身受的能力，對待人就好像對待沒有生命的物體一樣。

再長大一些以後，假如他想喝水，就只會拉著媽媽的手走到冰箱，彷彿她的手只是個開冰箱的工具；喬丹的個性也變得冷漠，明明和父母待在同一個房間中，卻表現得好像除了他之外沒有別人在那裡。聽到某些歌曲時，他會用手蓋住耳朵尖叫，繞著房子跑。他變得暴躁易怒，無法管教，也不接受撫慰，會用頭去撞牆和地板，有時也會撞他的媽媽；更因為他會咬別的孩子，後來就連托兒所都不讓他去了。醫生原本不相信一個孩子可以哭鬧、發脾氣這麼久，達琳只好錄影下來給醫生看。都三歲了還說不出一句像樣的話，語言治療對他毫無效果，所以醫生說他可能永遠都不會開口說話。一位發展兒科醫生，同時也是多倫多克拉克精神病學院（Clarke Institute of Psychiatry）的兒童精神科醫生診斷他為自閉症。

看過他的醫生裡，有一位這麼寫道：「喬丹在語言和非語言的溝通上都有很大的缺陷，同時在互惠的社交互動上失功能。」這些問題確實都是自閉症的核心症狀。另外，「他的活動種類非常有限，興趣只在幾種強迫性行為上。」意思是說，他只會一直重複做同樣的行為——這是自閉症的另一個核心特質。他對某一卷錄影帶的強迫性重複觀看，強烈到他媽媽只好再買另外一卷一模一樣的影片，因為他連迴帶的那一點時間也無法忍受，會邊等邊大哭大鬧。

醫生告訴這對父母，他們的孩子已經無藥可救，最多就是這個樣子了，很可能終身都得住在教養院中。我在觀看喬丹十八個月以前拍的相片時，看到的是一個快樂的寶寶，兩眼發光；但那之後的照片中，他的眼睛全都黯淡無神。

就連自閉症兒童父母的支持團體，也一直向喬丹的爸媽強調，自閉症孩子就是這樣，別指望再有什麼改善了；雖然有一個人提到馬道的聆聽中心，其他人卻馬上嗤之以鼻，認為那是不切實際的想望。但是，達琳只要有任何希望都想試試，因為她是個樂觀進取的人；在她看來，雖然她的兒子就像很多自閉症的孩子一樣不能聽也不能說，卻對聲音超級敏感，或許聆聽中心會有幫助。

喬丹到馬道那裡時已經三歲了。馬道眼裡的他，是一個無法說出稱得上語言的孩子：喬丹會說的那幾個「字」，其實不是用來溝通的，而是無關情境、偶然出現的聲音，喬丹更只把它們拿來吵鬧。

在接受聆聽治療——包括他母親的聲音——之後，他開始說話，行為也正常了，後來只要每半年再到聆聽中心強化一下就可以。最後，喬丹不但進入正常學校就讀，交了好些朋友，還以優異的成績從高中畢業，上了哈利法克斯大學（University of Halifax）。

二〇一三年十二月我找到了喬丹，想看看後來的他發展得如何；馬道則從一九九〇年代中期起就沒再見過他了，那時是他最後一次到中心接受治療。現年二十三歲的喬丹，是一個口才便給、英俊瀟灑的年輕人，雙眼炯炯有神，跟我有說有笑；他已經念完管理和全球化的學位，而且還笑著對我說，「大學生涯讓我認識了很多不同地方、不同文化背景的人，是我一生中最美好的時光。」他很重視友誼，雖然已經搬回多倫多的老家了，卻仍然和哈利法克斯大學的同學保持聯絡，也新認識一些本地的朋友。「我和家人的關係也很親密。」他的語言發展得很好，說話風趣又有智慧。

喬丹目前的工作是後勤供應性質的，為了把產品從一個國家運到另一個國家去，必須和世界各地不同文化、不同個性的人溝通，很需要外交技巧和詞令。我問他有沒有碰過「很難相處的人」，他的說法是，假如不得不批評對方時，他會先保護那個人的自尊，先說他的長處；要是那個人特別難纏，他就會先找出和那個人當朋友的方法，「反正你永遠都有生氣這最後一招可用。」這樣的話竟然出自一個曾經不停以頭撞牆的孩子之口，真是令人驚嘆。別人心裡究竟在想什麼，他顯然了然於胸。

喬丹完全沒有接受聆聽中心之外其他的治療——除了那些白費力氣的語言治療之外。十六歲時，他寫了這麼一首詩：

醫生說我是自閉症
說我把自己鎖在殼中
說我已經無可救藥
只能把我關在精神病院中

喬丹不但沒進精神病院，反而成了從自閉症中破繭而出的青年；以他的例子來說，他無可置疑地是被「治癒」了。馬道本人並沒有宣稱他治癒了這些自閉症的孩子，但是他也的確發現，大部分的自閉症病人都可以透過聆聽治療來改進自己的人生；根據他的估計，雖然很多兒童還是解除不了某些症狀，但聆聽依然大約可以幫上三分之二自閉症兒童的忙。

提姆（Tim，化名）就是一個比喬丹更典型的例子。他的改善也很大，但是仍有一些自閉症的症狀。一如喬丹，提姆剛出生時也是個健康活潑的寶寶，在十八個月大時顯現自閉症狀：開始對周遭的人失去興趣，不再回應別人對他的呼喚，不和別人做眼神的接觸，也不再玩正常的遊戲，日復一日、越來越憤怒，三歲大時就已經完全縮進自己的世界之中。他的爸爸和媽媽桑德拉（Sandra，化名）都心知肚明，他們正失去這個孩子，「我們只希望還能和這個孩子保有一絲連繫。」所有自閉症的核心症狀他都有，因此好幾位專科醫生都診斷他為嚴重自閉症患者。桑德拉告訴我，醫生是這樣對他們夫妻說的：「他不可能過正常人的生活，上正常人的學校，或者接受任何工作訓練。」

進入聆聽中心沒多久，提姆就安靜下來了。啟動療程的第一天，他就不再動個不停；第二天結束後，他整整安睡了十個小時，是他十八個月大以來睡得最久的一次；第三天，桑德拉對我說：「他變得像是個完全不同的孩子。我先生下班回來時，提姆甚至走過去抱他，這是他自閉症發作以來的第一次。」提姆的進步很緩慢但也很穩定，前後花費了好幾年時光，但每年也只需要到聆聽中心找馬道一次，花十個小時聽錄音帶、接受口語表達的訓練，並接受成長過程中每個階段——尤其是青春期——新出現問題的協助。聆聽治療並不是只讓孩子戴上耳機就好，還需要像馬道這樣的專家在旁邊指導，因為他們非常了解如何連接自閉症者的心智，怎麼化解其他學習障礙上的問題。

提姆從上課時需要個別協助，漸漸進步到自己可以獨立學習。十七歲時，他已變成一個各科都能拿A的好學生，甚至包括英文——對一個曾經失落語言能力的孩子來說，這是很驚人的成就。他有個感情穩定的朋友，且逐漸朝離家獨立自主生活邁進，已從嚴重的自閉症進步到輕微的自閉症，還馬上就要和其他同齡人一樣從高中畢業，為自己找份工作。他的父母親本來「只希望和他有點連繫」，現在已然成真。

即便自閉症不可能治癒已成共識，哈佛大學醫學院小兒神經科醫生、《自閉症革命》（*The Autism Revolution*）一書的作者赫伯特（Martha Herbert），卻也記錄過好幾個自閉症兒童進步到堪稱改寫人生的個案。「幾十年來，大部分的醫生都會告訴家長，自閉症是存在孩子大腦中的基因問題，」她寫道：「所以……他們都要有心理準備，寶寶的問題會跟著寶寶一輩子。」但根據她的研究，自閉症其實是一個動態的歷程，不只是基因上的問題，也不只是大腦中的問題，既不是由單一事件所引起，也不會永遠無法改善，尤其假如從孩子很小的時候就開始治療的話。

某些案例裡，自閉症從一出生就看得出來。但如果孩子罹患的是退化性自閉症（regressive autism），嬰兒階段的心智發展就都會看似正常，直到兩、三歲時症狀才開始浮現。

自閉症的發生率，如今也有越來越高的趨向。五十年前，五千人中大約只會有一個；但二〇〇八年時，根據美國疾病管制中心（Centers for Disease Control, CDC）所公布的發生率，已經是每八十八人中就有一個，二〇一〇年時機率更升高至六十八人中就有一個，男性尤其危險，每四十二名男孩中就有一個。雖然這個數字很可能是因為現今的醫生已經都很清楚什麼叫自閉症，所以看診時比較能看出眼前的孩子是不是自閉兒；但是，治療這些孩子的醫生卻也都覺得，很多孩子是後天發展出這個病來的。由於罹病率上升得太快，所以不可能用基因來解釋——基因的問題，要經過好幾個世代才會展現出來。赫伯特的看法是：「和自閉症有關的基因有幾百個，但大部分都不是主要症狀的來源，很多基因只會製造出容易受傷害的情境……即使是很可能引發自閉症的基因……影響到的也只有自閉症總人口數的百分之幾而已……有些同樣有這些基因的人根本沒有自閉症。」

基因使得孩子面臨自閉症的威脅，但開啟這些基因、使它變成疾病的主因卻通常都是環境因素；很多這一類的因素會啟動孩子的免疫系統，使它釋放出抗體，製造大腦的慢性發炎。許多自閉症孩子都有免疫系統不正常的現象，而且大多是免疫系統過度活化，使得他們容易腸胃感染和發炎，對食物過敏（通常是對穀類、麩質〔gluten〕、乳製品和糖）。抗發炎的藥物，則已公認可以降低自閉症的症狀；沒錯，導致自閉症的還有非發炎的因素，如化學缺陷，但透過發炎顯現出來還是最主要的原因。赫伯特舉出非常多的例子，全都顯示妥當處理發炎問題後，孩子自閉症的症狀就減輕了很多。以其中一名男孩卡力伯（Caleb）為例，他本來有很多發炎和感染，但因為他母親限制了他飲食中的麩質，卡力伯的自閉症就突然在他十歲時銷聲匿跡。

另一個因素，是同樣也會刺激大腦、引起發炎的毒素。今日的寶寶，大多還在母親肚子裡就接觸得到毒物，也往往一出生就被污染了；剛剛出生的嬰兒，臍帶血中平均有二百種主要的化學毒素，包括一些早在三十年前政府就明令禁止的毒素，很多還是作用直接的神經毒。因為這些毒素是身體中的異物，當然也就會啟動身體的免疫系統反應。

發炎的大腦神經元連接不起來

自閉症並不是我們過去所以為的、只會損傷大腦的疾病，赫伯特已經證明，自閉症也是一種會影響大腦健康的全身性疾病。身體的慢性發炎對全身的器官都有影響，包括大腦在內。二〇〇五年，約翰霍普金斯大學（Johns Hopkins University）醫學院的團隊就已證實，自閉症患者的大腦經常處於發炎狀態之下；死後的解剖更發現皮質和軸突都有發炎現象，小腦尤其嚴重，而這個皮質下的區域和前庭關係緊密（前庭又正好是聲音治療的目標）。我在第四章和第五章裡，都有談到小腦和思想、動作的密切關係。新版的聲音治療，也有針對小腦的刺激。

從二〇〇八年以來，已經有五個研究顯示孩子身上的抗體來自母親，而且，當他們還在母親的肚子裡時，這些抗體就已經開始攻擊他們的大腦細胞了。其中的一個研究發現，百分之二十三的自閉兒母親身上帶有這些抗體，對照組——也就是沒有自閉兒的母親——只有百分之一身上帶有這些抗體。科學家至今仍不很明瞭是什麼因素激發了這些抗體，但很有可能是母親暴露在有毒的環境中，或因發炎而改變了她的免疫系統。當實驗者把這種抗體注射到懷孕的母猴身上時，牠們所生下來的小猴便顯現出類似自閉症兒童的行為；自閉症兒童的血液中，也都發現了高比例的抗體，但究竟這些抗體是否來自施打疫苗則目前仍有爭議。

赫伯特的理論是這些壓力和發炎影響到大腦，損傷了神經元；她認為，大腦發炎會產生廢物，這些廢物和死去的細胞都必須清除，負責這個功能的則是大腦的膠質細胞，一旦膠質細胞工作量過大、不勝負荷時就會腫起來，不能恰當地支持神經元所需的營養，供給神經元的血液變少，細胞中的粒腺體就有壓力。最後，沒能得到膠質細胞合理、恰當支援的神經元就開始「閒置」（idling），也就是無所事事、不務正業了。這些神經元雖然不再正常地發揮輸送訊息的功能，卻仍然在發射，只是變得過度興奮或節律異常，所以送出去的都是噪音。赫伯特指出，當膠質和神經元系統工作過量時，大腦就會釋放出大量的麩氨基硫（glutathione），而麩氨基硫本來就是神經元的興奮劑，神經元過度興奮大腦就對感官刺激過度敏感，造成了嘈雜的大腦。

慢性發炎會干擾神經迴路的正常發展，大腦掃描顯示，許多自閉兒的神經迴路都「連接不足」，大腦前區的神經元（處理目標和意圖）和後面的神經元（處理感覺）連接得很差；但是，其他大腦區域卻又「連接過度」，這會導致抽搐、痙攣，所以自閉兒也常有這些症狀。連接不足和過度連結綜合在一起，也會使大腦不同區域的活動很難同步發射。綜合來說，自閉症就是基因上的危險因子和很多環境上的誘發因素的共同產物，有時會在孩子還未出生就影響他，有時則發生於出生後，而免疫系統的反應和發炎則是主要原因。這些因素加成起來，超越了一個發展中大腦的負荷能力，所以神經元沒有恰當的連接，就無法與別的神經元好好溝通了。

神經科學家最近對自閉症的大腦連接知道得比較多了，所以了解為什麼聆聽治療會有效。二〇一三年七月，史丹佛大學的一個研究團隊，在亞伯拉罕（Daniel A. Abrams）和孟能（Vinod Menon）的領導下，發現自閉症兒童的聽覺皮質與大腦皮質下的報酬中心連接不足。當一個人完成一項作業時，報酬系統應該會活化，分泌多巴胺，產生好的感覺，強化再去做這件事的動機；但這個研究用了核磁共振去看大腦各個地方的連接時，卻發現自閉症兒童左腦的語言區（處理比較抽象的語言部分）和右腦的語言區（處理語言中音樂和情緒的部件，叫做韻律〔prosody〕）與大腦報酬中心的連接不足，所以孩子說話時感受不到那是件愉悅的事，就不想與人溝通了。

聆聽療法如何治療自閉症

我認為，失去說話的愉悅對孩子和父母之間的聯結（bonding）有很大的影響。肯納（Leo Kanner）一九四三年率先描述自閉症時，就注意到這些孩子對人的聲音漠不關心，沒有興趣，也不會想說話；他的一個小病人「在別人跟他說話時，臉上沒有表情」。現在，我們已經很清楚聲音在親子聯結上扮演著重要的角色，對聲音的冷漠自然會影響親子的聯結。二〇一〇年有一個研究顯示，當一個非自閉症兒童感受到壓力時，一聽到母親的聲音，大腦就會立刻分泌催產素（oxytocin，又叫激乳素）；催產素會馬上使孩子安靜下來，產生溫暖的情緒，增加信任和溫柔的感覺，使親子緊緊結合在一起。父母的聲音會安撫孩子，提升溝通能力的發展，但自閉症孩子大腦中的催產素濃度非常低（為什麼這麼低的原因尚未找到，我懷疑那是因為催產素是身體的次級需求：對許多孩子來說，他們的聽覺靈敏度使得聽人說話變成一件痛苦的事，導致他們聽覺皮質和報酬中心的連接不夠緊密），不管原因是什麼，這個現象都使自閉症兒童與父母之間沒有「聲音的聯結」。

雖然很多自閉症兒童對語音的愉悅感都很冷漠，卻不是對聲音沒有感覺，大多還是因為對聲音超級敏感，所以常常用手蓋住耳朵，神經系統也因而進入戰或逃的模式。要了解為什麼會有這種反應，以及音樂如何幫助母親和自閉症孩子的聯結，演化上有幾個關鍵點需要說明一下。

神經科學家波格士（Stephen Porges）發現，某些聲音的頻率範圍和我們的安危感有關。每一個物種都有牠的天敵，而獵食者所發出的聲音會啟動被獵者戰或逃的反應，所以牠們的聽覺皮質和大腦中的威脅系統都有直接的連接；這就是為什麼，突如其來的巨大聲音常會激發我們立即的焦慮。物種同時也演化出以獵食者耳朵所聽不見的音頻來溝通，比如爬蟲類是以獵食中等大小的哺乳類動物為生，所以聽不見人類說話的頻率。

當人覺得安全時，副交感神經系統就會關掉戰或逃的反應，同時開啟「社會連結系統」（social engagement system）**和中耳的肌肉，使人們可以互相交談，彼此連繫。**副交感神經系統之所以有助我們的連繫，就是因為它能把大腦中控制中耳肌肉的神經調整到可以接收別人說話時比較高的頻率，以及啟動聲帶和臉部表情的肌肉。進入「副交感神經模式」的人，就會有安定的、平靜的和與別人有關係的感覺。

托馬迪斯也發現，許多自閉症、學習障礙、語言發展遲緩的孩子，都聽不到人類語言的頻率（多重耳朵發炎的孩子也不能）；這是因為他們不能用中耳的肌肉濾除低頻的聲音，而如果低頻的聲音很大，就會遮蓋過高頻率的聲音，使自閉症的孩子對聲音超級敏感，尤其連續性的，如吸塵器和鬧鐘發出的聲音。對人類來說，低頻率的聲音本就會使我們焦慮，因為它使我們想起獵食者，這些孩子也因為受到聲音的凌虐而一直停留在戰或逃的階段，無法啟動社會連結系統。所以，訓練控制中耳的肌肉就可以減少超級敏感的強度，增加社會連結，使這些患者和別人在一起時覺得愉悅。

波格士、托馬迪斯和其他人的發現，在我看來正代表著現在是我們應該重新思考自閉症核心症狀是「沒有同理心、不能了解別人心中所思所想」理論的時候了，因為自閉症的孩子顯然並非全部都如此；那些不停受到自身感官霸凌、轟炸，一直處在戰或逃狀態的孩子，當然無法開啟社會連結系統或是覺識自己的心智，因此，他們的「不能了解別人心中所思所想」就如馬道說的，問題可能出自大腦的感覺處理。我們的感覺系統除了會讓我們向世界伸出雙手，也同時會保護我們不受感覺世界的傷害；假如你的感覺太敏銳，就必須發展出一個能夠切斷外面世界的機制，保護自己不受聲音的轟炸。

學習障礙、社會連結和憂鬱症

托馬迪斯的學生裡，有個不太相信聲音可以矯正學習障礙的醫生明生（Ron Minson）；但是，當他發現女兒有問題時，他的態度也跟著改變了。明生本來是丹佛基督教長老會醫學中心（Presbyterian Medical Center）精神科主任，也曾是慈悲醫學中心行為科學中心（Behavior Sciences Center at Mercy Medical Center）的主任，後來自行開業。

當親生孩子因嬰兒猝死症（crib death）離世後，他和太太南西（Nancy）收養了還在襁褓中的艾莉加（Erica）。艾莉加本來是個快樂的孩子，但一年級時開始出現閱讀問題，無法念出字母，寫字顛倒，不會拼字也不會算數；說話時聲音平板、全無抑揚頓挫，雖然很努力想了解別人對她說了什麼，但總是聽不明白，也無法理解別人究竟是在開玩笑還是說真的生氣。她連一年級都念不過，每個學年結束時，她體驗到的都是無窮無盡的失敗感。

明生的同事認為她可能患有失讀症，但試了所常規療法——請私人家教、去看語言治療師、上特殊教育的課——都不見成效，想用利他能之類的興奮劑去刺激她的注意力反而使她「興奮過度」。漸漸地，艾莉加變成一個陰沉、憂鬱、沮喪、叛逆的青少年，心理測驗說她「活在一個幻想的世界中，大部分的時間都在做白日夢」，抗憂鬱症藥物的副作用，更使她覺得比得了憂鬱症更難受。都已經讀高中了，她的閱讀才只有五年級程度，卻拒絕讓父母幫助她。在被學校放棄之後，她在十一年級時中輟，去旅館當清潔工、替人洗車、到速食店打工，但也都因為工作態度欠佳、不敬業、該上班時沒去上班等，做不了多久就被開除。十八歲時，她的同學都在準備上大學，只有她還不知道自己的前途在哪裡。就像很多有學習障礙的孩子一樣，她放棄了自己，有自殺傾向；父親雖然自己就是個精神科醫生，但也束手無策，一點忙都幫不上。

十九歲時，有一天她在浴缸裡放滿溫水，躺進去之後用刀片割腕。但是，她的貓在這個時候進到浴室，跳上浴缸邊緣舐她的肩膀，讓艾莉加改變了主意。

也剛好就在那時，明生的另一位同事在年會上聽到馬道談起托馬迪斯如何改變了他的一生。明生說他聽了之後「嗤之以鼻」，因為這種說法太怪異了；但眼見艾莉加的憂鬱症每況愈下，便去搜尋了一下誰是托馬迪斯，才發現有一篇論文是用英文寫的，正是馬道的那篇〈失讀化的世界〉（The Dyslexified World），「讀完這篇論文時我哭了，這才終於了解被困在那個世界中是什麼樣子。」明生說。

馬道寫下這篇〈失讀化的世界〉時才不過二十八歲，但到目前為止，還是我所讀過最了不起的論文之一。精神科幾乎不把學習障礙當一回事，比如《精神疾病診斷和統計手冊》（*The Diagnostic and Statistical Manual of Psychiatry, DSM-IV-TR*）中就只有標題，例如「閱讀障礙症」（reading disorder），符合標準就是不能閱讀就像沒有通過標準測驗，也就是說，失讀症只是一個學業上的問題。

馬道的論文一舉擊破這個看法。他寫道：

在許多人的眼中，閱讀障礙只存在於教室中，因為這就是閱讀有問題學童的標籤。……我寫這篇論文的目的，是想特別關注在閱讀障礙的孩子身上，那個躲在所謂「失讀症」現象背後的人，因為有閱讀障礙的孩子是二十四小時都生活在閱讀障礙之下，不論是下課的十分鐘還是在家裡，是跟他的朋友在一起還是自己一個人，是在睡覺或在作夢，他都有閱讀障礙，並不是只在教室中才會如此。這些孩子無時無刻不是活在閱讀障礙的陰影下。你很難掌握閱讀障礙的孩子，因為就連他都抓不住自己；……他之所以會使別人昏頭轉向，是因為自己就有那麼昏頭轉向。事實上，他把自己內在的世界投射到別人身上，就是我們會用「失讀化」來形容的現象。

接下來，馬道描述了心理治療師有多常覺得無法幫助青少年的失讀症者，無法和他們好好相處，這些失讀症的孩子又有多像「在扮演一個自己也不清楚是什麼的角色」，以及治療師覺得有多難「和他們形成直接、敞開的關係」。這正是老師和學校系統為什麼會寧願放棄、而不是幫忙這些孩子的理由，也說明了父母有多束手無策、診斷系統又為什麼會如此忽略孩子——因為他們對失讀症都一知半解。關心失讀症的人也因此如墜五里霧中，不知何去何從。

就算是很有良心的老師，也會被這些「失讀化」的孩子弄得「迷失方向」和「戰鬥疲乏」，於是說這些有閱讀障礙的孩子無用、懶惰、愚笨、粗魯、漫不經心，會帶壞同學；更因為學生慣常把內在的抑鬱轉移到旁邊的人身上，閱讀障礙的孩子也就經常成為同儕的替罪羔羊。

馬道把閱讀障礙比擬為到語言不熟悉的外國旅行：

外國人知道他想要說什麼，可以用不完整或不盡完美的方式來表達，他會用不那麼恰當的詞彙和結構不好的句子大致性地表達他的思想，不可能非常精確。……他是依自己的理解部分行事，而不是對方所說的字詞……為了確認自己了解對方在說什麼，又得尋找正確的字來表達自己的意思，這些專注都非常耗費心智，所以這個外國人很快就會忘掉他在想什麼，感到既疲倦又耐性全失。

他的自信心粉碎了，害怕陌生的環境，因為那些新字他都不認得，讓他長期覺得不安，想回到感覺安全的地方去，最後便縮進殼中。

這篇論文講到一些新的東西：

雖然閱讀障礙應該是認字上的困難，許多閱讀障礙者事實上是整天都過著不安的日子，因為他們沒有辦法掌控、更別說精通這個工具……閱讀障礙等同全身障礙，絕不是只發生在課堂中面對字時的困難，而且身體動作笨拙……不知該怎麼移動手、腳、腿，不論是緊張時或放鬆時，他們的姿勢都缺乏彈性和不自然。

閱讀障礙的種種心理效應，都使他們想逃到一個「不需要語言」的地方去；但是，「對一個閱讀障礙患者來說，世上並沒有他可以回歸的母國（譯註：因為他沒有「母語」）。他在上學時跟不上同學，在假期時無法享受和別人一起遊戲或運動的樂趣，為了逃避真實世界，他縮進一個夢想的虛幻世界中，所以個個看起來都像在作白日夢、漫不經心，如果加上正逢青春期，他的不成熟使他容易染上酒癮和毒癮；林林總總的問題，最後會導致精神病或嚴重憂鬱症和自殺傾向。馬道說，心理治療師之所以不知道該怎麼治療閱讀障礙者，因為心理治療最主要的工具就是口語溝通，而閱讀障礙者卻無法把他的失功能轉換成語言；也由於他找不到一個確定自己的困難是什麼的方法，要他內省（introspection）更只是再揭開一次舊傷口。

一九八九年，明生終於對艾莉加說，有一個音樂的治療方案可能幫得上忙，如果她願意，他會全程相陪；然後，他帶她到鳳凰城的聆聽中心。這個中心的負責人其實是湯卜生（Billie Thompson），但是馬道常去照看，協助中心的發展。雖然艾莉加有自殺傾向，但精神科醫生認為，假如她的父親能夠一直陪在她身邊的話，她就不需要住院。「所以我們住了三個星期旅館，一共上了十五堂聆聽的課；我的希望是她能學會閱讀，克服這個障礙，最終可以擺脫憂鬱症。」明生說。

讓他驚訝的是，艾莉加的憂鬱症幾乎馬上就消失了，不再一睡就是一整天，心智和身體的能量也回來了，才上過四、五堂課，就變得容光煥發。最大的差別是，她可以立刻表達她在想什麼、有什麼感覺(用我的話來說，神經刺激大腦能量中心的網狀組織可以幫助她調控睡眠週期，使她神經放鬆，可以再度充電，讓自己更有能量）。現在的她，終於可以調控自己的情緒、學習和分化了；另外，神經放鬆的階段同時活化了她的副交感神經系統，啟動社會連結機制，讓她可以找到自己和別人的關係。之前從來沒有聽過她那麼想說就說的明生，也觀察到艾莉加已經變得能說善道，不禁驚訝到說不出話來，更高興她的改變來得這麼快。有一天晚上在旅館中他問艾莉加：「為什麼你以前那麼抗拒我們的幫助？」艾莉加說：「**你們和治療師所做的每一件事，都只會突顯我有多麼做不到，所以我只好封閉自己；我覺得我不屬於這裡，應該降生在另外一個星球上。我期待的只有死亡。**」

「聽到她談起這些痛苦的歷程，」明生告訴我：「而且感受不到任何希望，我說：『艾莉加，我很抱歉，真的很抱歉，以前我真的不明白。』她說：『沒有關係，爸爸，你只是不了解。』」

即使和我談起的已經是許多年前的對話，明生還是流下了眼淚。「我到現在仍然感覺得到那種痛苦，我是那麼想幫助我的女兒，卻一點辦法也沒有，只會氣惱她不肯努力，卻根本不知道她的內心是如此痛苦。當我終於知道我越想幫她就越使她痛苦時，我們才有了前所未有的親密。」

艾莉加跟她父親一樣的坦白。「我曾經是個非常憤怒的孩子，當我傷害自己時，我沒有哭，只是生氣，覺得自己跟任何地方都格格不入。」她也告訴我她有多想自殺，但是，曾經單調的聲音現在已變得非常豐富、溫暖、生動，能夠表達得很好；她還記得初次戴上耳機、聽到像針在刮唱片的音樂時的那些日子，「戴上耳機的兩天後，我就可以在旅館中坐著告訴爸爸我的感覺。」她告訴爸爸，那是她第一次感覺到自己是真正在聽，有生以來，她從來沒有覺得自己那麼像個人類。

你可能會說，艾莉加的突破是因為她爸爸願意陪她接受治療，讓她覺得爸爸是愛她的，但事實並非如此；艾莉加告訴我，即使在她情況最糟的時候，她也一直都「感受得到父母親百分之百的愛」，只不過，她和爸爸很多次想要連結彼此都失敗了，「以前我只會覺得他是在向我說話（talk at me）和不是和我對話（talk with me），因為我的大腦聽到的聲音和別人不一樣，所以一直不能了解他說了什麼，直到用過托馬迪斯的方法後，我才聽得懂他的話；雖然只在鳳凰城待了三到四天，醒來時就覺得很快樂、很有活力。有一天，午餐的帳單送來時，我居然可以加出總數，而且帳單還是倒著放、面朝我爸爸那個方向的。以前數學對我就和英文拼寫一樣，都是最困難的事。」

在經過主動的治療階段後，她的自信心一飛沖天，很快就得到她有生以來的第一份正式工作，從髮廊接待員做起，後來還一路升到經理。她用函授的方式拿到了高中畢業證書，換到銀行工作，至今已經做了十五年，每天經手幾百萬元鈔票。如今的狂熱於讀書，如果要說還有什麼行為會顯現她過去的閱讀障礙史的話，就是她累的時候字母會寫顛倒。

至於明生，最讓他想像不到的改變是自己的睡眠形態；現在的他一天只要睡上四、五個小時，起床後精神就很好，更能放鬆，也比較能感知自己的情緒。他還發現，過去三十年一直干擾他的胃緊張糾結不見了，你可以說這是一個父親因為看到女兒的苦難結束而產生的幸福感覺，但這不只是一時的放鬆、釋懷，因為這個改變持續了幾十年。他後來寫道：「我從艾莉加身上看到的每一個改變，都是我這麼多年來做為一個精神科醫生從來沒有看過的，更別說，這些進步都是在沒有服用任何藥物的情況下發生的。」明生不但從那時起開始學法文，還去了歐洲向托馬迪斯學習。

注意力缺失症和注意力缺失過動症

從法國回來後明生發現，他運用聲音治療法也成功幫助了幾百名注意力缺失症（attention deficit disorder, ADD）的病人脫離抗憂鬱症的藥物，而且不必再服用如利他能之類的興奮劑。接著他和太太凱特（Kate O'Brien Minsen）一起製作了一個類似托馬迪斯的儀器、但更像馬道 LiFT 那種易攜式的，可以直接掛在病人的皮帶上；後來更在同事瑞德費（Randall Redfield）的建議下，讓病人可以一邊走動作視覺運動、練習平衡，一邊聆聽錄音帶，一舉數得。他們稱呼這個綜合各種感覺系統輸入的新儀器為「綜合聆聽系統」（Integrated Listening Systems），簡稱 iLs。

明生說，之後的這些年來，他幫助了百分之八十以上的 ADD 病人改善情況，也都不必再服藥；

至於患有注意力缺失過動症（attention deficit hyperactivity disorder, ADHD）的人，也約有半數症狀大為改善，另外一半在採用名為「神經回饋法」（neurofeedback，在附錄三中會談到）的神經可塑性治療後，也改善很多。

聲音治療法之所以對ADD的病人有效，原因有好幾個，就如馬道所說的，好聽覺的「注意力廣度」（attention span），和一個人能專注聆聽多久而不會被新的、不相干的外在刺激所干擾的能力，大有關係。「專注是能夠去除寄生的訊息，來『聆聽自己思考』的能力。」他所治療的病人中，大約百分之五十有注意力缺失的症狀，更別說其中還有很多人同時也有聽力處理、學習障礙和對聲音超級敏感的問題，有如雪上加霜，讓他們更難專注。在精神科的教科書中，這些病都是分開來羅列的，但在真實的世界裡卻通常會一起到來。

格里格瑞（Gregory，化名）是一個典型的ADHD孩子，而且來自非常貧困的環境，但是iLs依然幫助了他。他的生身父母都是個無家可歸、染上毒癮的街友，他的母親在懷孕時整天喝伏特加酒到醉茫茫；格里格瑞一生下來就被送進州立教養院，後來克蘿（Chloe，化名）和她先生收養了他。格里格瑞三歲時，克蘿就發現他有過動傾向，「他非常浮躁，沒有個人空間的概念，朝一個孩子跑過去時會一直跑到面碰面才會停止；說話的聲音非常大，進出房間會撞上門，頭也會撞到桌子，弄得眼睛瘀青，總之就是意外不斷。」他喜歡做危險的事，坐立難安，不能好好坐在教室中上課，一直打擾別人，更常在老師的問題還沒有講完時就冒出答案，嚴重干擾上課秩序，也不能安靜的玩。才四歲大老師就每天抱怨「格里格瑞無法管教」，有分心不專注的徵狀，不聽別人說話，做什麼事都半途而廢。所有 ADHD 的症狀他都有，所以有好幾位醫生都診斷他為 ADHD，處方裡也包括興奮劑 Adderall。

但是，克蘿不喜歡給年紀還這麼小、大腦都還沒有發展好的孩子吃興奮劑。實驗證明，幼小的動物吃了利他能之後都有憂鬱症的現象出現，而且症狀很久不退；也因為這種藥並不是用來訓練孩子專注的，所以只要一停藥，問題就又出現。

所以，與其依賴藥物，克蘿寧可尋找別的治療方式。她打聽到，有所名叫「孩子最大」（Kids Kount）的兒童發展問題治療中心，專治各種有關孩子發展的疑難雜症，是由語言病理學家彭因特（Andrea Pointer）和職能治療師莫瑞斯（Shannon Morris）創辦的，而且已有兩百個小朋友用 iLs 治療過。格里格瑞到這家治療中心一週接受二次 iLs 的治療，連續三個月後，ADHD 的情況便改善了很多。他的聆聽治療是特別針對他的需求而設計的，首先，中心讓他聽低頻率聲音、以骨頭傳導的方式刺激他的前庭，果然開啟了他的副交感神經系統，使他安靜下來。

「讓他一邊聆聽一邊在 iLs 裡增加動作、平衡和視覺部位的功能，大大改善了他的專注力。」彭因特說：「動作使大腦產生多巴胺，而多巴胺是動機和注意力的關鍵；我們所用的運動方法，正可以使大腦自己產生多巴胺而不必服藥。」

我問克蘿，她那時最先注意到什麼。「冷靜！大約經過兩週半的治療後，我想大家都看得出來，這孩子安靜下來了，可以安靜地坐在教室中聽老師說話，執行老師的指令，這是很大的改變。整個來說，他也不像以前那麼浮躁，做什麼事之前都會先想一想。」

克蘿不是只讓格里格瑞去上iLs的課而已，她也發現格里格瑞對有麩質的食物和糖非常敏感，「給我兒子糖就像給他毒品」，因為那會使他更加過動。二〇一三年哈佛大學的一個研究顯示，高糖食物——典型的加工食品——真的會啟動大腦中某個古柯鹼也會啟動的地方。所以，為了保護他大腦神經細胞的正常發展，格里格瑞既不能吃甜食，也需要iLs來刺激和訓練他大腦的注意力迴路。

「自從用了iLs和控制他的飲食後，我兒子的改變就像從黑夜來到白天。」克蘿說。誰都很容易看出他從iLs和飲食改變所得到的幫助，相反地，如果吃了麩質和含糖食物時，他的退步也馬上就看得到。iLs的進步是緩慢的，但很穩定，用得越多效果維持得越長。現在，如果他長期每天都用iLs，一旦停用，殘餘效應——冷靜——可以讓他四天內都不會再出現老問題。

克蘿說：「現在，老師寫回家的條子都說：『格里格瑞又有另一個美好的一天！』」

聲音療法為何有效的新發現

明生最重要的貢獻之一，是把托馬迪斯的理論現代化，解答了一些聲音治療為什麼有效、尤其對注意力特別有效的疑問。大部分的腦科學家認為注意力是高層次的認知功能，意味著處理注意力功能的是大腦最外面——大腦的「上部」——那層薄薄的皮質；而科學家很早就知道，額葉幫助我們設定目標、堅持不懈及抽象思考，而且不管是哪一件，都需要大量的注意力。因此神經科學家便假設注意力缺失是額葉的問題，大腦掃描更提供支持這個假設的證據——那些有ADHD的人額葉都比較小。

明生幫忙解惑的正是這一點，他發現，聲音治療送出的訊號並沒有直接送到額葉，而是去到各個不同的皮質下地區，以及和處理感覺輸入有關的地方。那麼，為什麼聲音治療可以幫助注意力集中？

答案是：聲音治療刺激了非常多皮質下的區域；尤其和動作組合在一起的時候，這些地方全受到聲音治療所送出的訊號刺激。最近大腦掃描的研究顯示，有ADHD的人同時也有小腦較小的現象（再強調一次：小腦和思想與動作的時間性有關，也和平衡有關）。當一個人的ADHD症狀加重時，小腦會縮得更小；病情轉好一些的話，小腦也會跟著變大一點。有ADD的孩子之所以常等不及輪到他或題目沒念完就說出答案，就是動作的時間性（timing）有問題。托馬迪斯的聆聽治療和iLs的治療都會影響小腦和前庭（前庭和小腦有緊密的連接），iLs加上平衡練習尤其更能刺激小腦。

聲音治療用音樂開啟了大腦區域中處理正向報酬區域（會讓我們在完成一件事時感到愉快的地方）和腦島（大腦中負責注意力的地方）的連結。直到二〇〇五年，神經科學家孟能和列維丁用fMRI掃描大腦時，才發現了這個重點。

用音樂與動作刺激前庭系統，會促使它送訊號到另一個皮質下地區：基底核，注意力迴路的另一個重鎮。一般來說，基底核幫助我們把注意力放在手邊的事情上，因為它能抑制不相干的訊息、防止干擾。抑制功能對大腦來說非常重要，因為不能抵抗誘惑就不會有專注力；同樣的，假如基底核不夠活化，這個人就會未慮先動，也會有過動和不專心的情況。

我們的耳朵和感覺迴路、迷走神經之間有直接的連接，聲音治療就如同明生和彭因特所解釋的，會刺激迷走神經，所以也會刺激耳道和鼓膜。波格士不但已證實迷走神經系統有許多分枝，我們也曾談過它如何啟動副交感神經系統，使一個人安靜下來；這對有注意力問題和其他發展困難的孩子來說尤其重要，因為他們通常非常焦慮，一直處在戰或逃的反應中。但是，迷走神經系統還有另外一個波格士稱之為「聰明的迷走」（smart vagus）的層面，可以使人專注、與人溝通，及做好學習的準備；如果能用對的音樂治療法刺激這個迷走神經系統，就可以使人進入安靜、專注的狀態，一如許多音樂熱愛者的體會。

音樂刺激的另一個大腦部位是網狀活化系統（RAS，見第三章）。網狀組織的神經元之間的連接很短，所以看起來像張網，位在腦幹，接受並處理所有感覺感官輸入的訊息，再決定這個人應該要覺識、警覺或是注意。早晨鬧鐘響時，聲音就會傳入網狀組織，由它叫醒大腦；也就是說，當網狀組織的指標轉到「高」時，就能喚醒昏昏沉沉的人，叫他注意——許多 ADD 的人就老是處於作夢的狀態。皮質的能量從「低」轉到「高」，人就有活力了。

這些皮質下的區域，最早接收到耳朵傳來的訊息。對有皮質下問題的人來說，他們的聽覺會因為沒有接受到夠強的訊息來執行它的任務，所以就更加注意以補償訊息的不清不楚，甚至用皮質去執行皮質下的功能；派皮爾用額葉皮質去做基底核的工作就是個好例子，他必須很專心地走路，腳跟才會抬起，才不會像帕金森症病患「拖著腳走路」（參見第二章）。問題是長久集中注意很累人，明生就說：「假如皮質下的組織不好，你就必須用皮質的資源去做皮質下的功能；而我們的治療聚焦在皮質下，由下往上改善大腦的組織。」這個很有智慧的看法不只可以應用在ADD和ADHD的人身上，也適用於許多學習障礙和有感覺處理問題的孩子，甚至自閉症兒童，因為他們都有皮質下的問題。

似病非病：感覺處理失常症

坦米（Tammy，化名）一個月大時開始變得很容易哭鬧，不肯吃母乳，難得肯吃時又會噎到，吞嚥不下。她不停地哭，從來不像別的嬰兒一樣吃飽就睡，安靜不下來，體重無法增加，也不能忍受別人碰她。坦米的小兒科醫生下結論說，她有胃食道逆流（reflux）的問題，於是開胃藥給她吃。這當然沒用，於是她住院，身上插滿了管子做各種侵入性的測驗，比如從嘴巴插入一根管子，切取食道、胃和小腸的組織來檢查——結果卻都正常。所以，醫生就用鼻胃管灌食，但是鼻胃管會讓人非常不舒服，坦米當然就會扯掉，醫生便對媽媽說：「假如她不肯用鼻胃管，又不能用奶瓶，那只有開刀、插胃管灌食了。」於是排定了手術日期。

坦米的問題其實是感覺統合失調症（sensory processing disorder, SPD），而不是什麼胃腸問題，這種孩子的很多感覺都太強（好像對進來的感覺沒有一個可以調低強度的旋鈕），使得大腦無法綜合這麼多不同感官輸入的訊息。許多這樣的孩子有進食上的問題，包括腸絞痛（colicky），但這些寶寶其實是感覺處理有問題，才使他們不能好好進食。這個現象，愛倫・坡（Edgar Allan Poe）早在一八三九年的短篇小說〈厄舍府的倒塌〉（The Fall of the House of Usher）中就有過完美的說明：

他（主角厄舍〔Roderick Usher〕）花了一點時間就找到他設想的病源了，他說，這是與生俱來的、也算是一種家傳罪孽……他飽受感官的折磨，只能吃沒有味道的食物，只能穿某種質料的衣服，不能忍受花香，眼睛受不了一點點光，只有弦樂器的聲音不會使他恐懼。

請先記住厄舍只能忍受某些特別的聲音這件事，我們等一下再回來談它。

坦米的醫生會誤診的一個原因，是感覺問題的症狀非常主觀——嬰兒不會說話，所以當問題出現在餵食的時候，大人就會以為是腸胃的關係。其實餵食不只和食物有關，還有感覺的訊息；嬰兒看到乳房是一個視覺的訊息，母親身體和乳汁混合的氣味則是嗅覺的訊息。當她吸奶時，感受到的是乳頭在她嘴中和乳房貼著面頰的感覺，然後是母乳的質感，最後才是母乳的甜味，以及溫暖的乳汁一直進入胃裡的感覺。當嬰兒必須同時處理這麼多感覺，也就是尚未發展完成的大腦要做這麼多以前從來沒有做過的綜合工作時，就會開始應付不過來。乳汁進到她的胃會給她一種滿足感，使得腸胃收縮，但是收縮所產生的氣會像球一樣漲起來、衝撞腸子，這時，就只有吐掉才能舒壓了。

有這種感覺處理問題的孩子，每天都得經歷這種裡外交攻的猛烈砲火轟炸，就如艾爾絲（Jean

Ayres，譯註：艾爾絲博士是感覺統合失調理論的創立者，也在一九七二年創立幫助這些孩子的機構）一九七九年描述的：「你可以把感覺想成是『大腦的食物』，提供指揮大腦和身體必要的知識……食物滋養你的身體，但是必須先被消化才有辦法吸收……要是沒有組織良好的感覺處理系統，這些感覺就沒有辦法被消化而滋養大腦。」用馬道的話來說，就是這些組織不良的感覺處理無法適當保護我們不受世界的攻擊。

現在，請想像一個過度敏感的孩子——不能忍受吸吮母親的乳房——的遭遇：他被送到醫院，歷經許多插管、扎針的外科手術過程。像坦米這樣的孩子，可能比一般腸胃有問題的人接受更多的檢驗——因為檢驗的結果都會是「正常」，所以醫生只好再做更多的測驗以找出病因。對一個超級敏感的孩子來說，還有什麼事比這個更恐怖、更創傷？

然而，她的醫生卻想都沒想到這一切，因為很不幸地，這麼真實的病症並沒有被放入精神科醫生的診斷手冊中，一般內科醫生的診斷手冊就更別說了。

坦米七個月大時，開始在丹佛感覺治療研究中心（Sensory Therapies and Research Center, STAR）接受米樂（Lucy Miller）的治療。米樂曾經和明生共事過，所以她給了坦米二十個聲音療程，其中有很多耳骨傳導及傳統職能治療，如輕梳她的皮膚給她觸覺刺激，或是輕壓她的關節，讓她知道她的身體在空間的什麼地方，以及一週三次聆聽 iLs 的音樂時坐在小鞦韆上晃盪，希望透過給她有控制的聲音、動作和平衡的恰當「感覺套餐」，刺激她學習統合。大腦同時統合各種感官輸入的地方位在上丘（superior colliculus），是腦幹的一組神經元。

坦米以前從來不喜歡鞦韆，「但是戴了耳機之後她的身體放鬆了，可以坐在鞦韆上沉靜地看著你。」她母親說：「通常她會睡著，這很讓我驚訝，因為以前她從來沒有這樣坐著、搖著就睡著過。

「兩週半之後，我們就看到驚人的進步。」她說。坦米比較可以正常進食了，行為也改善很多，開始可以調控自己、讓自己安靜下來。現在她已經上一年級，「今天的她，是一個絕對快樂、外向、聰明、可愛的小女孩，閱讀能力已達三年級的程度，而且持續進步中。她能吃各種不同的食物，軟硬不再是問題，也不再怕別人觸摸她。」長大之後的她，不會像愛倫・坡小說中的厄舍。據我所知，她是世界上接受神經可塑性治療年紀最小的人。

IV 解開修道院之謎

音樂為什麼能提升我們的精神和能量？

我們還有一個尚未了結的個案：盎加爾加修道院的修士究竟得了什麼病，才使得托馬迪斯必須出診？還記得吧，十八歲的馬道就是在那裡遇見托馬迪斯，才改變了他的一生。托馬迪斯一到修道院，就發現高達七成的修士都有氣無力，「像塊濕抹布似地躺在自己的小房間中」；可是當他為他們做檢查之後，卻發現不是什麼傳染病或瘟疫在流行，而是神學上的關係。一九六〇到六五年舉行的「第二次梵蒂岡會議」（2nd Vatican Council，或稱 Vatican II）為了使教會適應新的世界而制定新的律條，也就在那個時候，修道院來了個野心勃勃的年輕院長，他認為，每天花六到八小時在誦唱上沒有什麼實質的意義，所以明令禁止，結果造成這些修士的集體精神崩潰（nervous breakdown）。

修士大多立下過沉默的誓言，現在竟連誦經（chanting）也不准了，如此一來，不論是來自修士自己或來自其他修士，大腦都沒有了聲音的刺激。讓他們忍飢受餓的不是缺少肉類、維他命或睡眠，而是聲音的能量。托馬迪斯先是叫他們重新開始誦經，馬上發現有好幾個已經沮喪到不能唱誦了，所以他就在一九六七年六月要他們對著電子耳誦經，聆聽自己透過過濾器強化出比較高頻、較有能量的語音。這個做法可說立竿見影，原本萎靡不振的情形幾乎立刻就改善了，修士們也比較可以站直；到十一月時，幾乎所有的修士都復原了，而且執行本篤修會很長的日課時變得更有活力，每晚只需睡幾個小時。托馬迪斯說：「本篤會的修士以往就都是用誦聖詩的方式來幫自己『充電』，而且一做就是幾個世紀，只是不知道為什麼要這樣做而已。」

在很多宗教中，誦經都是為了使誦經者有能量。托馬迪斯就是那種用誦經來使自己整天都有能量的人，「有些聲音抵得上兩杯咖啡。」他說。他一天只睡四個小時，卻總是精力充沛。

有些聲音會「充電」（charge），使說者和聽者都有活力，有些聲音則會「漏電」（discharge），吸光製造這個聲音的人和聽者的精力（有些老師的聲音之所以會催眠學生，讓全班睡倒，正是因為他們自己有聆聽上的問題）。

誦經要有效率，唸誦的人必須用較高的頻率才能刺激耳蝸，因為耳蝸裡面有很多高頻的感受體。當他們誦唱得宜時，比如西藏喇嘛誦唱的「嗡」（om）——這個聲音聽起來很深沉——事實上是製造許多高泛音（overtones）或說和音（harmonics），這是為什麼他們的聲音音色如此豐厚。馬道說：「讓聲音聽起來有生命的是高頻音。你可以有充滿活力的低音……裡面包含了高頻率的和音；也可能你的嗓音雖高，但是聲音卻很窄又沒有泛音，也就吸引不了人。任何人都能製造低音的『嗡』聲，但大致上都很平板、不含高頻。」有些修士要花上幾十年的時光，才能使他的聲音完美，裡面包含很多的和音（比較高的聲音），其實也就是和弦。一名獨居、無人可以對話的修士，只要聆聽他自己在有回音的石造修道院中誦經，或是在有著高圓頂的中古世紀教堂裡誦經，都可以放大聲音中高的頻率，就和坐在一個大電子耳中的效果沒有兩樣。

本篤會修士的誦唱不僅給了他們能量，也能使他們沉靜下來，這正是為什麼，馬道常常用它做為病人聆聽課程的結束。他所用的本篤派誦經是經過改編的，會快速地在高頻和低頻之間輪轉，對中耳系統起到訓練的作用。事實上，修士們的誦經本來就包含了整個音域，才有強化沉靜、穩定的作用。

誦經的節奏常常能恰如其分地呼應一個放鬆、不緊張的人的呼吸，產生立即性的安靜效果。這方面，可能是因為「夾帶」（entrainment）的關係。所謂夾帶，是指一個節奏頻率會影響另一個節奏頻率，直到兩者能夠同步（synchronize）或接近同步，或能相互產生很強的影響力，就像水波相遇時會影響彼此一般。夾帶現象是一六六五年荷蘭物理學家惠更斯（Christiaan Huygens）發現的，他也是第一個提出光是由波長組成這個看法的人；惠更斯把兩支鐘擺掛在一起，但刻意不讓它們同步擺動，沒過多久，他就發現這兩支鐘擺同步擺動了，原因則是擺動的鐘擺會產生震動波，互相影響，最後就同步了。同樣的，敲擊一把音叉（tuning fork）會使旁邊頻率相近的另一把音叉也跟著震動，即使這兩把音叉並未相碰觸，只是相近而已，就會使第二把音叉發出聲音，因為第一把音叉震動所製造出來的空氣壓力是個媒介，傳導了這些聲波。

大腦掃描的研究顯示，受到音樂的刺激，大腦的神經元就會開始同步發射，引發出樂音；這是因為大腦本就是演化出來要和世界接觸的，耳朵則是個轉換器（transducer，或稱變頻器），可以把能量從某個形態轉換成另一個能量形態。例如擴音器會把電能量轉換成聲音，我們耳朵中的耳蝸則會把外界的聲音能量形態轉換成電能量的形態，好讓大腦可以使用。雖然能量的形態改變了，但是這些聲波所攜帶的訊息還是都保留著。

既然神經元對音樂的活化是同步的，音樂也就可以是改變大腦節奏的一個方法。西北大學的聲音神經可塑性專家克勞斯（Nina Kraus），就曾和她的同事錄製了莫札特小夜曲的音波，並記錄一個人在聽這首小夜曲時大腦的腦波（腦波就是千百萬個神經元一起工作所產生的電波），然後播放重現腦波發射的模式；他們很驚訝地發現，小夜曲的音波和聽這首曲子時的大腦腦波看起來非常相似，甚至還發現，腦幹的腦波也近似音樂的音波！（有興趣的讀者可上網頁：www.soc.northwestern.edu/brainvolts/demonstration.php 查看詳細內容。）

神經元也可以受到非電流刺激——比如光和聲音——的激發，效果從腦波圖上就看得出來。許多感覺的刺激可以劇烈地改變腦波的頻率，以有個非常興奮的大腦、對光極其敏感的癲癇病人為例，若是以每秒十次的頻率對他閃爍手電筒光或警車上的閃光，就會引起很多神經元同步發射，讓這個人產生抽搐，失去意識，癲癇大大地發作（譯註：在美國，警車上的閃燈不能像台灣一樣出去巡邏就閃，必須在追車時才閃，怕的就是跟在警車後面的駕駛一直看閃光會引發癲癇）。其實，有些音樂也會引發抽搐，神經學家薩克斯就曾在他的書中描述過一個每天八點五十九分就癲癇發作的人，起因只是教堂的鐘聲比英國廣播公司（BBC）晚間新聞快一點；其他的聲音並不會引發他的癲癇，只有那個特定頻率的鐘聲才會。

「夾帶」現象有多明顯呢？讓受試者戴上電極、連上腦波儀，再給他們聽每秒二・四拍的華爾滋時，他們大腦的腦波就會馬上出現每秒二・四拍的波峰。難怪有人聽到跳舞的音樂會腳癢（譯註：如《亂世佳人》中的郝思嘉），其實癢的不是腳，而是大腦——包括運動皮質區——隨著節奏活化。但這也因人而異，比如音樂家一起演奏時，主要的腦波便會同步；二〇〇九年，心理學家林登堡（

Ulman Lindenberger）和他的同事以腦波儀同時連接九對吉他手，觀看他們一起彈奏爵士樂時的大腦情形，結果是，每一對樂手的腦波逐漸趨向同步，主要的神經發射也都同步了。無疑地，這正是音樂家所謂的「處於最佳狀態」（getting into a groove）。但這項研究也顯示夾帶並不僅限於音樂家之間，個別的音樂家不同的大腦部位也會同步發射，整體來說，更多大腦部位會依據主頻率而一起發射，不僅是共同演奏的音樂家；每一位音樂家的大腦神經元都和其他音樂家的大腦神經元同步發射了。

也就是因為太多大腦的病變源於大腦失去它的節奏、發射不規則或節律異常，所以音樂治療才會對這種人特別有效。音樂的節奏是個可以使大腦找回節奏感的非侵入性方式，克勞斯和她的同事就發現，皮質下區域並非過去認為的沒有可塑性，反而相當具有神經可塑性。

不同的心智活動有不同的神經節奏，睡覺時，我們主要的心智節奏是1到3赫茲，亦即腦波是每秒1到3個腦波；可是當我們醒來並且專注在某件事情上時，腦波的頻率就加快至12到15赫茲了。如果特別集中注意力在某個問題上，腦波是15到18赫茲，焦慮時腦波更高達20赫茲。一般來說，我們大腦的節奏是由好幾個因素決定的：外在的刺激，自身的警覺程度和我們有意識的意圖（如聚焦在問題上或拋開問題去睡覺）；大腦中也有很多節律器（pacemaker），就像樂團的指揮一樣調整節奏的時間性，但是，經過神經可塑性的訓練後，我們可以發展出對自己大腦節奏的一些控制能力。神經回饋法（見附錄三）有說明一個人如何訓練他大腦的節奏，所以對有注意力和睡眠問題的人來說，音樂治療是個絕佳的、非侵入性又不需服藥的好方法；一般來說，對有嘈雜大腦的人也很有效。

耳朵是大腦的電池

但是，你可別和聲音治療法搞混了。這個聚焦在節奏上的方法叫「互動節拍器」（Interactive Metronome, IM），我也曾眼見過一些非常有效的成果。大腦有它自己的內部時鐘或計時器，但有些孩子大腦中的這個時鐘有毛病，有些是內部時鐘跑得太快，對感覺刺激反應得太早，所以會打斷別人的上課、很衝動、容易生氣或不替別人著想；真正的原因其實就是大腦裡的時鐘出了問題。有些孩子看起來很沒有鬥志，社交、智能反應都很「慢鈍」，也是由於大腦內的時鐘出了毛病。如果能用聆聽和對聲音起反應的方式訓練他們的時鐘，使他們的節奏更精準，就可以改變這些孩子。突然之間，他們就顯得很有警覺，回到現實了。

「耳朵是大腦的電池」是托馬迪斯用來形容它如何為皮質「充電」、使之產生能量的格言之一，以他當年的科學知識而能做出這麼重要的臆測，真是很了不起。我所建議的模式裡，音樂治療的神經刺激會重新設定網狀活化系統；這也是為什麼，人們在聆聽治療的第一階段就能好眠，醒來後還會覺得充滿了活力。但是，音樂可以提升活力的另一個理由則是它啟動了大腦中的報酬系統，增加多巴胺的分泌，因而升高愉悅的感覺和動機。列維丁寫道：「聆聽音樂的報酬感和強化來自多巴胺濃度的提升。目前神經心理學的理論也已把正向情緒和情意聯結到多巴胺濃度的提升，這也是許多新興抗憂鬱症藥物都以多巴胺系統為目標的原因。**毋庸置疑，音樂可以改善人們的情緒。**」

聲音刺激之所以能夠提升精神和活力的另一個理由，我的推想是因為這些大腦有問題的人通常也都有神經元不能同步發射的問題（一如我們在自閉症患者身上所見）。在我看來，不能同步發射的大腦就是個嘈雜的大腦，隨便發射信號也永遠是在浪費大腦資源，使得大腦事倍功半，累得主人半死不活。透過音樂，用它的節奏重新使大腦神經細胞的發射同步化，大腦的運作就有效率多了。

托馬迪斯也是一名瑜伽愛好者，他認為聽、說、有精力都和站姿有密切關係。當人們覺得精力充沛時，多半也都站得很直：抬頭挺胸，使得呼吸更深沉。我們在動物身上也看到，當狗興奮的時候耳朵就會豎起來，看起來比較直立；牠們聆聽時，耳朵也會豎直起來。

在唐氏症的孩子身上，也可看到音樂的刺激效應。唐氏症孩子天生肌肉張力不足，常被診斷為「趴趴熊寶貝」（floppy babies），不但因為肌肉張力不夠而站不直，也有語言問題，甚至會流口水。訓練過他們中耳的肌肉神經迴路後，馬道的被動聆聽療法不但改善了很多唐氏症孩子的聽力，整個身體的肌肉張力也增加了，所以站得比較直，呼吸得比較好，就使進入大腦的氧更多，流口水的狀況減少、甚至停止了，語言能力也跟著增強。這些效果綜合起來，就使唐氏症孩子變得比較能聚焦，比較警覺，看起來有精神得多。

巴瑟（Kim Barthel）是胎兒酒精症候群（fetal alcohol syndrome）的專家，把一些托馬迪斯的方法改良為「聆聽治療法」（Therapeutic Listening），用過濾過的音樂幫助因母親酗酒而使他們大腦受損的智障孩子，提升警覺性、處理語言的能力、記憶力、注意力和聽覺的敏感度，最重要的是，他用這個方法全盤提升這些孩子的能量，使他們顯得更有精神。

托馬迪斯曾經幫助一名整個左腦被切除的男孩神奇地不再癲癇，用的就是音樂刺激法。替這孩子動刀的是非常有名的神經外科醫生潘菲爾，但手術過後這孩子幾乎不能說話，右邊身體癱瘓。十三歲時，有人帶他去找托馬迪斯，雖然這孩子已經過這多年的語言治療，他說話還是很慢也非常吃力，又因為他的注意力廣度很短，所以在校成績很糟。托馬迪斯讓他聽電子耳，用聲音刺激他僅存的右腦半球。「幾個星期之後，」托馬迪斯寫道：「他右邊的身體開始可以活動了，而且效果是永久性的，說話時的聲音也恢復了節奏和音質，現在可以正常地表達他自己，完全擺脫以前平板無生命的說話聲音。他變得比較冷靜、開放，也比較快樂。」托馬迪斯認為，聲音治療法喚醒了他剩下那個腦半球的功能。

聲音有時也幫得上嚴重創傷性腦傷者的忙，透過聲音的治療，身受慢性疲勞症之苦的米拉貝兒（Mirabelle，化名）找回能量及失去的心智能力。米拉貝兒是個二十九歲的女孩，有一天，當她在丹佛附近的山路開車下山時，一輛十八輪大卡車也在那時高速下山，因為剎不住車，飛過橋梁壓在她的車上，造成她的大腦嚴重的創傷性腦傷。她被宣告為殘障者，失去了工作、無法閱讀、記憶力很差、頭痛、對聲音超級敏感、沮喪，最麻煩的是總是非常、非常疲倦。「我的神經科醫生告訴我，頭三個月最重要，如果全無進展，三個月後就沒指望了。」米拉貝兒說。四年過去了，果然沒有什麼進步，但她很偶然地聽到明生的演講，談到腦傷的病人正如發展不正常的孩子，都有疲倦、愛睡、注意力不集中、感覺和認知的問題。米拉貝兒聽 iLs 的第一個月，大部分時間都邊睡邊聽，但那個月還沒過完，她的精力和認知能力就回來了。後來她不但能上大學研讀科學，還投入競爭非常激烈的語言病理學領域。

你一定早就很想問了：「為什麼用莫札特？」

有些治療師的確會用其他作曲家的音樂，但是托馬迪斯訓練出來的治療師全都用莫札特，尤其是包括小提琴的樂曲，因為小提琴有非常豐富的高頻率，可以產生耳朵很容易接受的連續性聲音而不使耳朵感到吃力。托馬迪斯尤其喜歡莫札特年輕時的作品，那時的作品結構簡單，很適合兒童聽。「開始時，」馬道說：「托馬迪斯其實不只用莫札特，還用過帕格尼尼（Paganini）、維瓦第（Vivaldi）、泰勒曼（Telemann）、海頓（Haydn）的作品，但是慢慢的，透過天擇，最後只剩莫札特的音樂。莫札特的音樂似乎對任何人都很合適，而且不管是志在刺激或放鬆，效果一樣好。對我來說，這就表示莫札特的音樂可以幫助病人自我調控，讓大腦安靜下來，我們當然也就持續地使用莫札特了。

「**比起其他的作曲家，莫札特的音樂更能促發神經系統，替它們準備好該走的路徑，促發大腦，重新替大腦配線，提供大腦學習語言時所需要的節奏、旋律、流暢等等**。莫札特很小就開始作曲了，五歲時就能寫出結構嚴謹的作品，可見音樂的語言很早就進入他的大腦，所以他不太受到母語的影響（莫札特的母語是德語）。托馬迪斯之所以選擇莫札特，就是因為他的音樂沒有國界，是世界性的，不像拉威爾（Ravel）那麼法國化，也不像維瓦第的義大利味道那麼重；他的音樂，超越了文化和語言的節奏。」

馬道緊接著說：「莫札特是我們目前所能找到的、最好的語言前（pre-language）的音樂，但是和很多人以為的會使孩子聰明毫無關係。它幫助孩子感受到韻律，而韻律就是語言的音樂和語言的情緒流動，所以說起話來會比較容易。這就是為什麼，莫札特是這麼好的母親！因為他的音樂的撫慰效果就和母親的聲音一樣。最近有民族音樂學的研究發現，對任何年齡、種族、社會群體而言，莫札特音樂所帶來的效果就和自己民族的音樂效果一樣。」

托馬迪斯遠遠走在他時代的前端，所以常被醫界同事嘲笑，認為他從事的是「非醫療的行為」，玷辱了這個神聖的行業；同業堅持，醫生不可能只用聲音來治療大腦的問題。可是他不但沒有因此退縮，反而堅持大腦是耳朵的附屬物，而非耳朵是大腦的附屬物。技術上來說他是對的，原始的平衡囊（statocyst）在動物身上很早就演化出來了，遠比大腦來得早。

托馬迪斯在二〇〇一年的耶誕節過世了，沒能親眼看到皮質下大腦現在所享有的光榮。我們現在都了解它的重要性了，但或許還是不應該太怪罪當時批評他的人，因為我們過去的確只會把音樂和美好、享樂聯結在一起，讓生病去當痛苦的夥伴。我們一直把音樂視為藝術，如奧地利樂評家韓士利克（Eduard Hanslick）在一八五四年出版的《在美妙的音樂中》（*On the Musically Beautiful*）所寫的，不論形式和內容如何，器樂都是一種藝術。我們從來不能很自信地說某一段音樂是「關於」什麼，因為「音樂的意念」（韓士利克這麼稱呼旋律和節奏）本來就不是「關於」什麼。馬內（Edouard Manet）的畫作《草地上的野餐》是有關野餐，但是器樂之美似乎並不是來自外界而是來自內心。

雖然樂器所演奏出來的音樂是無形的，但這觸摸不到的藝術觸及我們的心和腦的能力，卻也沒有其他東西比得上。音樂治療真的是一種很神奇的療法，尤其對那些什麼事都得「知其所以然」的人來說，更是不可思議。對一個重視視覺強過聽覺、凡事「眼見為真」的文化來說，耳朵聽到的當然值得存疑。聲音很短暫，聲波消失了就什麼都沒留下，所以人們常會「道聽塗說」（hearsay），覺得「只會動嘴皮子」（talk is cheap）沒什麼了不起。很多人只要具體、「看得見」的證據，所以我們喜歡幾何，因為它可以用圖形證明給你看它是真的。

不管生在哪一種文化中，我們都從黑暗中開始我們的人生。我們在黑暗的子宮裡進行最重要的生長，第一個接觸到的是母親的心跳，她呼吸的節奏，她說話聲音的美妙（包括了韻律和節奏）。即使完全不懂她話裡的意思，那種對聲音的渴望還是會跟著我們一輩子。

【附錄一】

量身訂做創傷性腦傷和大腦病變的療程

在這本書裡，有時我會把一種疾病或一種障礙症和某個治療方法放在一起談，但是，正常的治療方式應該是先看病人的病症和受傷的階段，再看哪一種治療方式最適合。例如，我在書中描述了很多治療中風和腦傷的不同方法，但如果只是腦傷，低強度的雷射、PoNS和聲音治療法的效果都很不錯；附錄二和三中所介紹的矩陣重塑法（Matrix Repatterning）和神經回饋法（neurofeedback），也可以幫助創傷性腦傷（TBI）的病人。

這個新領域的未來，將會是綜合神經可塑性和其他的方法來活化神經可塑性療法的每一段療程，但是療程還是必須量身訂做，因為每個病人的情況都不會一模一樣；比如說，我們可以搭配身體和心智的練習後，再加上PoNS的電刺激（請見第七章），第四章中蓋比的復健，也包含了太極（內在心智成分）和光療法。格林的研究顯示，綜合認知、身體和社會的刺激可以減少創傷性腦傷後大腦的萎縮；她和同事的一些實驗也顯示，我們可以用大腦練習來治療創傷性腦傷——這種大腦練習，是史丹佛大學的莫山尼克研發出來的。陶伯的團隊用生物回饋法（biofeedback），再用「限制—引發治療法」來治療一個因脊椎受傷而完全癱瘓、四肢痲痺的婦女，同樣地，有大腦發展問題的孩子也可以從聆聽治療法、費爾敦克拉斯療法、神經回饋法和心理治療法得到幫助。因為自閉症兒童幾乎都有大腦發炎的狀況，也讓這些孩子變得超級敏感，因此，低強度的雷射和 PoNS 就很適合；如果認知功能有問題的病人對某種神經可塑性治療法有或多或少的反應時，便可以增加另外一種神經可塑性治療法。量化腦波儀（Quantitative EEG, QEEG）可以測知這個病人有無「嘈雜的大腦」，不過，這個測驗所蒐集來的腦波資料，還是需要有經驗的神經回饋法治療師或與病人有實際接觸的專家來解釋，而不只是把數據送進電腦就會有結論。

我在書中所描述的復原案例，病人所用的儀器都是這個領域裡的頂尖專家所設計的，成效也都來自有經驗的臨床醫生的努力；時至今日，這些治療法已成為新的臨床領域，有更多工具可用，對病人而言是一大福音，因為每個病人的症狀都不盡相同，沒有一種方法可以適用所有人。最理想的使用儀器和選擇治療法是：找到一位知識淵博的醫生，讓他了解病人的情況，引導病人先接受一種療法後、再考慮另外一種療法。大腦必須重新配線時，病人要有耐心，因為這方面的進步都得循序漸進；也因此，醫生必須先告訴病人實際情況，免得病人因為一時看不見成效而放棄治療。可惜的是，神經可塑性專家都得花上好幾年工夫才能精通一種療法，對別種治療法也就不那麼熟悉了。

此外，新近問世的神經可塑性治療法和訓練的技術，我已在《改變是大腦的天性》一書中詳細介紹過，讀者如果願意找來和本書參考著看，會對神經可塑性有更全盤性的了解。有關中風、疼痛、學習障礙、心智缺失和其他大腦問題的新近訊息，歡迎上我的網站查詢：normandoidge.com。

【附錄二】創傷性腦傷病人的矩陣重塑法

矩陣重塑法是加拿大醫生羅斯（George Roth）所發展出來的治療法，對創傷性腦傷和其他大腦受傷的病人非常有效；我甚至認為，在讓病人嘗試書中所介紹的其他治療法之前，不妨先試試看矩陣重塑法，因為它可以幫忙移除神經可塑性治療法的一些障礙。有的時候，光用矩陣重塑法就可以讓病人覺得好很多；要是效果還不夠好，和別的治療法結合起來也更能彰顯療效。

羅斯醫生既是神經病理學醫生，也是一位整脊師，還是法式整骨療法（French osteopathy）的信仰者，在能量如何轉送到大腦引起創傷性腦傷這方面，他有很多重要的臨床發現。

所有的腦傷，多少都和外來能量侵入身體有關。當撞擊發生時，那個力量會傳送到身體、大腦和腦殼，傷者就算沒有直接和撞擊物接觸，這種能量還是會進入身體。撞擊所產生的震波會傳送能量、傷害心臟和大腦，車禍所產生的能量不但會損傷皮膚和骨頭，連充滿了液體的器官（即大腦）也受波及。

針對骨骼和其他組織的研究顯示，它們會吸收撞擊所產生的能量，因而改變結構及傳導電能量的方式。一個結構因形狀改變而變換導電方式叫做「壓電效應」（piezoelectric，希臘文中 piezo 是我壓

〔I press〕之意，跟壓力有關），羅斯說，當頭部因巨大的能量而受傷時，壓電的改變就會造成大腦電環境的改變，使神經元不能正常傳送訊息；如此一來，大腦組織——尤其是頭骨和連接頭骨的組織——就從原來良好的導電體變成阻止電流通過的絕緣體了。在羅斯看來，這就是許多腦傷症狀出現的原因。

從一八四〇年代起，醫生就知道引導電流或電磁波到骨折處有助癒合；加拿大的骨科醫生更早就明白，當骨頭損傷得太厲害甚至破碎到無法連接時，還可以用電療讓骨頭自己癒合。根據統計，至今全世界已有大約十萬個骨折是用電療來幫助癒合的。磁場也可以癒合受傷的組織，物理治療師就經常使用這個方法。這些方法之所以有效，是因為電流——骨頭自己產生的——本來就是骨頭自然癒合歷程的一部分。

羅斯會用兩種方法來恢復自然的電流傳遞：壓電法和磁場。

根據一開始的壓電實驗，羅斯知道對骨頭施壓會改變它的導電，所以他只需輕輕扶住因受傷而變形的骨頭，就足以改變骨頭的壓電性，使受傷的骨頭從阻電到導電。我曾經目睹這個治療好幾次，在醫生輕輕托住受傷的骨頭後，骨頭就回到它正常的形狀（可以透過測量或X光照攝而得知），骨頭上會疼痛的點也跟著消失。

因為手也有神經和肌肉纖維，更偵測得到電場，所以羅斯就用手來當磁場。有時他也在受傷的組織上加用電磁脈衝器（electromagnetic pulse generator），同時用手輕壓受傷的骨頭以加速復原。

這些年來，我已經看過他用這個技術治療過很多創傷性腦傷病人：一般來說，他們持久不退的頭痛、心智模糊、暈眩、睡眠不良和無法多工的問題，以及其他創傷性腦傷的症狀，都會全部或部分解除。

羅斯有許多經歷多次腦震盪的病人。四十四歲的荷西（José）就是典型的例子，他是某個政府部門的主管，二〇一二年八月的一個下雨天，他站在野餐桌上想綁牢防雨布時，一個不小心滑摔下來，頭撞到底下的木板平台；但這只是他五次腦震盪中的一次而已——先前的禍首是冰上曲棍球和車禍。他會頭痛、疲倦、暈眩，超級敏感，還有嚴重的認知問題、無法吸收資訊（聽不懂別人在跟他說什麼），每天都得睡上十六個小時。

因為他的症狀一直沒有好轉的跡象，神經科醫生診斷他為「腦震盪後症候群」（post-concussion syndrome）。整整半年他都無法上班，嘗試過許多種治療法也吃了很多種藥，全白費力氣。最後他的醫生只好告訴他，除了等著看會不會自己好起來之外，他已經無能為力了。因為他以前就腦震盪過，都是休息一陣子後就自然好轉，所以本來他並不以為意，但是這次顯然不同以往，讓他越來越沮喪，他告訴我：「痛苦無止無盡，去看羅斯醫生時，我已經幾乎不抱希望了。」

羅斯檢查後發現了很多腦傷的神經症狀，包括眼睛不能追蹤移動的物體、聽力受損，雙腿的反射反應特別敏感——這是大腦調控動作的神經元受傷的徵兆。我訪談他時，他剛接受完羅斯醫生一連六週的六次治療，已經可以不必吃藥，也不再需要接受別的治療，也回去上班了。荷西大腦裡的迷霧已然散去，神經元的反應進步了，追加一次治療以後，就連頭也不再痛了。

「很有趣的是，」荷西說：「羅斯醫生第一次觸診我的頭時，碰觸的正好就是劇痛的地方——但我並沒有告訴他。事實上，他也是第一個真正觸診我的頭的醫者，家庭醫生沒有，神經科醫生沒有，連物理治療師都沒摸過我的頭。」

我的專業假設是，荷西有「嘈雜的大腦」的問題，因為他超級敏感又聽不懂別人講的話。羅斯用他的方法讓荷西的大腦調整神經，讓神經回復正常的導電功能。在一名嚴重癲癇的青少年身上，我更看到羅斯促使神經發射正常的驚人能力。這名少女的癲癇原因不明，也許是小時候曾經腦傷過，因而引起後來的癲癇，甚至嚴重到必須在大腦植入節律器（來調整神經元發射的頻率），當她覺得要抽搐時就得打開這個節律器，但並不是每次都能成功阻止癲癇，反而是在試過幾次矩陣重塑法後，發作的次數才減少了很多。

我之所以建議某些病人在接受其他治療前先來做這個矩陣重塑治療，是因是假如能量不能正常流通（譯註：中國人所謂的「氣不順」），其他療法的功用就不能完全發揮出來。因為我們知道，大腦受傷不只會增加失智、癲癇的機率，也會引發某些帕金森症，所以我認為，大腦受到撞擊後先接受矩陣重塑治療是有好處的；我所見過接受羅斯治療的急性腦創傷病人，復原的速度都比拖了一陣子再來求醫的病患快很多。觀察這些個案使我希望，有一天，醫院的急診室都能把矩陣重塑療法列入例行療法之中。

【附錄三】

注意力缺失症、注意力缺失過動症、癲癇、焦慮症和創傷性腦傷的神經回饋法

神經回饋是生物回饋的精緻版，對本書中所提到的各種病症都有療效；美國兒科學會（American Academy of Pediatrics, AAP）最近也承認，神經回饋是消除注意力缺失症（ADD）和注意力缺失過動症（ADHD）症狀的有效方法（至少和服藥一樣有效）。神經回饋法幾乎沒有副作用，因為這是一種大腦的訓練，也已被認可為治療癲癇的方法之一，對某些焦慮症、創傷後壓力症候群（PTSD）、學習障礙、腦傷、偏頭痛和影響自閉症兒童的那些超級敏感都有療效。神經回饋也是一種神經可塑性療法，只是因為早在神經可塑性廣為人知之前就出現了，所以知道的人並不多。

我們都知道，當幾百萬個神經元一起發射時會產生腦波。早在二十世紀初期到中期，腦波就可以精確測量出，不同的腦波各自代表大腦意識的不同層次及其處理的認知經驗。例如，當人們睡得很熟（或大腦受傷）時，大腦的腦波圖（EEG）會變得很慢；因作夢而半醒半睡時，腦波就會快一點；睜開眼睛、專注在一件事上時，腦波還會更快；要是陷入焦慮，腦波就超級快了。

由於一連串以貓為對象的實驗，史特曼（Barry Sterman）偶然發現，連接腦波儀的動物可以學習

訓練自己的腦波。在此之前，史特曼就曾替美國太空總署（NASA）用「自我訓練」的方式來防止太空人產生癲癇，而癲癇的起因正是大腦發射過度（太空人有時會因為接觸到火箭燃料而發生癲癇）。一般的神經回饋方式，是讓一個人戴上連接腦波儀的電極帽，透過腦波儀這種非侵入性的儀器偵測腦波，再把腦波呈現在電腦螢幕上。

患有 ADD 和 ADHD 的人，安靜、專注的 β（beta）波都比較少，大多只在我們熟睡時才會出現的 θ（theta）波較多。看到某個學生眼睛看著窗外、沒有在專心上課時，老師會問：「強尼，你到底是在聽課還是在睡覺？」這時的強尼，其實大腦正在製造 θ 波，也就是快要開始打瞌睡了，而且睡意難擋。只要透過生物回饋的方式，我們就可以訓練 ADD 的孩子提升腦波，使他專注；雖然神經回饋法都得使用通電的儀器，卻都很安全（譯註：我們的實驗室裡就有三部，絕對安全），操作的原則也一如費爾敦克拉斯療法，都是藉由提升意識導致神經元的改變，而達到神經分化的目的（換句話說，當費爾敦克拉斯訓練他的學生精緻化感覺意識、感受這個意識時，其實就是在訓練他的學生用感覺來做更有用的回饋）。

以下所列，是一些神經回饋入門和介紹低能量神經回饋系統治療法的英文書：

J. Robbins, *A Symphony in the Brain: The Evolution of the New Brain Wave Biofeedback* (New York: Grove Press, 2000);

M. Thompson and L. Thompson, *The Neurofeedback Book: An Introduction to Basic Concepts in Applied*

Psychophysiology (Wheat Ridge, CO: Association for Applied Psychophysiology and Biofeedback, 2003);

S. Larsen, *The Healing Power of Neurofeedback: The Revolutionary LENS Technique for Restoring Optimal Brain Function* (Rochester, VT: Healing Arts Press, 2006);

S. Larsen, *The Neurofeedback Solution: How to Treat Autism, ADHD, Anxiety, Brain Injury, Stroke, PTSD, and More* (Toronto: Healing Arts Press, 2012).

國家圖書館出版品預行編目（CIP）資料

自癒是大腦的本能：見證神經可塑性的治療奇蹟 / Norman Doidge著；洪蘭譯. -- 初版. -- 臺北市：遠流, 2016.03
面；　公分. --（生命科學館；35）
譯自：The brain's way of healing: remarkable discoveries and recoveries from the frontiers of neuroplasticity

ISBN 978-957-32-7786-6（平裝）

1.腦部 2.腦部疾病 3.神經學

394.911　　105001240

THE BRAIN'S WAY OF HEALING:
REMARKABLE DISCOVERIES AND RECOVERIES FROM THE FRONTIERS OF NEUROPLASTICITY

生命科學館 Life Science 35
洪 蘭 博 士 策 劃

自癒是大腦的本能
見證神經可塑性的治療奇蹟

作者／Norman Doidge
譯者／洪蘭
主編／林淑慎
特約編輯／陳正益
行銷企畫／葉玫玉・叢昌瑜
發行人／王榮文
出版發行／遠流出版事業股份有限公司
104005臺北市中山北路一段11號13樓
郵撥／0189456-1
電話／(02)2571-0297　傳真／(02)2571-0197
著作權顧問／蕭雄淋律師
2016年3月1日　初版一刷
2023年11月16日　初版十五刷
售價新臺幣 **420** 元（缺頁或破損的書，請寄回更換）

ISBN 978-957-32-7786-6
（英文版 ISBN 978-0-670-02550-3）

遠流博識網
http://www.ylib.com
e-mail:ylib@ylib.com